食品安全智库报告

中国食品安全发展报告
（2021）

中国食品安全报社　主编

CHINA FOOD SAFETY
DEVELOPMENT REPORT
(2021)

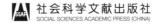
社会科学文献出版社
SOCIAL SCIENCES ACADEMIC PRESS (CHINA)

《中国食品安全发展报告（2021）》
编　委　会

内容简介

我国陆续颁布的一系列法律法规，出台的政策文件、标准等，有力地推动了食品安全保障工作，加上社会各界的共同努力，使得我国食品安全形势总体稳中向好，食品安全工作开始走上良性发展轨道。但不容忽视的是，长期存在的一些问题以及在食品行业发展进程中涌现的新问题仍然使食品安全形势面临挑战。

一是全球经济下行和外部环境深刻变化，对构建更高质量、更有效率、更可持续的粮食安全保障体系提出迫切要求；二是消费模式快速发展，但标准、法规等配套体系建设仍相对滞后；三是监管模式创新仍处于探索阶段，与长效机制建立尚有距离；四是食品产业结构落后与人们日益增长的食品营养健康、安全卫生等需求之间矛盾突出；五是消费者食品安全感知与食品安全水平之间仍存在落差；六是食品谣言认知呈现长期性、反复性特征，食品安全科学传播形势依然严峻。

本报告正是以食品安全发展中的新问题、新挑战作为研究核心，在探究粮食安全保障体系和食物浪费与减缓长效机制构建、食品安全社会共治机制建设和完善等热点问题外，从多角度出发，探究公众端、监管端和行业端的食品相关问题现状和发展趋势。在公众端，本报告深刻分析了公众的营养健康问题、食品安全感受、新业态消费情况与网络健康素养与谣言辨识力等。监管端和行业端的分析方向则与公众认知和需求密不可分。在监管端，本报告着重探讨了公众关心度高的冷链、网络、网红食品安全和餐饮服务环境卫生的监管措施，以及智慧监管在监管模式创新中的作用和成效。在行业端，消费需求逐渐上升的功能食品、植物基肉制品等健康食品行业发展现状和趋势被深刻剖析，食品产业链各环节的安全问题及应对措施、高质量科普传播产业化以及中国特色食育体系化也在本报告中一并被探讨。

在这些问题上，各篇报告大多以专业知识、行业经验、调查数据或官方统计数据为基础，进行了具有一定深度的描述、分析，以期在预判风险、完善监管对策、优化产业机构等方面体现参考价值。

序

衷心祝贺《中国食品安全发展报告（2021）》的出版！

食品安全不但关系广大消费者的健康，而且与人们对食品供应的信任，乃至与政府的公信力息息相关。中国的食品安全，以 2008 年三聚氰胺事件为出发点，经过了政府、食品和农产品行业、科学家和消费者的共同努力，取得了长足的进步，达到了近几年"稳中向好"的大好局面。然而，由于中国的农业仍以个体农民为主，中小型食品生产加工企业居多。这种落后的农业和食品业产业结构决定了一些主要的食品安全问题，如致病性微生物和化学危害（重金属、真菌毒素、环境污染物等）的污染、农兽药残留、食品添加剂过量等，会与社会的发展长期共存。同时，在市场经济下，以非法获利为目的的食品掺假和欺诈也会不断出现。我们必须坚持社会共治，以创新推动全产业链的食品安全，以科学为基础严格监管，加强可持续的科普，强化广大消费者的自我保护意识和能力，如此才能使食品安全水平更上一层楼，逐步缓解落后的农业和食品业产业结构与日益增长的消费者对安全、高质量、营养与健康食品的诉求之间的矛盾。

中国食品安全报社主编的《中国食品安全发展报告（2021）》从产业、政府、专家多角度总结和讨论中国食品安全问题的变迁与发展。其中包含了一些新兴的热点问题，如植物基肉制品、冷链食品、网红食品等，供读者了解最新信息。我特别感兴趣的是关于公众网络健康素养与谣言辨识能力对食品安全信心的影响这一篇。因为，当前中国食品安全的互联网舆情仍大多是负面消息和谣言泛滥，显著影响了消费者对食品供应的信任度。改变这种状况的办法是开展有针对性的可持续科普。此文根据调查结果进行分析，提出可行的建议，很有价值。难能可贵的是，本书将每年出版，以便读者了解中国食品安全的发展趋势，也成为中国食品安全情况的历史见证。

中国工程院院士

2021 年 10 月 30 日

目　录

主报告

主题篇

监管篇

行业篇

调查篇

附　录

主报告

2021年中国食品安全发展概述

吴永宁　孙娟娟[*]

摘　要： 2021年是第十四个五年规划的开局之年，我国食品安全工作在"守安全、保供给、促发展"中继续迎难而上。农产品质量安全和食品安全形势持续保持稳中向好的态势。本文将以总结"承上"为基础，综述2021年我国食品安全发展概况，并以"启下"为基点，研究现行制度和既有成绩对实现2035年强化食品监管的远景目标的意义与作用。

关键词： 食品安全　食品监管　社会共治

2021年是第十四个五年规划的开局之年，我国食品安全工作在"守安全、保供给、促发展"中继续迎难而上。在保障人民群众"舌尖安全"的初心和疫情防控的"新常态"下，农产品质量安全和食品安全形势持续保持稳中向好的态势。对于这一不断向好的趋势，联合国粮食及农业

---

* 吴永宁，世界卫生组织食品安全顾问团成员，国家食品安全风险评估专家委员会技术总师，国家食品安全风险评估专家委员会化学危害分委会主任委员，食品安全国家标准审评委员会污染物分委会主任，世界卫生组织（WHO）食品污染监测合作中心（中国）主任，国务院食品安全委员会专家委员会委员。国家百千万人才工程入选者（2007），并被评为楚天学者（2009）与泰山学者（2016）。2018年当选为国际食品科学院院士。主要研究领域为食品安全全球战略，重点研究方向为化学污染监控、人群暴露与健康风险评估；孙娟娟，河北农业大学副教授，中国人民大学食品安全治理协同创新中心研究员。

组织在 2021 年发布的《中国食品安全指数试点项目最终报告》中也指出：基于这一指数项目的评估，我国自《食品安全法》颁布以来的控制体系日臻完善，食品安全水平日益提高。随着更多的资源被用于提升食品安全控制体系，组织架构、监管机制、风险评估、食源性疾病防控等方方面面都得到更好的组织和设计。这些既有成绩"启下"的制度基础为实现 2035 年强化食品监管的远景目标夯实了开局年的关键第一步。

一　多元治理下的食品安全成效

社会共治是一种崭新理念和价值目标，《食品安全法》首开先河，将其确立为一项法定原则。[①] 作为实现国家治理体系治理能力现代化的重要领域，食品安全工作也应该以科学为基础，通过覆盖供应链全程的建制来率先实现这一目标。基于此，持续稳中向好的态势首先是多元主体各司其职、各尽其责的共同成果。

（一）标准优化，科学奠基

与时俱进的标准优化，为各类食品安全工作提供了客观依据。我国食品行业正迈向高质量发展，挑战食品安全的既有传统隐患，也有新型风险。更为科学严谨的食品安全标准在保障公众健康的同时也为行业规范生产经营、增值提效发展提供了科学助力。2021 年 9 月，卫健委与市场监管总局发布了《食品安全国家标准　预包装食品中致病菌限量》（GB　29921 - 2021）等 17 项食品安全国家标准。截至 9 月，我国已经公布食品安全标准 1366 项，涉及 2 万多项指标。[②] 其中，《食品中致病菌限量》的标准名称被修订

---

① 《王伟国：食品安全社会共治理念的制度表达及其实现》，2016 年 4 月 17 日，http://fzyjs. chinalaw. org. cn/portal/article/index/id/699. html，最后浏览时间：2021 年 11 月 11 日。

② 《国家卫健委：已公布食品安全标准 1366 项　涉 2 万多项指标》，2021 年 9 月 14 日，http://news. china. com. cn/2021 - 09/14/content_ 77752282. htm，最后浏览时间：2021 年 11 月 11 日。

为《预包装食品中致病菌限量》，对部分致病菌指标和限量也做了调整。这一适时的标准修订不仅参照了国内外食品污染物和食源性疾病的监测结果以及最新的风险评估结果，也结合了我国的行业发展诉求与监管需求。关于食品安全这一民生问题，食源性疾病是我国头号的食品安全问题，然而，其危害依旧未受到重视。2021年广西[①]、安徽[②]等地发生的校园食源性疾患事件再次表明，预防和控制食品中的致病菌污染已经成为食品安全风险管理的重要内容。针对致病菌污染的标准优化无疑为防控食源性疾病、保障公众健康提供了科学手段。同时，作为前提条件，食品安全风险监测和风险评估确保了标准研制和修订的科学严谨性。例如，国家食品安全风险评估中心在9月就预防校园食源性疾病做出食品安全提示，因为根据近几年国家食源性疾病监测结果，我国校园食源性疾病暴发事件发生高峰在开学季的9月份，以微生物性感染和有毒植物中毒为主。面对疫情防控常态化这一新阶段，食品安全风险监测也有新要求和新措施，尤其是，综合利用现有资源来兼顾监测的全局和区域性、常态和应急化等。

（二）政府监管，协同发力

就政府监管而言，持续稳中向好的态势体现在各级市场监管的成效上。其一，在2021年的全国食品安全宣传周上，最高检、公安部、农业农村部、市场监管总局都以"数说"的方式呈现了"最严监管"如何持续保持高水平食品安全。[③] 作为判定稳中向好的关键依据，农产品的例行监测总体合格率连续六年稳定在97%以上，2021年第一季度为97.2%。2020年食品的国

---

① 《广西85名学生陆续出现腹痛呕吐症状　初判系食源性疾病》，2021年1月24日，http：//gx.sina.com.cn/news/sh/2021-01-24/detail-ikftpnny1174345.shtml，最后浏览时间：2021年11月11日。

② 《安徽一学校发生疑似食源性疾病事件：23人已痊愈　3人被拘》，2021年9月18日，http：//news.hsw.cn/system/2021/0918/1372356.shtml，最后浏览时间：2021年11月11日。

③ 《2021年全国食品安全周活动启动　我国食品安全形势持续向好》，央广网，2021年6月8日，https：//www.scol.com.cn/zlts_ss/202106/58179246.html，最后浏览时间：2021年11月11日。

家、省、市、县四级监督抽检和核查处置工作完成食品抽检638万余批次，总体合格率为97.69%。根据最新通告，2021年上半年则是完成食品安全监督抽检1808640批次，依据有关食品安全国家标准等检出不合格样品42412批次，总体不合格率为2.34%，较2020年同期上升0.23个百分点。在合格导向的宏观把控下，打击违法犯罪、狙击重点问题的公检法行动也彰显了法治是食品安全治理的基础，法治也是最好的营商环境。以公安部针对食品领域的"昆仑2021专项行动"为例，1～5月的成绩单就包括破获食品安全犯罪案件5100余起，抓获犯罪嫌疑人8900余名。这期间，重点打击内容为农兽药残留超标、非法添加等突出的食品安全犯罪。除此之外，基于电商微商、直播带货等新业态、新模式的发展，后续推进的行动也保持着对利用互联网侵权假冒犯罪的严打高压态势。

其二，在食品安全地方负总责、持续进行"双安双创"（国家食品安全示范城市创建和农产品质量安全县创建）中，层层分解的食品安全工作也以"群众满意度""食品合格率"等具体指标印证食品安全态势稳中向好的总体趋势与地域性的特色成绩单。例如，根据《新时代上海食品安全社会共治研究》报告，上海已从政府监管、行业自律、生产经营者管理、公众参与四个层面初步建立起食品安全社会共治体系。超过90%的消费者对上海食品安全社会共治的参与度、关注度和满意度处于较高水平。又例如，根据《成都市创建国家食品安全示范城市自查报告》，成都坚持以解决问题为导向，科学界定加工食品、餐饮食品、食用农产品以及食品添加剂的风险等级，优化匹配抽检监测批次，科学筛选抽检监测项目，近三年抽检任务完成率达100%；及时控制不合格（问题）食品，核查处置完成率100%，按程序实现结果公示率100%。

其三，在区域合作加强食品安全监管的新趋势下，合作既有省内跨市、多省协同等地域多级性，也有风险预警、应急联动等制度多样性，二者的复合形式亦不断推陈出新。例如，京津冀区域检验检测认证监管工作协同发展，长三角区域食品安全领域发布失信惩戒典型案例，粤港澳大湾区探索食品安全标准体系建设，等等。此外，农业农村部已表示将在京津冀、长三角和粤港澳大湾区三大战略区，针对重点区域农产品质量安全追溯体系建设要先行先试，发挥示范引领作用。

（三）行业发展，安全筑基

对于市场上的食品生产经营者，"最严"的高压监管与"放管服"改革、优化营商环境并行。这一"严中有宽、宽严相济"的营商环境正加速食品生产经营者的"趋利避害"选择，即在合规管理的基础上追求、探索食品行业的高质量发展。反之，在日常监管、专项整治等交织而成的恢恢法网中以及媒体监督、公众参与的社会共治中，违法犯罪也终将被惩治于法。以餐饮发展为例，疫情带来的社交隔离加速了外卖消费，餐饮企业已开始提升外卖的占比。截至 2021 年 6 月，中国网上外卖用户规模达 4.69 亿，"纯外卖"形式的餐饮企业也逐渐在市场中占据一席之地。[①] 这一快速发展使得平台、餐饮企业等利益相关者不断借助行业指南、团体标准等行业自律来提升餐饮外卖服务质量。然而，餐饮安全的关键还在于线下实体运作。当因安全保障义务履行不到位而被政府检查发现问题后，经营者不仅面临行政处罚的惩戒，也会因媒体报道、消协通报而遭遇声誉危机。网红餐饮的频频翻车再度表明快速发展更应坚守安全底线，长治久安方为正道。[②]

除了严查严惩带来了威慑性外，"食品安全""健康中国""乡村振兴"的战略引导，"数智""高质量"的时代发展要求，也使得食品行业发展日益侧重综合型、体系化、可续性的安全观。例如，在 2021 年国际食品安全与健康大会期间，陈君石院士就从"食物系统"的视角分析了当前我国食物系统的现状与挑战，并从营养和健康角度指出规划食物生产转型的必要性。对于食品行业的当下转型，中国食品科学技术学会与沃尔玛食品安全协

---

① 中国连锁经营协会、阿里巴巴本地生活·新服务研究中心等：《2021 生活服务业数字化发展报告》，2021 年 10 月。

② 《中纪委网站：网红餐饮放弃食品安全底线，再红也只是自毁招牌》，2021 年 8 月 30 日，https://www.thepaper.cn/newsDetail_ forward_ 14270151，最后浏览时间：2021 年 11 月 11 日。

作中心发布的《食品安全最佳实践白皮书（2020）年》已指出，食品企业正从食品供应商管理、冷链物流与仓储以及"互联网＋"的技术升级来不断夯实保障食品安全的第一道防线，先进经验的共享与借鉴也能在促进行业共治的同时产生 1 + 1 > 2 的效应。考虑到经济全球化、产业链复杂化、技术迭代化，2021 年的实践案例主体也将围绕食品贸易安全风险管理、疫情防控常态化时代的食品安全等主题跟踪知名企业的实践动态。

（四）多元组合，合作创新

无论是政府监管者与食品生产经营者之间的威慑式或合作性互动，还是企业、协会、学会或者科研机构之间的联盟，食品安全社会共治各方正围绕多主体、多主题、多工具等探索合作的新形势。就多元主体而言，食品安全人人有责，资源、能力等的差异意味着合作势在必行。在第四届中国国际进口博览会期间举行的第十五届"一带一路"生态农业与食品安全论坛上，国家市场监管总局副局长田世宏更是面向全球发展，强调食品安全需要全球治理。尤其是，新冠肺炎疫情持续肆虐，给防范食品安全风险、保障人民群众健康带来了新的挑战，迫切需要用发展眼光解决问题，用创新手段应对风险，用合作方式实现共赢。为此，针对性的四点建议包括：坚持系统观念，夯实食品安全工作基础；坚持科学观念，提升食品安全监管水平；坚持发展观念，推动食品行业高质量发展；坚持合作观念，实现食品安全共治共享。① 对于这一发展，食品安全治理中的科学型监管同样期待食品安全法治的开放性和包容性，以便汇集食品相关的自然科学、其他社会科学的专业认知来提升制度建设回应客观事实和实际需要的能力。此间，无论生产经营者通过合规管理来履行保障食品安全的首要责任，还是政府监管建立专业化的

---

① 马子倩：《进博会热议："一带一路"为全球食品安全保驾护航》，2021 年 11 月 9 日，https：//s. cyol. com/articles/2021 – 11/09/content_ rymJ9ohR. html？gid = 7ro6ez1y，最后浏览时间：2021 年 11 月 11 日。

检查员队伍，都需要复合型的专业人才。① 基于这一认识，以国家食品安全风险评估中心为代表，2021 年的培训安排也聚焦于食品安全复合型人才的培养。为此，该课程通过涵盖食品安全风险监测、评估、标准、营养、交流、监督管理、信息化建设、系统思维培养等 8 个领域的共 55 个不同科目，来确保学员领会食品安全复合型人才的理念与要求。

　　针对多主题，食品安全教育日益受到重视是因为其被视为解决公众食品安全认知问题的重要途径，而这一问题不仅影响着消费者的食品选购、安全处理，也制约着消费者与公众的共治参与。例如，针对我国六省/直辖市的一项营养标签认知调查显示，虽然有近 3/4 的人报告知道营养成分表，但仅 60% 左右在购物时会阅读营养成分表，而每 5 个受访对象中只有 2 人能理解营养成分表。营养标签的使用情况在城乡间存在较大差异，农村低于城市。② 在这个方面，对策：一是食品科普宣传长期投入，旨在消除公众对食品安全的认知误区。在 2021 年"食品安全进万家"的活动启动仪式上，山西大学生命科学学院副教授张国华更是表示，食品安全的源头是农产品，而农产品的基地在农村。因此，需要以科学思想武装农民，提升农村居民的科学素质。③ 二是谋划食育发展要从学生教育开始，培养人们科学的健康观、良好的饮食习惯，进而推动国民整体素质的提升。从中国食品安全有关"食育"推动计划的报道中可见，越来越多的地方政府重视推进"食育"工作。例如，北京启动了中小学营养教育试点建设，以加强儿童青少年营养健康工作。湖北发布了《关于开展营养与健康学校建设工作的通知》，面向中小学校推进营养与健康学校建设。三是针对具体的食品种类，提升公众认知水平，在满足营养健康需求的同时选择理性消费，保障饮食安全。于我国，保健食品是典型的健康消费品。因此，面对保健食品消费的大众化，需要不

---

① 孙娟娟：《食品安全治理的法治基础与人才培养》，《市场监管报》2021 年 3 月 4 日，第 A7 版。

② 张娟、闫睿杰等：《公众迫切需要简单、易懂、醒目的营养标签》，2021 年 4 月 22 日，http：//news.foodmate.net/2021/04/591218.html，最后浏览时间：2021 年 11 月 11 日。

③ 孙燕明：《食品安全稳中向好　公众科学素养提升任重道远》，2021 年 7 月 1 日，https：//www.ccn.com.cn/Content/2021/07 - 01/1004333412.html，最后浏览时间：2021 年 11 月 11 日。

断提升公众的认知水平。①

就工具选择而言，与行业数智化相伴而行的政府监管智慧化同时依托大数据、云计算等新科技。对于前者，无论是食品生产还是经营，整个产业链都在发生深刻变化，利用互联网＋带来的信息化、数字化、智能化来实现产业转型。相应的，互联网＋监管的智慧化不仅仅是政府以监管回应行业发展，更是一场自我革命，旨在提高监管有效性和精准度。具体到食品安全监管，中共中央、国务院印发《关于深化改革加强食品安全工作的意见》，明确提出建立基于大数据分析的食品安全信息平台，推进大数据、云计算、物联网、人工智能、区块链等技术在食品安全监管领域的应用，实施智慧监管。在严格落实该要求、推进食品安全监管系统建设中，市场监管总局已因时制宜地加快建设进口冷链食品追溯体系，初步建成并上线进口冷链食品追溯管理平台，推动全国31个省区市全部建成省级追溯平台并与总局平台实现数据对接，为各地应对散点疫情反弹风险提供精准有力的支持。而且，就冷链食品疫情防控和处置而言，市场监管总局也配合卫健委于2021年4月发布了《新冠肺炎疫情防控冷链食品分级分类处置技术指南》，明确了不同风险等级下相关进口冷链食品处置技术要求，既有效防控疫情，又尽量减少对冷链企业生产经营影响，促进行业稳定发展。

二 新时代背景下的机遇与挑战

2021年，常态化疫情防控背景下，疫情散点式暴发时不时挑战着食品行业和市场监管应急系统，尤其要重点关注冷链食品安全食用这一特定问题。与此同时，数字经济的快速发展、消费模式的升级迭代、全球经济的缓慢恢复，绿色发展的全球共识等其他时代背景也使得与食品直接或间接相关的问题相互交织，解决问题的过程亦是转危为机的关键节点，也是探索食品

---

① 《保健食品消费调查：公众认知水平提升　产业在规范中加速恢复》，2021年6月15日，http：//www.xinhuanet.com/food/2021－06/15/c＿1127564287.htm，最后浏览时间：2021年11月11日。

行业可持续且高质量发展的过程。根据《2021中国食品消费趋势白皮书》，疫情推动了消费者形成线上消费习惯，同时消费者对于食品、饮品的消费观念也在变化。例如，"80后""90后""千禧一代"家长成为育儿主力，相比上一代父母，他们坐拥更好的教育背景、更开放的互联网思维以及更高阶的经济实力，因而更舍得为家庭花钱，同时对饮食营养和健康越来越重视。同时越来越多的产品生产者在进行技术革命，在追求更加令人愉悦的风味的同时，也为不同的消费人群提供了更多的选择。

（一）食品安全

无论食品、产业如何演变，食品安全底线不可突破。然而，对食品安全的认知会因时而异。一方面，食品的产品创新、商业创新都可能加剧一些"老大难"的食品安全问题。市场监管总局2021年发布了"网红直播带货销售有毒有害食品"的典型案例。该案中，王某等人采购西布曲明等原料，制作"酵素""绿so糖果""综合果蔬酵素压片糖果"等减肥产品，设立网红工作室，编剧、拍摄短视频，并在全国各地通过快手等平台由网红直播带货销售，涉案金额达1亿元，销售网络涉及河南、浙江等22个省份。事实上，食品中添加药品属于长期存在且常见的非法添加问题，但是，随着网络直播的销售创新，原料来源隐蔽、产品流出分散、销售渠道复杂等问题也给执法带来了新挑战。而且，越来越多打着减肥旗号的"三无"食品正借助社交平台流入消费端，且产品不断推陈出新，加剧了减肥食品市场乱象。①同样，作为非法添加的案例，2021年度3·15晚会曝光的河北省青县"瘦弱精"羊肉问题再度引发人们对"瘦弱精"的担忧。政府重拳出击，当地针对检查出问题的涉事企业依法注销其食品经营许可证，对流入地也排查问题羊肉，及时封查。随后，各地也跟进严查畜肉及其制品。无疑，食品安全长治方可久安。

---

① 《减肥食品乱象：非法添加违禁成分 网络销售有话术》，2021年11月1日，http：//www.chinanews.com/sh/2021/11-01/9599157.shtml，最后浏览时间：2021年11月11日。

另一方面，新诉求新机遇。当下，消费对于健康、优质、美味饮食的诉求更强烈。诉求亦从基本的保健诉求转向促健、且伴随着越来越多个性化的需求。在 2021 年国际食品安全与健康大会上，孟素荷教授在大会开幕式上表示，中国食品工业正处在健康转型的渐进过程中，但其含义绝不仅仅是减油、减盐、减糖的"三减"，更迫切需要提升现有食品的健康内涵，发展以中华传统饮食文化为根基，以科学为基础，基于具有天然、健康特征的功能物质和原料，满足不同人群的多元化需求的食品。在当下食品行业健康转型的重要时期，食品企业的"三减"与功能食品等新一代健康食品的"加"已经形成双轮驱动的格局。

（二）食品营养

在很多人看来，只有解决了温饱问题和饮食安全，才能谈谈食品营养问题。而且，很多时候，国家有义务干预粮食安全和食品安全，以保障公众的生命健康。比较而言，营养与否更多是个人自主与自律的选择，与饮食方式的正确与否相关。然而，无论是科学研究的进展还是各国实践的教训，重视食品营养问题，并从国家和个人的多重干预来保障并促进健康，才能综合解决与营养相关的食品安全问题，并通过改善营养来增强国民身体素质和实现健康中国的战略目标。[①] 在 2021 年营养健康食品大会上，国家原卫生部副部长张凤楼指出，随着我国经济的发展，营养结构发生变化，我国居民目前面临营养缺乏等诸多健康问题，采用合理膳食、增加机体营养、提升人体免疫力对于疾病防控具有重要的意义，营养健康食品产业处于加速发展新阶段。要实现这一目标，国家市场监督管理总局特殊食品安全监督管理司张晋京司长也在会上指出，对于全球关注的营养健康食品产业而言，食品安全也是题中应有之义，且是近几年的重点话题。提高公众健康素养，加强对于健康食品的科普宣传，夯实食品合法生产经营的管理要求，落实企业责任，是所有食品人共同的责任，只有在监管部门、食品经营者以及消费者的多方努

---

① 胡锦光、孙娟娟编著《食品安全监管与合规：理论、规范与案例》，海关出版社，2021。

力下，才能保障产业更好更快地发展。一如我国针对保健食品和行业的专项整治，2021年各地也继续按照《保健食品行业专项清理整治行动方案》的要求，持续保持高压态势，严厉打击当前保健食品市场存在的违法生产经营、违法宣传营销、欺诈误导消费等行为。

（三）食品真实性

无论是国际层面还是我国层面，随着食品安全治理架构的日趋完善，食品安全问题显著减少，但是，以欺诈、非法添加为代表的食品掺杂使假问题日益凸显。这意味着食品问题不断演变，带来的危害既威胁消费者的生命健康安全，也侵害消费者知情选择等其他权益。例如，市场监管总局针对民生领域开展了"铁拳"行动，2021年重点查处的8类违法行为中既涵盖食品安全，也有"山寨"酒水饮料的造假问题。以柳州市为例，市场监管部门在民生领域案件查办"铁拳"行动中，查处了一起柳州某酒业公司涉嫌经营以假充真瓶装酒的案件。在案件查办过程中，该酒业公司对案件调查不配合，且其销售方式隐匿，并不限于门店销售，而是采用朋友之间点对点等方式交易，涉案的5种高档白酒仿真度都极高，每件产品中仅掺入一两瓶假冒伪劣产品，这些都给市场监管执法人员办案增加了不少难度。由此也可见，食品的"真实性"问题，不一定是安全问题，更多涉及"物有所值"。典型的就是白酒消费，产品的"真实性"直接关乎消费者、使用者和生产者的利益，尤其是关乎保障消费者的知情权、选择权。事实上，与食品真实性或质量相关的食品欺诈愈演愈烈，其表现出来的虚假宣传、以此充彼、以次充好等问题也需要加强多法联动的综合执法，为坚守食品安全底线、促进食品行业高质量发展提供清朗的营商与消费环境。①

---

① 《坚决落实"四个最严"要求　持续提升现代化治理水平——专访中国人民大学法学院教授韩大元》，《中国市场监管报》，2021年10月21日，http://www.cmrnn.com.cn/content/2021-10/21/content_206953.html，最后浏览时间：2021年11月11日。

（四）食品可持续发展

2021年，我国食品安全宣传周的主题为"尚俭崇信 守护阳光下的盘中餐"。面对食品可持续发展的重要议题，我国已经通过立法，为减少食品损耗、反对食品浪费的治理提供长效机制。2021年4月29日通过即施行的《反食品浪费法》，试图以"小切口"来解决食品浪费的"大难题"，即急用先行，聚焦制定管用条款而非大而全的法律。从既有的制度安排来看，该立法主要侧重餐饮环节的多元参与和多措并举以减少"舌尖上的浪费"，并通过对粮食和食品在存储、运输和加工环节的规定兼顾其他重点环节的损耗与浪费规制。当下法律的制度安排契合了我国国情，凸显了公务活动用餐的引导性、多元分工合作的共治性、数据分析支持的先进性、地方配套立法的制宜性。[①] 而且，此次立法的一个亮点是增设了消费者义务，包括外出就餐涉及的文明、健康、理性、绿色消费理念和家庭生活中培养物尽其用、按需采购等生活方式。从制度挑战来看，反食品浪费法的制定首先从法律协调的角度架构了与《食品安全法》的关系，即新法规定的反对浪费的食品仅限于可安全食用或者饮用的且未能按照其功能目的利用的食品。也就是说，保障食品安全同样是各类反食品浪费行为的前置条件。与此同时，该新立法也意识到了法定的"安全食品"概念与保质期这一制度密切相关。在《食品安全法》的一元法律架构下，经营者面对安全保障能否兼顾反食品浪费、开展食品捐赠的选项，主要还是偏向前者的单选。例如，2019年盒马鲜生因为倒掉临近保质期的生鲜食品被批评浪费食品。从当事人的角度来说，食品销售者如此处理临保食品既是一种风险防控的自我管理，也是履行法定义务的无奈之选。[②] 随着《食品安全法》与《反食品浪费法》重新组建二元法律架构，后者对于作为标准加以规范的保质期，要求将防止食品浪费作为重要考虑因素，并合理设置食品保质期。

---

① 孙娟娟：《反食品浪费的立法定位与制度安排》，《市场监督管理》2021年第11期。
② 赵丽、赵心仪：《防范临期食品给消费者权益带来侵害》，《法制日报》2019年9月20日。

此外，临保食品的销售也在权衡食品安全与反食品浪费之间面临新的合规考量。一般而言，临期食品是即将到达食品保质期但仍在保质期内的食品，规范来说，其本身属于安全食品，只是由于销售环节可能存在管理不规范等问题而容易出现安全隐患和消费纠纷。《反食品浪费法》中特别规定，食品经营者应当对临近保质期的食品分类管理，作特别标示或者集中陈列出售。这意味着商家销售临期食品必须在保障消费者知情权的前提下，让消费者明明白白地购买。否则，一旦某些临期食品混杂在普通促销区，很可能会因商超管理人员未及时检查分拣，导致过期食品销售问题发生。与此同时，临期食品已经成为一门"新"生意，借助线上线下的销售渠道，其市场价值不断被发掘。① 对于消费者而言，临期食品挑选有门道，消费需理性。市场上已出现的食品品质参差不齐、存在质量安全隐患的问题也有待监管部门加以针对性监管，以便保障市场的健康有序发展。②

三 结语：法治完善下的治理新趋势

对于上述许多食品安全问题或者隐患，立法完善被视为加强监管的重要途径。例如，针对食品真实性，专家呼吁不仅通过技术攻坚来完善检测方法和标准，也需要出台新的法规规范，因为当下的《食品安全法》主要针对安全问题，并未覆盖所有的真实性问题。③ 又或者对于新兴的临保食品，针对容易出现的安全隐患和消费纠纷，需要专门针对性的食品安全国家标准或者法律法规，这也是加强监管、确保该市场有序发展的顶层设计。实践中，

---

① 李卓：《一些年轻人青睐临期食品　安全问题如何保障》，《中国青年报》2021年7月27日，http://finance.people.com.cn/n1/2021/0727/c1004-32170926.html，最后浏览时间：2021年11月11日。

② 周宵鹏：《临期食品挑选有门道，消费需理性》，《法治日报》2021年9月26日，http://www.news.cn/fortune/2021-09/26/c_1127902524.htm，最后浏览时间：2021年11月11日。

③ 欧阳晓娟：《食安风险评估技术总师吴永宁：食品"真实性"需法规保障》，2020年1月5日。https://www.bjnews.com.cn/detail/157820162214042.html，最后浏览时间：2021年11月11日。

与食品安全监管和合规相关的规范不是只有与时俱进的食品安全标准优化，法律、法规和规章等也要因时、因地调整，因它们直接或间接影响政府的食品监管与行业的合规管理。

对于通过农业或者进口嵌入生产经营过程的食品供应链，其一，农业农村部于 2021 年 9 月印发了《农产品质量安全信息化追溯管理办法（试行）》及配套制度，以提升农产品质量安全智慧监管能力、落实农产品生产经营者主体责任、保障公众消费安全。在此，作为基本法的《农产品质量安全法》正在修订中，并已由第十三届全国人大常委会第三十一次会议对其修订草案进行了审议。根据现有草案，修订的重要内容包括健全农产品质量安全责任机制、强化农产品质量安全风险管理和标准制定、完善农产品生产经营全过程管控措施、完善农产品质量安全监督管理措施等。

其二，海关总署于 2021 年 4 月 12 日公布了《中华人民共和国进出口食品安全管理办法》（海关总署令第 249 号），将自 2022 年 1 月 1 日起施行。这一办法同时兼顾了海关和关检业务改革成果和经验、进出口贸易增量发展、新冠疫情、国际贸易摩擦、国际食品安全新风险等新形势新变化。借助这一办法，海关进出口食品监管领域基本形成以《中华人民共和国进出口食品安全管理办法》为基础、《进口食品境外生产企业注册管理规定》为辅、相关规范性文件为补充的执法体系。目前，有关《进口食品境外生产企业注册管理规定》和《进出口食品安全管理办法》的释义也已发布。

其三，针对食品生产经营，《食品安全法》也结合"放管服"的改革要求和成效在 2021 年作出修订，在原规定销售食用农产品不需要取得许可之外，增加了除外项目，将仅销售预包装食品列为无需取得许可的经营事项。作为主要的食品安全监管部门，市场监管总局也基于综合市场监管的新格局修订了有助于食品安全监管的相关法律。例如，《市场监督管理严重违法失信名单管理办法》《市场监督管理行政处罚信息公示规定》《市场监督管理信用修复管理办法》等 3 个部门规章和规范性文件已于 2021 年 9 月 1 日期施行。以《市场监督管理严重违法失信名单管理办法》为例，新修订的管理办法扩大严重违法失信名单列入范围，聚焦领域包括食品安全监管。①

最后，如上所述，"互联网＋"的数字化发展既体现为各生产经营环节的信息化、数智化管理，也体现为各类主管部门在"互联网＋"下的监管智慧化。在这些过程中，为便利管理与监管而采集与使用数据/信息也应符合相关法定要求。以 2021 年 11 月 1 日起施行的《个人信息保护法》为例，对于食品行业而言，这一方面指向为消费者提供食品或关联服务的食品生产经营者，另一方面，市场监管部门等与食品安全监管相关的国家机关为履行法定职责处理个人信息时，也应当符合针对处理个人信息的相关规定。一如《食品安全法》的逻辑，安全食品首先是产出的，这需要强化生产经营者的主体责任。同样的，伴随食品生产经营的数字化发展，个人信息等数据安全的保障也有赖于主体提升责任意识。随着《个人信息保护法》的实施，后续规则也会不断配套。作为食品企业的合规增量，个人信息保护的法定要求早已始于《网络安全法》的相关要求。比较而言，《个人信息保护法》针对性地强化了个人信息保护的要求，但也为行业合理利用个人信息来把握新发展机遇留下了足够的空间。合规是底线要求且不封顶，这意味着如何结合具体的数据应用场景来建立合规管理机制尚需要实践探索。

---

① 胡锦光：《市场监管黑名单的法律问题》，https：//www. walmartfoodsafetychina. com/article/lecture－series－on－emerging－issues－in－food－safety－legal－issues－of－market－regulation－blacklist，最后浏览时间：2021 年 11 月 11 日。

主题篇

我国食品安全现状和风险对策报告

冯军　田明*

摘　要：食品安全关系人民群众身体健康和生命安全，关系中华民族未来。党的十九大报告明确提出实施食品安全战略，让人民吃得放心。近年来，在党中央、国务院领导下，在国务院食品安全委员会统筹指导下，我国食品安全工作取得明显成效，为全面建成小康社会做出了积极贡献。但是，食品产业环境复杂，链条长、主体多、消费量大，各地发展不均衡，从农田到餐桌潜在风险不断，加之受疫情影响，不确定性风险增加，保障食品安全仍面临不少挑战。本报告在梳理食品工作相关部门发布的数据基础上，总结了我国食品安全工作取得的成效，归纳了我国食品安全现状及问题，从物质、社会、监管等维度分析了影响食品安全的主要因素，并提出了新发展阶段食品安全监管的政策建议，旨在守护广大人民群众"舌尖上的安全"。

关键词：食品安全　食品产业　安全监管

党中央、国务院高度重视食品安全工作，以习近平同志为核心的党中央坚持以人民为中心的发展思想，从党和国家事业发展全局、实现中华民族伟

---

* 冯军，国家市场监督管理总局发展研究中心副主任，主要从事质量发展和食品安全理论与政策研究；田明，博士，国家市场监督管理总局发展研究中心副研究员，主要从事食品安全理论和政策研究。

大复兴中国梦的战略高度，把食品安全工作放在"五位一体"总体布局和"四个全面"战略布局中统筹谋划部署，在全社会的共同努力下，食品安全形势不断好转。

一 我国食品安全工作成效

党的十八大以来，习近平总书记就食品安全工作做出了一系列重要指示批示和重要论述，明确保障食品安全是重大政治任务，要坚持以人民为中心，坚持"党政同责"，提出用最严谨的标准、最严格的监管、最严厉的处罚、最严肃的问责，确保广大人民群众"舌尖上的安全"，为做好食品安全工作指明了前进方向、提供了根本遵循。全国上下积极推进、落实落细，在体制机制、法律法规、监督管理、产业规划等方面采取了一系列重大举措，推动食品安全工作取得积极进展。

（一）体制机制不断创新，监管效能持续提升

我国食品安全工作体制在改革中优化，在发展中创新。2013年机构改革后，组建食品药品监管总局，监管环节得到了优化整合。2018年组建市场监管总局，积极落实机构改革要求，推动市场准入、市场监管、标准认证体系、质量发展等各方面职能有机融合，为食品安全综合治理提供了体制保障。成立国务院食品安全委员会，从中央到地方均设立市场监管机构，在乡镇、街道设立派出机构，搭建国家、省、市、县、乡"五级贯通"的食品安全监督管理格局，逐步完善纵向到底、横向到边的"监管＋协调"模式，形成食品安全工作"全国一盘棋"。①

（二）法规标准不断完善，制度保障持续强化

《中共中央、国务院关于深化改革加强食品安全工作的意见》印发，中

---

① 胡颖廉：《改革开放40年中国食品安全监管体制和机构演进》，《中国食品药品监管》2018年第10期，第4～24页。

办、国办印发《地方党政领导干部食品安全责任制规定》，奠定了食品安全治理的制度基础。自 2009 年《食品安全法》出台以来，经过十余年发展，颁布了以《食品安全法》及其实施条例等为主体的 40 余部法律法规和 80 余部配套部门规章，法律法规体系日渐完备。制定食品安全国家标准 1300 余项，农药兽药残留限量及检测方法标准总数超过 1.2 万项，基本与国际食品安全法典接轨，"最严谨的标准"体系基本构成，为食品安全治理提供了强有力的规范性保障。

（三）监管力度不断加大，安全水平持续稳定

2020 年，农业农村部完成国家农产品质量安全例行监测 3.5 万批次，合格率为 97.8%，同比上升 0.4 个百分点[①]。市场监管总局完成国家、省、市、县四级监督抽检 638 万余批次，总体不合格率为 2.31%[②]，与"十三五"初期相比下降 0.9 个百分点（见图 1），抽检批次达到 4.9 批次/千人，是"十二五"末的 2.2 倍。2020 年市场监管部门共处理食品投诉 73 万件，下架、封存、召回不合格食品 3596 吨，有力维护了消费者合法权益。我国已禁用 40 种高毒、剧毒农药，婴幼儿配方食品中"三聚氰胺"连续 12 年零检出，蛋制品中"苏丹红"、乳制品中黄曲霉素 M_1 连续 7 年零检出[③]。

（四）严惩重处不断强化，市场秩序持续好转

新修订《中华人民共和国食品安全法实施条例》，对故意违法、性质恶劣、后果严重的行为严格"处罚到人"。各部门加大监督检查的同时，依法强化行刑衔接、公开曝光、信用惩戒机制，确保处罚到人、处罚到位，严格问责、形成震慑。由市场监管总局、公安部牵头，会同教育部、农业农村部等 12 个部门，开展整治食品安全问题联合行动。对违法行为始终保持严惩重处高压态势。市场监管总局组建以来，全系统共查办食品安全违法案件

---

① 农业农村部，http：//www. gov. cn/xinwen/2021 – 01/14/content_ 5579771. htm。
② 市场监管总局，http：//www. samr. gov. cn/spcjs/sjdt/202104/t20210425_ 328182. html。
③ 国家市场监督管理总局：《食品安全监管》，中国工商出版社，2021，第 4～5 页。

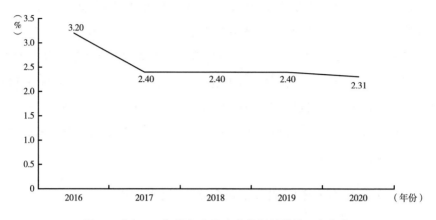

图1 "十三五"期间食品安全监督性抽检不合格率

97 万件，罚没金额 103.9 亿元。① 2020 年，市场监管部门查处食品安全违法案件 28.62 万件，移送公安机关 3490 件，从业资格限制 74411 人②；"昆仑 2020"专项行动中全国公安机关共破获案件 1.9 万起，打掉窝点 9500 余个、团伙 3100 余个，抓获犯罪嫌疑人 3.4 万余人，涉案金额 163 亿元，有效维护了良好市场秩序。③

（五）食品产业不断发展，支撑经济社会发展作用持续增强

食品产业高质量发展的同时，带动农业增效、农民增收，助力实施乡村振兴战略。近年来，大宗食品合格率持续保持高位，粮食加工品、食用油合格率保持在 98% 以上，肉制品保持在 97% 以上。食品生产企业和小作坊合规率达到 93.5%。2020 年，我国居民人均食品烟酒消费支出 6397 元，同比增长 5.1%，占人均消费支出的比重为 30.2%。④ 全国规模以上食品工业企

---

① 国务院新闻办公室，http：//www.scio.gov.cn/xwfbh/xwbfbh/wqfbh/44687/46728/wz46730/Document/1711893/1711893.htm。

② 市场监管总局，http：//www.scio.gov.cn/xwFbh/gbwxwfbh/xwfbh/38173/Document/1703128/1703128.htm。

③ 公安部，http：//news.cnr.cn/dj/20210315/t20210315_525436667.shtml。

④ 国家统计局，http：//www.stats.gov.cn/tjsj/zxfb/202101/t20210118_1812425.html。

业实现利润总额 6206.6 亿元，同比增长 7.2%，高出全部工业 3.1 个百分点。① 在新冠肺炎疫情中，全国 30 余万家食品企业、商超门店开展"保价格、保质量、保供应"行动，履行企业的社会责任和食品安全主体责任，保障了特殊时期食品价格稳定、质量安全、供应充足。

总体来看，2008 年以来我国没有发生系统性、区域性重大食品安全事故，食品安全形势稳中向好。"中国民生调查研究"显示，2019 年食品安全公众满意度达到 88.5%，比 2014 年提高了 15.3 个百分点；《全球食品安全指数报告》对 170 多个国家的食品安全评价中，2019 年我国列第 35 位，远高于我国人均 GDP 排名，在发展中国家名列前茅。

二 我国食品安全存在的主要问题

我国是人口大国、食品生产和消费大国，食品产业环境复杂，链条长、主体多，各地发展不均衡，从农田到餐桌潜在风险不断，加之受疫情影响，不确定性风险增加。现阶段，我国食品安全工作仍面临不少困难和挑战，仍处于食品安全问题易发多发期。

（一）食品产业整体大而不强

农业作为我国食品产业发展的源头动力，其动能还有提升空间。首先，我国耕地面积约 20 亿亩，但人均耕地面积不足 1.4 亩，目前仍以小农户分散经营为主，推行标准化、规范化农业生产难度较大。其次，我国农产品加工业与农业总产值之比为 2.4∶1，发达国家一般在 3.5∶1 左右。农产品加工转化率我国为 67.5%，低于发达国家的 85%。一二三产业融合总体仍处于初兴阶段，农业结构尚不合理。

产品品质作为产业发展的关键要素，核心竞争力有待提升。从生产加工

---

① 工业和信息化部，https://www.miit.gov.cn/gyhxxhb/jgsj/xfpgys/gzdt/art/2021/art_27ef579cbe2c4d309157ee5edbe50d10.html。

过程来看，HACCP、GMP等质量管理控制体系的认证工作比发达国家晚20年左右，获得认证的企业地区分布不均衡。从品牌建设来看，入选"国家品牌计划"的食品品牌约占35%，但以白酒品牌为主，品牌引领产业发展的动能未充分释放。中国质量奖一直没有食品类企业入选，获得中国质量奖提名奖的食品企业占比不足5%。

（二）食品安全问题仍然多发

一是食品安全问题主要集中在微生物污染、农兽药残留超标、食品添加剂使用不规范等方面。从食品安全抽检结果分析，2020年11月至2021年10月，市场监管总局发布"食品抽检不合格情况的通告"36次，涉及不合格食品382批次，其中微生物污染占比28%，农兽药残留超标占比28%，超范围超限量使用食品添加剂问题占比15%（见图2）。2018～2020年农兽药残留超标占抽检不合格样品总量分别为15.4%、16.7%和35.31%，总体呈逐年递增趋势，尤其是2020年占不合格样品总量1/3以上。2018～2020年微生物污染超标占抽检不合格样品总量分别为29.6%、28.4%和23.03%，虽逐年递减但一直居于高位，安全风险不容忽视。

二是不同食品的主要安全问题特征差异化明显。从抽检不合格产品类别分析，餐饮环节仍然是最大风险，2021年上半年食品抽检中餐饮食品的样品不合格率为6.07%。经营环节中蔬菜制品、炒货食品及坚果制品、食用农产品等抽检不合格率相对较高，不合格率分别为3.82%、2.85%和2.62%（见图3）。2020年11月至2021年10月抽检的不合格食品中，微生物污染中的炒货及膨化食品占比24.8%，肉制品占比10.5%；农兽药残留超标中的食用农产品占比99.1%；食品添加剂问题中的水果制品占比34.5%。

三是食品安全追溯体系有待健全。我国是典型的小农生产体系，农产品初级生产环节以农户为主，生产规模小，技术水平低，加之区域发展不平衡加大了产销分离带来的食品安全风险，现阶段我国食品追溯体系大部分仍是对食品流向的追溯，并未记录农药兽药用量、休药期等食品安全信息。

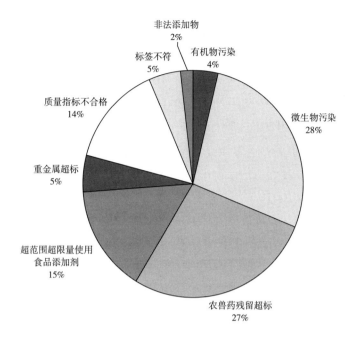

图 2　2020 年 11 月至 2021 年 10 月市场监管总局
通报抽检不合格食品原因构成比

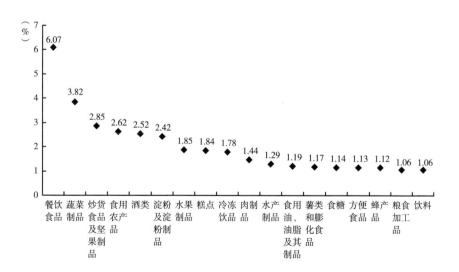

图 3　2021 年上半年各类食品监督抽检不合格率

（三）食品违法犯罪行为屡禁不止

市场监管总局在开展农村假冒伪劣食品整治行动中，共监督检查农村地区食品生产经营主体 509 万户次，发现问题 6.8 万个，取缔无证无照生产经营主体 4365 户，吊销食品生产经营许可证 120 个，查处假冒伪劣食品案件 28536 件，向公安机关移送案件线索 697 件。① 市场监管总局 2021 民生领域案件查办"铁拳"行动典型案例中，已公布 6 批 60 件，其中涉及食品安全案件 27 件，占比高达 45%。食品安全领域无证生产及侵权假冒、使用非食用物质生产食品等问题较为突出，构成比分别为 48.1%、25.9%（见图 4）。食品安全违法犯罪行为年年打击，但打而不死甚至死灰复燃现象值得警惕。

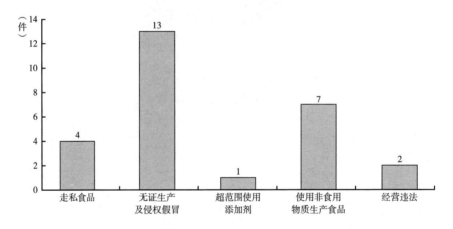

图 4　2021 民生领域案件查办"铁拳"行动涉及食品案例构成

三　食品安全风险的主要构成

广义的食品安全包括数量安全、质量安全和营养安全。随着我国进入新发展阶段，食品安全也逐渐演变成一个综合概念，具有多重属性。因此，影

---

① 国家市场监督管理总局，http：//www.samr.gov.cn/spcjs/sjdt/202104/t20210425_328182.html。

响食品安全的因素众多。总体而言，环境污染仍是影响食品安全的最大隐患，生产经营者责任意识、诚信意识淡薄，食品质量安全管理和研发能力与国际先进水平存在差距，食品安全标准、风险监测评估预警等基础工作相对薄弱，基层监管力量和技术手段尚存不足，新业态、新资源潜在风险逐渐增多，等等。这一系列问题影响到人民群众的获得感、幸福感、安全感，成为全面建设社会主义现代化国家的明显短板。

（一）物质维度

物质维度的食品安全风险基于食品的科学属性，是指食品中存在的危害物质和因素可能对消费者及其后代身体健康造成的不良影响。风险分为内生性风险和外源性风险[①]。内生性风险主要是指食物中自然毒素，外源性风险主要包括食品中的物理性风险、化学性风险和生物性风险等。我国物质维度的食品安全风险主要包括以下三个方面。

一是微生物污染。据世界卫生组织估计，在全世界每年数以亿计的食源性疾病患者中，70%是由于食用了各种致病性微生物污染的食品和饮水。美国疾病控制与预防中心发布数据表明，95%食源性中毒事件由食源性致病微生物引起。我国疾病预防控制中心统计数据表明，由微生物引起的食物中毒比例占74%。[②]微生物污染是我国食品安全抽检不合格的主要原因，2020年食品抽检中发现因微生物污染超标而抽检不合格率为2.83%，占不合格样品总量的23.0%，其中餐饮食品抽检不合格率为5.99%，主要不合格项目为微生物污染。

二是农兽药残留超标。我国是农业和畜牧业生产大国，农业增产过多依赖于农药、化肥、兽药等农业畜牧业化学投入品。从全国情况来看，虽然近几年农药用量连续下降，10种高毒农药逐步限停，但用量仍远高于西方发达国家。不合格食品中，农药兽药残留超标是最主要的不合格因素，占比高

① 唐任伍、张士侠：《现阶段我国食品安全风险的多维度特征》，《人民论坛》2020年第16期，第60~61页。

② 庞国芳、孙宝国、陈君石等主编《中国食品安全现状、问题及对策战略研究（第二辑）》，科学出版社，2020。

达 30% 以上①。2020 年食品中检出 123 个农兽药残留指标不合格，农兽药残留抽检不合格率为 1.79%，主要问题集中在大宗蔬菜。

三是部分食品滥用食品添加剂问题频发。食品添加剂被誉为"现代食品工业灵魂"，只要按规定的范围和用量使用不会产生食品安全问题。目前，与食品添加剂相关的食品安全问题主要来自超范围、超限量使用食品添加剂。2020 年，食品添加剂因超范围超限量而抽检不合格率为 0.98%，低于总体不合格率 1.33 个百分点，但部分产品问题较为突出。例如，生食动物性水产品、油炸面制品中铝残留量超标；蔬菜干制品二氧化硫限量超标，馒头中检出甜蜜素等。

四是食品过度加工凸显营养安全问题。合理营养是健康的物质基础，而平衡膳食是合理营养的唯一途径。粮食食品加工业曾将精加工视为行业进步和发展提高的标志，造成"面粉过白、大米过精"的现象，加之消费者中存在"要吃得精细"这一饮食误区，导致居民难以从粮食食品中获取充足微量元素，逐渐引发营养摄入不均衡、"隐性饥饿"等问题，同时，居民膳食结构对高热量、高蛋白、高脂肪食品摄入量大大增加，导致糖尿病等慢性病增多，超重和肥胖现象愈加严重。

（二）社会维度

社会维度的食品安全风险是指基于食品的社会属性和经济属性，在特定历史阶段下，社会心智、社会心理引发的食品安全风险。由食品安全问题的广泛性、普及性、代表性所决定的对食品安全的认知和情绪，极易影响和扩散到其他领域，因此，社会维度的食品安全风险在一定程度上独立于客观风险，其风险影响力和危险性往往超越客观风险本身。我国社会维度的食品安全风险主要包括以下四个方面。

一是消费者食品安全知识缺乏。对待食品安全要科学理性，消费者正确的食品安全认识具有强大的监督作用、导向作用和动力作用，督促食品企业

---

① 国家市场监督管理总局，http://www.samr.gov.cn/spcjs/yjjl/sphz/202106/t20210608_330396.html。

落实主体责任，引导行业健康发展，推动食品科技全面进步。2017 年全国食品安全宣传周发布的《全国食品药品科普状况调查（2017）》显示，有超过 50% 的公众不甚了解"食品安全知识"，特别是广大的农村地区、偏远地区，群众食品安全知识素养较低，是食品安全问题的易燃易爆区。

二是生产经营者主体责任意识薄弱。企业是食品安全的第一责任人，向市场提供合格产品是企业义不容辞的责任。中国人民大学食品安全治理协同创新中心在全国范围的大规模调查显示，食品生产经营者诚信意识淡薄是我国食品安全基础薄弱的最大制约因素。同时，部分企业存在功利主义价值观，认为获取经济利益是企业的唯一使命，存在以次充好、过期翻新、非法添加等违法行为，损害消费者利益。

三是信息传播扭曲的风险。在当下信息传播渠道多元化背景下，相关舆情触点多、燃点低、传播快、持续久的特征明显，食品安全领域已成为自媒体传谣重灾区。"网络水军"等以谣生利模式滋生，极易误导舆论，进而引发对总体食品安全状况的过度质疑。一方面，媒体与公众信息的不对称性，加之对食品安全的不信任，易导致问题被放大，造成公众产生严重的安全焦虑；另一方面，由于多种社会问题存在，当出现食品安全问题时，不良媒体为博人眼球而制造舆论，普通公众为表达愤怒、发泄不满而发出不当言论。此外，那些把食品安全问题蓄意工具化的政治势力和不当牟利者，同样对热点舆情起到推波助澜的作用。

四是新的商业模式的影响。随着经济社会的快速发展，食品新业态应运而生，网络订餐、体验营销等食品新业态是集"互联网＋"、大数据、信息化工业化融合等国家政策在食品行业的商业化社会试验，新业态满足了人民对美好生活的需要，但是食品新业态发展面临着在强化监管和优化营商环境之间平衡的两难问题，同时新业态法律法规的缺失，网络环境的虚拟化、隐蔽化等因素，导致新业态食品安全监管困难、维权成本高。①

---

① 王广平、王颖、丁静：《食品新业态营商环境优化与政府监管平衡性研究》，《中国食品药品监管》2020 年第 1 期，第 35～47 页。

（三）监管维度

监管维度的食品安全风险基于食品的政治属性，是指体制机制、法律法规、监管效能等因素对食品安全风险防范的影响，主要存在以下四个方面。

一是法律制度体系方面。新修订的《食品安全法》加大了对违法行为的处罚力度，但在实际执法过程中仍存在取证难、入罪难、追诉难、执行难、结案难等问题，同时行刑衔接不充分、审判轻判率高、公益诉讼推进慢等实际情况影响法律威慑效果。[①]

二是标准体系方面。一方面，食品安全标准还有缺失，如食品添加剂有2000多个品种，但只有1/4的添加剂有相关标准。同时，国内标准同国际标准衔接不顺，现行部分国内标准水平偏低，导致我国食品出口需重新认证而增加成本，加大贸易风险。如大米标准，日本产品列表中有579项限量值规定，而我国仅设置了43项指标，相差较大[②]。另一方面，系统化的食品标准体系尚未建立。我国现有食品标准体系中除卫生标准外，其他标准特别是食品产品标准均为综合标准，涵盖安全和质量指标内容，难以明确区分。同时，食品质量标准尚未形成广泛共识。法律层面，食品质量标准属于推荐性标准范畴；实施层面，推荐性标准力度相对较弱；内容层面，食品质量标准的相关指标作为高质量发展阶段提出的内容，基础比较薄弱尚不成熟。

三是基层监管能力方面。食品安全全链条全过程监管涵盖食用农产品质量安全监管、食品生产经营安全监管以及食品安全相关领域工作，环节多、牵涉面广、监管难度大。从人员队伍看，我国每万人口食品安全监管人员比例约为0.7人，美国则为3.6人。[③]同时我国基层监管机构普遍存在专业人

---

① 唐任伍、张士侠：《现阶段我国食品安全风险的多维度特征》，《人民论坛》2020年第16期，第60~61页。

② 鲁曦、邓希妍、丁凡、朱昊煜：《食品安全标准化现状及对策研究》，《中国标准化》2021年第3期，第106~111页。

③ 国家市场监督管理总局，http://www.samr.gov.cn/spcjs/sjdt/202104/t20210425_328182.html。

才匮乏、人员结构老化、专业素质不高等问题。① 从机构设置看，多数基层派出机构划归基层政府管理，骨干力量流失情况严重，部分地区监管人员还承担了市场监管之外的大量工作。从技术支撑看，我国检验检测设备自主创新率低，部分实验材料国产占比不足 15%，农兽残快检产品国际认可度不足 10%，科技创新的潜能尚未在食品产业中充分释放。②

我们对食品安全抽检不合格食品批次与当地食品相关行业发展经济状况（根据《国民经济行业分类 GB/T 4754—2017》将工业类中农副食品加工业，食品制造业，酒、饮料和精制茶制造业的营业收入之和，作为食品行业发展经济状况）进行对比③，理论上讲，两者离散性越强，说明单位食品产业投入产出中生产的不合格食品越少，一定程度上显示出当地食品安全工作的能力较强（见图5）。

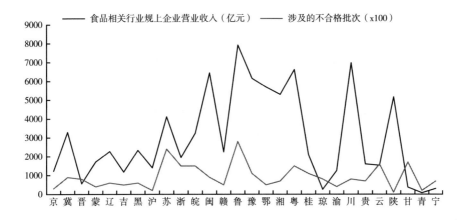

图5　抽检不合格产品批次与当地食品行业营业收入比较

四是社会共治方面。食品行业与其他行业相比，企业数量大、地域分布散、准入门槛低，在经济利益的驱动下，道德失范、诚信缺失的现象比较突

---

①　胡颖廉：《新时代国家食品安全战略：起点、构想和任务》，《学术研究》2019 年第 4 期，第 35~42 页。

②　陈颖：《中国食品质量安全科技发展新态势》，《食品与生物技术学报》2020 年第 5 期，第 1~5 页。

③　国家统计局及各地统计局统计年鉴（2020）。

出，决定食品安全关系已不再仅仅是政府、企业、社会之间简单的命令与服从的关系，而是企业、政府、社会之间互助与互动、共建与共享的关系。社会共治已经成为食品安全治理的基本方略之一。在现阶段，我国还未构建可供政府、企业、行业协会、群众、媒体等各方力量参与共治的平台。政府"保姆式"监管的状况未根本扭转，企业主体责任落实仍不到位，社会力量参与的渠道不够通畅，行业组织尚未发挥"桥梁作用"，社会共治合力有待增强，治理模式和格局也有待进一步构建和打造。

影响我国食品安全的成因复杂，既有主观因素也有客观因素。主观因素方面，主要包括企业主体责任不落实。国内外食品安全进程均表明，城镇化率在40%～60%时，食品安全风险隐患将进入凸显期，食品安全事件将高发、频发[①]，追求经济利益的食品违法犯罪行为增多。客观因素方面，主要包括自然环境的影响，我国地域辽阔，丰富的气候、地理环境无时不影响农业生产、农业投入品使用以及食品加工、运输和流通等环节安全；饮食习惯的影响，食材丰富、传统烹饪程序复杂，导致食品加工中未知风险加大，烹饪加工过程中产生的有毒有害物质也是食品安全的不稳定因素；人口流动的影响，不同地域饮食习惯的碰撞，食品过敏性疾病增高，食品投诉增多等；经济发展状况方面，食品消费能力、价格承受力等，也都引起城乡食品安全观念的差异以及消费者整体支付能力的差异，从而导致食品安全期盼度和舆情关注度的差异。

四　食品安全政策建议

食品安全是民生工程，也是民心工程。必须认真落实"四个最严"要求，坚持党政同责、产管齐抓、点面结合、德法并举，以制度体系建设为基础，以风险管理为突破，以推动产业高质量发展为支撑，以监管能力建设为保障，以社会共治为抓手，全面推动食品安全治理体系和治理能力现代化，

---

① 王守伟、周清杰、臧明伍：《食品安全与经济发展关系研究》，中国质检出版社，2016。

坚决守护好人民群众"舌尖上的安全"。

一是完善食品安全治理政策。坚持党政同责,把食品安全工作摆到更加突出的重要位置,动员各级党委、政府切实担负起"促一方发展、保一方平安"的政治责任,抓出党和政府的公信力。加强食品安全工作考核,引入区域食品相关行业产值或营业收入等基础变量,完善考核的量化分级,将考核结果运用纳入干部管理体系。不断完善食品安全监管体制机制,建立"从农田到餐桌""从线上到线下"长期运行监测网络。加强信用体系建设,让生产经营者的信用档案与企业发展、个人生活各方面挂钩,形成守信者受益、失信者受罚的激励约束机制。推动食品安全示范城市建设,推广食品放心工程,将食品安全逐渐由一城、一县向省域、区域拓展,促进我国食品安全治理水平全面提升。

二是严把食品安全的每一道关口。加强农产品安全监管,重点解决蔬菜、禽蛋、猪肉、水产品质量安全和农药、兽药添加禁用成分问题,有效遏制农药、兽药残留超标等突出问题。坚持过程控制,加强对生产经营现场的检查,对一些重点品种生产企业逐步推行体系检查。加强网络销售食品行为监管,落实平台企业主体责任,建立监管联动机制。落实"处罚到人"要求,用好检查、检验、办案、信息公开等手段,对违法企业及其法定代表人、实际控制人、主要负责人等直接负责的主管人员和其他直接责任人员进行严厉处罚,实行食品行业从业禁止、终身禁业,大幅提高违法成本。严厉打击刑事犯罪,对群众关切痛恨的违法犯罪行为和突破道德底线的突出问题,从严、从重、顶格处罚,依法加强行刑衔接、联合惩戒,纵深、持续推进"铁拳"执法震慑。

三是有针对性地开展风险整治。创新风险预警交流工作模式,重点分析食品安全风险的地域特征、品种特征、隐患特征,有针对性地开展专项整治。根据风险监测情况,对农药兽药残留等突出问题开展专门抽检。以农村食品加工小作坊、小经营店、小摊点"三小"为重点对象,开展"三小"安全隐患治理。以农村偏远地区、旅游景区景点以及校园及周边为重点区域,以食品批发市场、农贸市场、集市、学校为重点场所,排查隐患,重点整治生产经营不符合食品安全标准、"两超一非"、"山寨假冒"、虚假标识、"三无"、过期食品等违法行为。围绕老百姓切身利益，解决人民群众最反感的消费欺诈、虚假宣传等问题，加大保健食品市场整治力度，促进食品行业公平竞争、健康发展。

四是推动食品产业高质量发展。强化源头治理，加强土壤污染防治与修复，加强产地环境评估治理，指导种养殖业科学健康发展，推进农林牧业生产现代化。引导食品企业加大科研投入，在工艺流程、关键技术上取得突破，推动大型食品企业实施危害分析和关键控制点体系，加快产业优化升级。推行农业标准化生产，实现"菜篮子"产品生产大县规模种养基地生产过程规范化，促进小农户与现代农业有机衔接，加强食用农产品和食品的品牌培育与推广，推动食品产业迈向中高端。着力提升产品质量，提高绿色、有机、无公害农产品和地理标志农产品在同类农产品中的比重，扩大内外销食品农产品"同线同标同质"工程实施范围。鼓励超市设立放心肉、放心菜专柜，推行餐饮业"明厨亮灶""阳光餐饮""外卖食品封签"等，让人民群众吃得放心安心。

五是加快监管工作能力提升。创新体制机制，加大智能监管、信用监管等投入力度，提高监管效能。健全食品安全标准体系，探索建立食品质量标准、食品营养标准和食品安全标准，立体化全方位提升食品质量安全规范化水平。立足国情、对接国际，加快制修订农药残留、兽药残留、重金属、食品污染物、致病性微生物等食品安全通用标准，加快制修订产业发展和监管急需的食品安全基础标准、产品标准、配套检验方法标准。加强基层综合执法队伍和能力建设，推动执法力量向一线岗位倾斜，完善工作流程，提高执法效率。加强职业化检查队伍建设，提高检查人员专业技能。推进国家级、省级食品安全专业技术机构能力建设，打造国际一流的国家检验检测平台。

六是强化食品安全社会治理。食品安全点多、线长、面广、环节多，涉及方方面面，必须最大限度调动各方积极性，齐抓共管食品安全。强化企业主体责任，加强食品安全知识教育培训，推动企业引进先进管理体系和先进标准，鼓励参加食品安全责任保险，制定实施严于国家标准或地方标准的企业标准。推动生产经营者对其产品追溯负责，依法建立食品安全追溯体系，提升食品安全风险分担能力。监管部门要主动发布权威信息，向社会公众进行科普宣传，主流媒体要客观准确报道，开展积极正面的舆论宣传，推动在全社会形成"尚德守法、共治共享"的食品安全文化。充分调动行业协会、新闻媒体、专家学者积极性，制定行规行约，引导行业自律，促进消费者积极参与监督。在全国范围内建立食品安全治理研究联盟，扩大食品安全志愿者队伍，作为食品安全社会共治的主体力量。

浅析食品安全社会共治有效性

严冯敏[*]

摘　要： 食品安全是重大的民生问题，也是涉及公共安全的基本问题。在党和国家的高度重视下，我国食品安全总体状况趋好，但仍存在一些现实问题。现阶段，加强食品安全工作不能仅依靠政府监管部门，须实施社会共治，靠社会共治解决政府监管盲区和市场失灵问题。同时，社会共治亦非万能，也会存在治理失效的问题，需要不断完善，形成社会共治的最优状态即"善治"。以人民为中心是食品安全社会共治实现"善治"的根本价值遵循。本文将从社会共治可提升政府监管有效性出发，探讨夯实食品安全社会共治基石，完善食品安全社会共治体系，增强食品安全社会共治活力的价值导向构建与实践方法探索。

关键词： 食品安全　社会共治　诚信

食品安全是重大民生问题，也是涉及公共安全的问题，直接关乎每个人的身体健康和生命安全，能否吃得健康、吃得安全，对老百姓来说是"天大的事"。党的十九大报告明确提出实施食品安全战略，让人民吃得放心。多年来的食品安全问题治理实践表明，有效解决食品安全的突出问题，需要

---

* 严冯敏，工学学士和法律硕士，原质检总局执法督查司司长、市场监管总局原网监司副司长（正司长级）、中国消费品质量安全促进会副理事长，研究方向为产品质量行政执法工作。

创新社会治理模式，实施以法治为基本方式的社会共治。社会共治是社会治理的新发展，是我国社会治理实践探索的经验总结。2015 年 4 月 24 日，第十二届全国人大常委会第 14 次会议对《食品安全法》进行了全面修订，将实行"社会共治"写进总则，作为食品安全工作一个新的基本原则。随着政府"放管服"改革的深入推进，政府职能将转到寓监管于服务之中，在服务中实施精准和有效监管，在监管中体现服务并优化服务，使营商环境得到不断优化上来。加强食品安全工作，不能仅依靠政府监管部门的单打独斗，还应实施社会共治，靠社会共治照亮政府监管盲区和解决市场失灵问题。但是，社会共治亦非万能，也会存在治理失效的问题，需要不断完善，形成社会共治的最优状态即"善治"，才能有效减少、防止治理失效问题的出现。因此，实现食品安全社会共治的"善治"状态，需要树立"善治"价值导向，并将其落实到食品安全社会共治的实践之中。

党的十九届四中全会强调，要"完善党委领导、政府负责、民主协商、社会协同、公众参与、法治保障、科技支撑的社会治理体系，建设人人有责、人人尽责、人人享有的社会治理共同体"。社会治理共同体的主体是人民群众，人民群众参与和互动是维系这个有机体的关键。以人民为中心是实行食品安全社会共治的本质，其内涵是落实人民主体地位，一方面，保障人民群众的食品安全，维护人民群众食品安全的各项权益；另一方面，依靠人民群众保障食品安全，促进食品质量安全水平的提升；再一方面，食品安全社会共治的成果由人民群众共享，满足人民群众日益增长的美好生活需要。将人民主体地位落到实处，最基本的是，应保障和落实好人民群众食品安全社会共治的"知情权、参与权、表达权、监督权"。这是食品安全社会共治实现"善治"的根本价值遵循。

一 保障和落实好人民群众的"知情权"

民以食为天，每个人的一日三餐都离不开食品，人人都是食品的消费者。因此，对于人民群众来说，涉及食品安全的信息尤其重要，是事关个人的身体健康和生命安全的大事。落实好"知情权"，是保障人民群众有效参与、监督食品安全社会共治和表达意见建议的前提。人民群众是食品消费者，对食品安全享有的"知情权"，最基本的应包含两个方面：一是知悉食品安全的风险信息；二是了解食品质量状况和安全情况。及时知悉问题食品存在的安全隐患，有利于广大消费者重视食品安全问题，增强食品安全风险自我防范意识，避免食品安全恶性事件的发生，形成群防群治格局；随时了解食品质量状况和安全风险情况，有利于促进广大消费者理性消费，保障健康，提升日常生活品质。党中央、国务院长期以来高度重视保障人民群众的知情权，尤其是党的十八大以来，将保障人民群众的知情权作为践行"以人民为中心"发展理念最基本的权益内容，并落实到依法保障的层面上，建立了相对完备的法律规范体系。《政府信息公开条例》提出了"行政机关公开政府信息，以公开为常态、不公开为例外"的原则，并对应该公开的信息内容作了明确规定，其中包括食品。新修订实施的《消费者权益保护法》第8条规定，"消费者享有知悉其购买、使用的商品或者接受的服务的真实情况的权利"，明确了消费者对食品安全信息的知情权。新修订实施的《食品安全法》在增设"社会共治"新原则中，从不同的情况和不同的层面，对食品安全信息的公开、透明、发布以及接受咨询等做了详细规制，强调食品安全信息的公布应当准确、及时、客观；新闻媒体对有关食品安全的宣传报道应当公正真实。具体来说，新修订实施的《食品安全法》涉及保障人民群众"知情权"规定的条款达19条之多，其中，有14条规定了国家和地方监管部门公布食品安全信息的职权、责任，内容覆盖食品安全信息统一发布制度、国家和地方标准公布、取得与吊销生产和餐饮许可证、利用新材料生产食品公开发布、出入境食品安全信息公开发布、食品安全风险评估结果信息公开发布、食品安全风险警示公开发布、食品安全事故发生后处置措施有关信息的公开发布。其他五条，一方面，规定了食品生产经营和餐饮服务提供主体及第三方认证机构向社会公布食品安全信息的义务，内容涉及食品召回、撤销认证、餐饮服务提供者食品原料及其来源；另一方面，规定了监管部门接受任何组织或个人咨询了解食品安全情况的职责；再一方面，遵循权利与义务相统一的原则，规定了有关个人负有配合食品安全事故调查部门了解事故有关情况的义务。这些条款形成了保障人民群众食品安全"知情权"的法律规范，将保障和落实食品安全"知情权"纳入法治的轨道。

但是，保障人民群众食品安全"知情权"的现实却不如人意，存在信息不对称问题。有的地方职能部门在公开或发布食品安全信息方面，及时、透明、便捷做得不够，甚至将法律规定应当向社会公布的信息说成内部管理信息而不予对外公布，没有贯彻政务信息"以公开为常态，不公开为例外"的原则，与人民群众的需求存在差距。群众反映，保障人民群众食品安全"知情权"，一定程度上，还停留在文件和法律文本上，还不是现实之中的"知情权"，"知情权"的保障机制不够畅通。

"知情"是食品安全社会共治实现"人人有责、人人尽责"的前提。保障和落实好人民群众食品安全的"知情权"，首先，需要政府职能部门严格按照政务信息"以公开为常态、不公开为例外"的原则，履行好法定职责和执行好工作制度；其次，需要社会协同，转变食品安全信息仅靠政府职能部门向社会提供的单一模式，充分发挥社会共治多元主体的作用，使之成为政府监管重要的辅助力量。当前，应健全食品安全社会共治联盟的运行机制，建立健全食品安全信息共享平台，定期或不定期发布食品安全信息，宣传好国家的相关法律和政策规定，不断丰富人民群众"知情权"内容，并引导企业诚实守信、依法经营。

二　保障和落实好人民群众的"参与权"

食品安全是公共安全，保障食品安全是全社会的共同责任。实行社会共治是我国食品安全社会治理的新发展和客观选择，人民群众的参与是实现食品安全社会共治的重要保障。食品安全社会共治中人民群众"参与权"，是指我国法律赋予的人民群众参与食品安全社会共治的各种权利，包括实体层面的参与权和程序层面的参与权，主要涉及食品安全的立法参与权、执法参与权、司法参与权、国家标准制修订参与权和食品安全事故调查处置参与权等。立法参与权，是指人民群众在食品安全相关法律、法规、规章、政策、规划制定中的参与权，主要表现为在文件制定中提出建议、献言献策等方面的权利；执法参与权，是指人民群众在食品安全行政执法部门查处食品违法行为过程中的参与权，主要表现为对食品安全违法行为的投诉举报和对执法行为的监督等方面的权利；司法参与权，是指参与司法机关对食品安全违法犯罪的审判和裁决侵权纠纷过程中的参与权，主要表现为法律援助和有关诉讼等方面的权利；国家标准制修订参与权，是指在食品国家标准制、修订过程中的参与权，主要表现在有关部门征询制修订食品国家标准意见过程中的建言献策权利；食品安全事故调查处置参与权，是指在有关部门调查处理食品安全事故过程中的参与权，主要表现为有关部门提供食品安全事故调查处置有关线索情况和意见建议的权利。

人民群众参与食品安全社会共治权利的法律依据。一是我国《宪法》第2条第3款规定，"人民依照法律规定，通过多种途径和形式，管理国家事务，管理经济和文化事业，管理社会事务"，这是人民群众参与我国食品安全社会共治的基本法律依据。二是新修订实施的《食品安全法》对消费者参与社会共治的方式和途径做出具体规定。如第12条规定，"任何组织或者个人有权举报食品安全违法行为，依法向有关部门了解食品安全信息，对食品安全监管工作提出意见和建议"；又如第28条第1款规定，"制定食品安全国家标准，应当依据食品安全风险评估结果并充分考虑食用农产品安全风险评估结果，参照相关的国际标准和国际食品安全风险评估结果，并将食品安全国家标准草案向社会公布，广泛听取食品生产经营者、消费者、有关部门等方面的意见"；再如第108条第1款规定，"食品安全事故调查部门有权向有关单位和个人了解与事故有关的情况，并要求提供相关资料和样品。有关单位和个人应当予以配合，按照要求提供相关资料和样品，不得拒绝"。这些条款，既规定了人民群众主动参与食品安全社会共治的权利，又按照权利与义务相统一的原则，规定了配合参与的义务。三是新修订实施的《民事诉讼法》第48条规定，"公民、法人和其他组织可以作为民事诉讼的当事人。法人由其法定代表人进行诉讼。其他组织由其主要负责人进行诉讼"，从程序层面对人民群众参与食品安全的诉讼权作了相关规定。

但是，在食品安全社会共治的现实中，保障人民群众"参与权"还存在不少问题。尽管我国当前已经形成以《食品安全法》为主，其他相关法律法规为为辅的人民群众参与食品安全社会共治的法律规范体系，但在实体和程序层面的规定仍存在过于原则和抽象、实操性不强等问题，使得参与往往流于形式，在参与食品安全社会共治中发挥的作用并不大。

保障和落实好人民群众"参与权"，是提高食品安全社会共治有效性的重要路径。因此，需要畅通食品安全人民群众"参与权"渠道并完善相应的保障制度，最大限度、最广泛、最有效地动员人民群众有序地参与到食品安全社会共治中来，一方面，畅通广大群众参与国家关于食品安全的法律规范、政策体系、标准体系建设的渠道，完善相关保障制度和政策措施；另一方面，鼓励广大群众积极主动参与食品安全监管，揭露违法行为，监督监管工作，推动形成食品安全社会共治共享格局。

三 保障和落实好人民群众的"表达权"

保障和落实好人民群众的"知情权、参与权、表达权、监督权"是构建和完善食品安全社会共治体系的底层基础。这四项权利之间的关系密不可分，是相互联系、互为条件的一个整体，其中，表达权尤为重要，是其他三项权利行使的枢纽和实现的关键，一定种程度上讲，人民群众行使"知情权、参与权、表达权、监督权"正是从表达权开始的，如果少了表达权，其他权利将会被悬空而成为一种摆设。根据对《宪法》、新修订的《消费者权益保护法》和《食品安全法》有关规定的理解，表达权，是指人民群众享有的由法律规定或确认，受法律保护和限制，通过一定渠道和方式表达个人意见、建议、主张和观点等，而不受非法干涉或侵犯的权利。其主要特征是：（1）表达主体的广泛性。指参与表达意见者广泛，涉及不同地域、不同职业、不同性别、不同年龄、不同民族，不是单一的一小部分人群。（2）表达方式的有序性。指意见表达应按照一定的规范和程序进行，即群众表达意见、建议和批评应遵循有关法定程序、时间程序和空间程序进行。（3）表达内容的正当性。指人民群众的一切表达行为都要以宪法、法律和有法律效力的规范性文件的规定为准绳，符合社会道德规范。表达权既有积极方面的内容，也有消极方面的内容。积极方面的内容，是指符合法律规定和社会道德规范的表达权；消极方面的内容，是指不对他人或社会负责的表达权。随着政务信息日益公开化和现代网络信息技术的迅猛发展，人民群众充分应用现代化传播渠道，表达自己观点的意愿日益增强，但是应该有两个基本前提：第一，任何人的言论表达都必须在一定的法律和规定的范围内按照有序的原则进行；第二，任何人的言论表达都应有利于国家、个体、社会的利益，不得对社会的良性运行产生消极的影响或妨碍。这是公民权利与义务相统一的原则要求。

当代中国，人民至上的思想日益深入人心，确保食品安全，不断保障和改善民生得到了全社会的普遍认同和支持。在党的坚强领导下，国家与人民群众的关系越来越紧密。一方面，广大人民群众的活动离不开党组织的领导和政府机关的支持；另一方面，党建工作和政府机关的工作，也离不开广大群众的参与和支持。食品安全是人民群众最大的利益，利益诉求是人民群众行使表达权的基本目的。第一，人民群众是食品安全最敏锐的觉察者和最切身的体验者，具有通过各种渠道和方式反映食品生产经营违法情况的内在需要。第二，食品安全的法律、法规、规章和相关政策以及标准，直接影响每一个人的生活，在制修订过程中，人民群众具有发表意见和建议的内在动力。如新修订的《食品安全法》，普遍认为是史上食品管理内容最全面、措施最严厉、实操性最强的法律文本。1995 年制定的第一部《食品卫生法》在 2009 年被改为《食品安全法》，后于 2015 年进行了修订。在这一过程中，就每一次改动，立法部门都广泛征询广大人民群众的意见。该法是在人民群众充分表达意见和立法机关广泛听取、梳理意见并对有关意见进行询问调研基础上集思广益、择善而从后完成的，保证了人民群众充分有效行使表达权。第三，行政机关监管食品生产经营的行为和司法机关的裁判行为，关系维护每个群众的合法权益，人民群众通过各种渠道和方式表达个人意见、建议和批评是维权的需要。食品安全社会治理实践表明，广大群众在法律规范和道德规范范围内能充分行使表达权，党委、人大、政府、司法机关和社会公共机构才能在正确把握群众共同利益的基础上，合理对待不同个人、群体的利益差别，通过合理、合法而有序的利益协调，实现个人和群体的利益，为食品安全社会共治奠定坚实的基础。

但是，在现实中，保障和落实好人民群众的"表达权"存在不少问题。一方面，对广大群众享有的表达权重视、尊重不够。长期以来，有些地方基层的决策和执行机关也听取人民意见，但是，很多情况下，只是听取少数人士的意见，更多的普通群众被排斥在外。当广泛听取更多群众意见时，讨论的问题又往往是政府或少数领导关心的问题，不是广大人民群众需要和希望参与的重大问题，或是一些无关紧要的小事。有的机关工作人员将群众行使表达权看作故意刁难。对一些重大问题的反映，得不到认真对待，群众说的不被认可。如2004年4月发生了"安徽阜阳劣质奶粉大头娃娃"食品安全恶性事件，在事件的处理过程中，有群众反映三鹿牌婴幼儿奶粉涉嫌被三聚氰胺污染问题，当时，一直没有引起有关部门的重视，导致2008年9月爆发了震惊中外的"三鹿奶粉事件"，给国家、人民群众、乳制品行业造成巨大损害，教训极其惨痛。另一方面，表达权的行使也存在被滥用的现象。新媒体发展进入大众媒体阶段，以手机移动媒体为主要形态的新媒体成为群众表达观点、传递信息常用的手段，由于其具有便捷、形式多样、跨地域等特点，民众表达意见和传递信息不容易受限，容易出现滥用表达权的现象，甚至出现污蔑、诽谤、恶意煽动等违法行为，损害国家、个体、社会利益，破坏社会和谐稳定。

食品安全社会共治形成有效沟通和良性互动，需要各级决策和执行机关增强维护人民群众行使"表达权"责任意识。因此，保障和落实好人民群众的"表达权"，应从基层做起，重视群众反映的有关食品安全的具体问题和情况。加强工作作风建设，防止和克服简单粗暴的工作作风；健全反馈人民群众意见的机制，认真对待每一个反映情况的人，对群众反映的问题，要有反馈、有落实，不能让群众说了白说、说了不算。不断丰富和拓展实现表达权的途径，让人民群众享有更加充分的表达权。一是进一步完善信访制度，畅通人民群众的信访渠道。二是完善报刊、广播、电视等传统媒体传播平台，应保证提供一定的版面和节目时段，让人民群众直接发表意见和建议。人民群众更信赖主流媒体的报道，因此应完善主流媒体平台。同时，媒体从业者通过调查采访、形成新闻作品和相关言论来表达人民群众对食品安全的意见和建议。三是规范新兴媒体平台管理，防止滥用表达权，对违法犯罪行为进行严厉惩处。规范网络交易平台，严厉查处平台企业刷单炒信行为。四是支持和规范好各种社团组织、公众机构、第三方企业等公众信息平台，为广大人民群众行使具体表达权开辟广阔的空间。五是畅通政府12345、12315等热线电话和政府网站渠道，持续提升服务水平。六是畅通人民群众代言表达意见建议的渠道，重视人大代表和政协委员的建议和提案，这是代表人民群众表达食品安全意见和建议的重要形式。

四 保障和落实好人民群众的"监督权"

保障人民群众的"监督权"，是实现食品安全社会共治的重要基础。根据新修订实施的《消费者权益保护法》第15条和《食品安全法》第12条的规定，人民群众在食品安全领域的"监督权"，是指人民群众有权举报、投诉食品安全违法行为和对食品安全监管工作提出批评及建议。其主要特点有：一是监督主体众多、领域广泛。广大人民群众都是食品的消费者，有的还是食品生产经营的参与者，对食品安全的监督，覆盖生产加工、流通经销、餐饮外卖各个环节。二是信息获取及时。人人每天都要与食品接触，最了解食品安全方面的信息，能及时获取第一手食品安全信息，及时发现违法犯罪线索，这成为精准监督与打击食品安全违法犯罪行为最主要的信息来源，使食品安全社会共治实现早发现、早控制、早处置，将食品违法犯罪行为扼杀在萌芽状态之中。三是监督的主动性强。所有的消费者都是食品利益相关者，都有可能成为食品安全事件中的被害人，对食品安全的监督出于自身的利益诉求，因此，成为食品安全监督中最积极、最坚定的力量。四是容易形成公共舆论。人民群众揭露的食品安全事件，经媒体曝光后，容易形成强大的公共舆论，既给食品生产经营者的自律增大外部压力，又推动政府职能部门依法履职、担当作为。五是监督方式灵活多样。可以自由选择实名或匿名、书面或口头、电话或网络、直接举报或请人代转等方式进行监督。六是监督的成本低。不需要设置专门的监督机关和专门的监督人员，减少政府的工作负担和财政开支，节约了监督成本，提高了监督效率和质量。这些特点，使人民群众的监督在食品安全社会共治中具有不可替代的功能，如能弥补政府职能部门监管力量的不足。目前我国食品生产企业45万家，食品经营主体210万家，餐饮经营单位210万家，10人以下的食品生产加工小作坊有35万家。相当一部分食品生产经营小企业和小作坊不具备出厂检验能力，政府部门的监管难以覆盖，容易形成监管盲区，只能靠社会监督尤其是民众的监督予以填补。民众监督能够帮助解决政府监管信息滞后、不畅通及监管力量不足等问题，从而实现整个食品链条监管的无缝对接。人民群众监督权的核心是举报权，这是宪法和法律赋予的权利。新修订实施的《食品安全法》的第12条规定，"任何组织或者个人有权举报食品安全违法行为，依法向有关部门了解食品安全信息，对食品安全监督管理工作提出意见和建议"。举报的一个重要作用，就是预防、纠正政府职能部门监管不当和渎职行为，举报也能提高全体公民的食品安全意识的功能。食品安全问题多发、易发、易反复，原因错综复杂，是诸多问题的综合反映，其中也有消费者的不良消费需求，一定程度上，纵容了违法者变本加厉。落实好群众的监督权，能够发挥理性消费的示范传导作用，增强每个人的自我保护意识。

但是，保障人民群众的"监督权"，在现实中存在不少问题：一是尽管党中央、国务院高度重视，经常强调"人民至上"理念，但是在层层贯彻执行中，仍有层级衰减问题。有的地方基层，对建设鼓励群众揭露食品安全问题的生态环境不够重视，存在怕因食品安全问题而被问责心态。二是保障群众监督权的制度不完善。尽管《宪法》和《消费者权益保护法》、《食品安全法》都已做出规定，有的部门和地方也已制定相应的实施细则等规范性文件，但仍欠缺有效保障和奖励举报的举措。三是监督权实施的途径不足，不利于民众监督作用的发挥。四是群众维权难。群众作为食品消费者，相对于食品生产经营者而言，处于弱势地位，在遇到食品安全问题纠纷时，受害群众面对经济实力雄厚的生产经营者，常常会遭遇投诉无效，走诉讼程序途径又费时间、费精力、费财力，所以不少群众忍气吞声地选择放弃维权，使违法者得以逃避应有的惩罚。现实中，大部分食品安全侵权事件的最终解决，往往不是靠群众自身的力量，而在很大程度上依靠采取非正常途径进行上访或出现重大恶性食品安全事故等引起党委政府领导的高度重视，才得以解决。

保障和落实好人民群众"监督权"，迫切需要拓宽群众实现食品安全"监督权"的有效途径并完善相应的保障制度。目前，群众实现食品安全"监督权"的主要途径：一是信访途径，通过实名或匿名向有关监管部门举报食品安全违法行为或向纪检监察机关举报有关部门失职渎职行为；二是信息网络途径和政府热线电话，通过互联网或政府部门网站、热线电话进行举报、投诉、批评和建议；三是诉讼途径，这是群众的权利救济机制，也是保障群众"监督权"实现的最后一道屏障。要确保这三种群众监督食品安全途径的有效畅通：第一，应围绕做到群众监督事项"件件有回音"和"事事有落实"完善制度，克服被动应对的消极现象，使群众监督从被动监督转向主动监督；第二，完善《食品安全法》中关于食品安全有奖举报的制度，科学合理界定奖励范围，简化程序，分类实施奖励并相应提高重大线索举报的奖金，充分调动群众监督的积极性；第三，完善《食品安全法》关于惩罚性赔偿的机制，提高食品安全违法犯罪的成本，切实把"实行最严厉的处罚"精神落到实处；第四，完善食品安全公益诉讼制度，实行举证责任倒置原则，改变消费者在食品安全诉讼中举证困难和弱势现象，减轻消费者的举证责任压力；第五，完善食品安全义务监督员制度，大力发展食品安全社会志愿者，依托城乡基层自治组织、社会团体等，建立食品安全信息员、协管员等群众性队伍，主动摸排食品安全违法线索，揭露和曝光食品安全问题，使人民群众对食品安全的监督无处不在、无时不有，切实在食品安全社会共治中发挥基础性作用。

五 人民群众正当行使"知情权、参与权、表达权、监督权"需要夯实诚信基石

国以民为本、民以食为天、食以安为先、安以质为本、质以诚为根。其基本含义是，食品安全是最大的民生工程，诚信是食品安全的根基。诚信既是道德规范又是一项重要的法律原则，能使德治与法治有机结合。食品行业是道德行业，讲道德、凭良心是食品生产经营者遵循的最基本的准则。因此，食品安全社会共治应以诚信建设为根本，以建设食品安全诚信体系为目标，形成政府恪尽职守、企业诚信自律、公众监督有效的协同互动的共治局面。第一，食品生产经营者应当诚信自律、依法生产经营，落实质量安全主体责任，确保食品安全和服务质量，自觉履行社会责任，为消费者创造良好的消费环境。第二，食品安全监管应以信用监管为基础，恪尽职守，严格规范公正文明执法。第三，公众应正当行使"知情权、参与权、表达权、监督权"，当好食品安全的监督人，支持诚信生产经营行为，举报违法生产经营行为，营造和维护优胜劣汰、诚信经商的市场氛围。

我国改革开放 40 多年来，取得举世瞩目的巨大成就。随着市场机制的不断健全，社会整体的诚信水平得到较大的提高，诚信建设取得了长足的进展。但不可忽视的是，伴随着社会发展的不平衡、不充分，产生了不少消极负面现象。如制售假冒伪劣产品欺骗消费者、工程建筑领域偷工减料制造"豆腐渣工程"、资本市场上制造虚假财务信息欺骗投资者以及电信欺诈泛滥等。其中，广大群众反映最为强烈的是，食品安全恶性事件频频发生。我们在食品安全问题上，可谓教训惨痛、代价惨重。如劣质奶粉问题：2004年 4 月发生的"安徽阜阳劣质奶粉大头娃娃"事件中，171 名儿童出现营养不良综合征。仅时隔 4 年，2008 年 9 月发生了震惊中外的"三鹿奶粉事件"，1253 名婴幼儿被诊断患泌尿系统结石病。连续发生两起重大的奶粉安

全恶性事件，重创了国产奶粉品牌的信誉，重创了民众对国产奶粉的信心，重创了我国整个乳品产业。又如假酒问题，1992 年国务院发布《关于严厉打击生产和经销假冒伪劣商品违法行为的通知》（国发〔1992〕38 号）以来，酒类产品一直是监管和打假重点产品，但是，2003 年前，用工业酒精勾兑白酒致人死亡恶性事件却频频发生。甲醇超标最高的达 1122.25 倍，致人死亡人数最多的达 36 人。再如地沟油、苏丹红、毒豆芽等事件让广大人民群众对食品安全产生了恐慌心理，谈食色变。另外，随着电子商务的迅猛发展，电子商务平台交易食品安全问题逐渐暴露，严重影响了大众对食品消费的信心，给食品行业的持续健康发展造成了严重影响，食品安全领域甚至出现"诚信危机"。产生这些问题的根本原因就是道德失范、诚信缺失。党中央、国务院高度重视食品安全的诚信建设工作，采取了一系列重大举措。习总书记专门提出"四个最严"，即建立最严谨的标准、实施最严格的监管、实行最严厉的处罚、坚持最严肃的问责。党的十八届四中全会《关于全面推进依法治国若干重大问题的决定》专门提出"坚持依法治国和以德治国相结合"原则。特别强调，国家和社会治理需要法律和道德共同发挥作用，既要重视发挥法律的规范作用，又要重视发挥道德的教化作用。现代社会道德的核心是诚实信用，即"诚信"。当今中国，诚信已被写进了《民法典》，作为最重要的基本原则之一，贯穿于整个法典，成为需要全社会人人遵循的行为准则。《食品安全法》、《电子商务法》、《反不正当竞争法》和《消费者权益保护法》等法律都对诚信作出了明确规定。在规范性文件方面，2016 年 5 月，国务院发布《关于建立完善守信联合激励和失信联合惩戒制度　加快推进社会诚信建设的指导意见》，对失信行为建立了联合惩戒制度。2019 年 7 月，国务院办公厅颁发《关于加快推进社会信用体系建设构建以信用为基础的新型监管机制的指导意见》，对创新事前环节、加强事中环节、完善事后环节信用监管和强化信用监管的支撑保障四个环节提出了政策措施。党中央的精神和相关的法律、法规及规范性文件，对推进社会诚信建设发挥了至关重要的作用，体现了德治与法治的理念，有力地推动食品产业快速健康发展，使食品安全标准体系逐步健全、检验检测能力不断提高、全过程监管体系基本建立，重大食品安全风险得到控制，人民群众饮食安全得到保障，食品安全形势不断好转。

诚信，对于每个社会成员来说，是做人行事的基本准则。我们可以说，诚信精神是人民群众正当行使"知情权、参与权、表达权、监督权"的基石。如果诚信这个基石不坚实或受到破坏，就会激发人性中的恶性，就很难形成说老实话、办老实事、做老实人的良好社会风气，公平竞争的市场机制就很难建立健全，只会形成"劣币驱逐良币"的恶性竞争，不利于经济的健康发展和社会的和谐稳定，更多的社会问题会凸显，食品安全问题会日益突出，恶性事件会日益频发。因此，夯实诚信基石，是食品安全社会共治实现"善治"的底层基础。诚信制度化、具体化、规范化，不仅是维护社会秩序的制度保障，也是社会行为规范"善"的引导。这是新时代诚信建设的实践方向和价值定位。人民群众既有食品消费者的身份，又有参与食品生产经营者的身份。当作为参与食品生产经营者时，应主动落实质量安全主体责任，并进行内部监督，督促所在企业诚信自律，尤其要督促企业按照新修订实施的《食品安全法》的规定，主动配合监管部门建立好食品安全信用档案。当民众是食品消费者，在行使监督权时，应大胆举报生产经营食品违法行为；实事求是地对监管部门提出批评意见和建议。行使表达权时，遵守法律规定、遵从公序良俗，尊重客观事实，讲真话，自觉抵制表达权滥用，切实为食品安全社会共治尽"善心"、提"善言"、行"善事"，为食品安全社会共治实现"善治"奠定坚实的基础。

食品安全社会共治机制研究

徐景波[*]

摘　要： 食品安全是最大的民生、最基本的公共安全。食品安全拥有最广泛的利益相关者，应当建立最紧密的命运共同体。经过多年的持续努力，我国已初步建立起综合协调、社会协作、有奖举报、贡献褒奖、评议考核、责任连带、责任约谈、信息公开、行刑衔接、责任追究等食品安全社会共治机制，推动了食品安全治理从单向到多维、从被动到能动、从封闭到开放的历史性跨越。要全面实现从权利性共治到义务性共治、从被动性共治到能动性共治、从理念性共治到机制性共治，还需付出艰苦的努力。当前，强化食品安全社会共治机制建设，需要科学把握治理理念、治理制度和治理机制的关系，政府治理、企业治理与社会治理的关系，中央治理与地方治理的关系，在更高的层次、更宽的领域、更实的成效上推进食品安全社会共治。

关键词： 食品安全　社会共治　治理机制

社会共治是《中华人民共和国食品安全法》确立的食品安全治理的核心理念和基本原则之一。《中华人民共和国食品安全法》（以下简称《食品

---

* 徐景波，法律硕士，黑龙江省政法管理干部学院政府法治教研部法学教授、依法行政政策法律研究所主任，研究领域为行政法学、行政诉讼法学、食品安全法学。

安全法》）规定："食品安全工作实行预防为主、风险管理、全程控制、社会共治，建立科学、严格的监督管理制度。"食品安全治理体系是由理念、体制、法制、机制、方式、战略和文化等构成的体系。理念决定方向、体制决定格局、法制决定道路、机制决定动力、方式决定效能、战略决定目标、文化决定生态。从理念创新到机制建设，食品安全治理从宏观走向微观、从抽象走向具体、从理论走向实践，标志着食品安全治理日趋深入和成熟。

机制，原指机器的构造和工作原理，后来被引申到其他领域，泛指事物的构造、功能及其相互关系，以及协调这些关系有效发挥作用的具体方式。在食品安全领域，机制有两方面含义：一是指工作载体或者工作平台，如案件移送机制、部门协作机制，其主要功能是整合治理资源、增强治理合力。二是指运行机理或者运行动力，如信用奖惩机制、责任追究机制，其主要功能为落实治理责任、激发治理活力。前者可以称为表层机制，后者可以称为深层机制。这两类机制都有提升治理效能、提高治理水平的重要功能。

与体制、法制相较，机制具有适应性、导向性、灵活性、可操作性等显著特点。在社会转型期，在法律制度或者监管体制成熟前，机制往往具有较强的适应性。各类治理机制的设定往往具有鲜明的价值目标，针对不同的利益主体，可以采取不同的机制予以牵引和驱动。各类机制往往是针对各类具体问题设计的，具有较强的操作性。此外，机制可以在一定程度上弥补体制、法制存在的缺陷。

机制之所以发挥作用，是因为机制能够将行为人的工作绩效与其形象、地位、利益、名誉、前途甚至命运紧紧地结合起来。它通过激励和约束、褒奖和惩戒、自律和他律、动力和压力等手段，激发了行为人趋利避害的本性，强化了行为人的责任感和使命感，调动了行为人的积极性和主动性，提升了行为人的执行力和创造力。霍尔巴赫指出：利益是人类行动的一切动力。拿破仑也曾表示，世界上有两根杠杆可以驱使人们行动：利益和恐惧。马克思曾说过：人们奋斗所争取的一切，都同他们的利益有关。多年的监管实践表明，只有制度，而没有机制，社会共治只能是"纸面上的法律"，而不是"行动中的法律"。良好的机制将使治理成为一种"无为而治"的艺术。

一 食品安全社会共治的理论基石

食品是人类社会赖以生存和发展的物质资料。食品安全问题既是重大的民生问题，也是重大的经济问题；既是重大的社会问题，也是重大的政治问题。食品安全问题是公众最为关心、最为直接、最为现实的问题。食品消费属于全球性消费、全民性消费、终身性消费、必需性消费。食品安全拥有最广泛的利益相关者，应当建立最紧密的命运共同体。

（一）食品安全拥有最广泛的利益相关者

从食品消费的角度看，食品消费具有以下特点：一是必需性消费。人类要生存，就必须消费食品，且这种消费不分民族、年龄、性别、贫富、强弱等。二是全球性消费或者全民性消费。地球上的每一个人都需要消费一定数量的食品，以获取其生命存续和健康发展所需要的各种营养物质。三是终身性消费。人从出生到死亡，在其生命的全周期都需要消费一定数量的食品。人的生存和发展离不开食品。食品是维持人的生存的重要物质资料。由此可见，在人类所创造的各类产品中，食品与地球上的每一个人的每一天，有如此广泛、直接、重要的联系，食品安全拥有最广泛的利益相关者。

从历史发展的角度看，人类对食品安全的认知大体经历了生命安全、公共安全、国家安全和人类安全的发展阶段。在不同的发展阶段，对食品安全问题关注的主体有所不同。在生命安全认知阶段，食品安全的关注者主要是食品的生产者、经营者、消费者以及食品安全的监管者。在公共安全认知阶段，食品安全的关注主体有了一定的拓展，信息管理、舆论引导、犯罪侦查等公共安全部门对食品安全问题的关注度明显提升。在国家安全认知阶段，食品安全的关注主体再次扩展，科学技术、国家安全等部门积极关注食品安全问题。在人类安全认知阶段，食品安全的关注主体进一步扩展，不同国家和地区、国际组织和机构，都在积极关注食品安全问题。从生命安全到公共安全，从国家安全到人类安全，食品安全的关注主体范围在拓展、层级在提升、影响在扩大。

（二）应当建立最紧密的食品安全命运共同体

食品安全拥有最广泛的利益相关者的重大命题启示我们，食品安全是广大人民群众最关心、最直接、最现实的问题，而广大人民群众最为关注的问题就是当今中国最大的政治问题。在市场经济条件下，每个主体都有各自的利益，但食品安全关系着每个人的切身利益。维护食品安全，既是维护所有利益相关者的共同利益，也是维护每个利益相关者的个人利益。因此，保障食品安全应当成为全社会所有利益相关者的共同价值追求。

进入新时代新发展阶段，在各级党委、政府和全社会的共同努力下，我国食品安全形势总体趋稳向好，但食品安全形势依然复杂严峻。从整体上看，我国食品产业基础比较薄弱，食品产业体量巨大、业态复杂，时至今日，"多、小、散、乱"问题仍比较突出。部分食品生产经营者安全意识、风险意识、法治意识、责任意识淡薄。此外，源头污染、非法添加、制假售假、虚假宣传等风险隐患还比较多。上述诸多问题的有效解决，需要构建体现新时代特点的食品安全社会共治大格局。

二 食品安全社会共治的机制体系

社会共治是现代国家治理的重要途径，也是治理食品安全的必由之路。改善食品安全生态，必须按照新时代社会治理理念的要求，完善治理机制体系，广泛动员社会各界力量，实现社会共治共享。

（一）综合协调机制

食品安全涉及种植养殖、生产加工、市场流通、餐饮消费、进出口等环节。面对生产经营主体量大面广线长、多种风险共存的情势，习近平总书记多次强调，要"形成覆盖从田间到餐桌全过程的监管制度""建立食品安全监管协调机制""真正实现上下左右有效衔接""严把从农田到餐桌的每一道防线，着力防范系统性、区域性风险""要坚持源头严防、过程严管、风险严控，完善食品安全监管体制，加强统一性和权威性，充实基层监管力量""我们建立食品安全监管协调机制，设立相应管理机构，目的就是要解决多头分管、责任不清、职能交叉等问题。定职能、分地盘相对好办，但真正实现上下左右有效衔接，还要多下气力、多想办法"。《食品安全法》确立食品安全实行"预防为主、风险管理、全程管控、社会共治"的基本原则。《食品安全法》规定，国务院设立食品安全委员会。县级以上地方人民政府对本行政区域的食品安全监督管理工作负责，统一领导、组织、协调本行政区域的食品安全监督管理工作以及食品安全突发事件应对工作，建立健全食品安全全程监督管理工作机制。经过多年的努力，我国已建立起食品安全统一监管体制，对食品安全工作实行统一监管。2020年，联合国开发计划署发布的人类发展指数（HDI）显示，在全球189个国家和地区中，我国位居第85位，属于高人类发展指数国家。2020年，英国《经济学人》发布的全球食品安全指数（GFSI）显示，在全球113个国家和地区中，我国位居第39位。一国的食品安全状况往往是一国社会发展状况的表征。上述数字充分说明我国食品安全工作的成效显著。今天，食品安全统一监管的体制已经确立，但食品安全工作涉及多环节、多部门、多领域，有必要继续保留并完善食品安全综合协调机制。

（二）社会协作机制

在食品安全领域，除了综合协调机制外，还有部门协作机制、区域协作机制等。食品安全工作具有广泛的社会性，决定食品安全社会协作机制的多元性。一是风险监测协作机制，《食品安全法》规定，国务院食品安全监督管理部门和其他有关部门获知有关食品安全风险信息后，应当立即核实并向国务院卫生行政部门通报。对有关部门通报的食品安全风险信息以及医疗机构报告的食源性疾病等有关疾病信息，国务院卫生行政部门应当会同国务院有关部门分析研究，认为必要的，及时调整国家食品安全风险监测计划。食品安全风险监测结果表明可能存在食品安全隐患的，县级以上人民政府卫生行政部门应当及时将相关信息通报同级食品安全监督管理等部门，并报告本级人民政府和上级人民政府卫生行政部门。食品安全监督管理等部门应当组织开展进一步调查。省级以上人民政府卫生行政、农业行政部门应当及时相互通报食品、食用农产品安全风险监测信息。二是信息通报机制。《食品安全法》规定，国务院卫生行政、农业行政部门应当及时相互通报食品、食用农产品安全风险评估结果等信息。县级以上人民政府食品安全监督管理、卫生行政、农业行政部门应当相互通报获知的食品安全信息。三是标准执行协作机制。《食品安全法》规定，省级以上人民政府食品安全监督管理、农业行政等部门应当对食品安全标准执行中存在的问题进行收集、汇总，并及时向同级卫生行政部门通报。四是境外食品安全风险通报机制。《食品安全法》规定，境外发生的食品安全事件可能对我国境内造成影响，或者在进口食品、食品添加剂、食品相关产品中发现严重食品安全问题的，国家出入境检验检疫部门应当及时采取风险预警或者控制措施，并向国务院食品安全监督管理、卫生行政、农业行政部门通报。接到通报的部门应当及时采取相应措施。五是进口食品风险通报机制。县级以上人民政府食品安全监督管理部门对国内市场上销售的进口食品、食品添加剂实施监督管理。发现存在严重食品安全问题的，国务院食品安全监督管理部门应当及时向国家出入境检验检疫部门通报。国家出入境检验检疫部门应当及时采取相应措施。六是食源性疾病通报机制。《食品安全法》规定，医疗机构发现其接收的病人属于食源性疾病病人或者疑似病人的，应当按照规定及时将相关信息向所在地县级人民政府卫生行政部门报告。县级人民政府卫生行政部门认为与食品安全有关的，应当及时通报同级食品安全监督管理部门。县级以上人民政府卫生行政部门在调查处理传染病或者其他突发公共卫生事件中发现与食品安全相关的信息，应当及时通报同级食品安全监督管理部门。除了食品安全部门协作机制外，一些地方积极推进食品安全区域协作机制。如长三角食品安全区域合作机制、京津冀食品安全信息互通机制等。

（三）有奖举报机制

为充分调动社会各界对食品安全监督的积极性、主动性和创造性，《食品安全法》规定，任何组织或者个人有权举报食品安全违法行为，依法向有关部门了解食品安全信息，对食品安全监督管理工作提出意见和建议。县级以上人民政府食品安全监督管理等部门应当公布本部门的电子邮件地址或者电话，接受咨询、投诉、举报。接到咨询、投诉、举报，对属于本部门职责的，应当受理并在法定期限内及时答复、核实、处理；对不属于本部门职责的，应当移交有权处理的部门并书面通知咨询、投诉、举报人。有权处理的部门应当在法定期限内及时处理，不得推诿。对查证属实的举报，给予举报人奖励。有关部门应当对举报人的信息予以保密，保护举报人的合法权益。举报人举报所在企业的，该企业不得以解除、变更劳动合同或者其他方式对举报人进行打击报复。2011 年 7 月 7 日，《国务院食品安全委员会办公室关于建立食品安全有奖举报制度的指导意见》要求，地方各级政府要建立健全有奖举报工作机制，加强对食品安全有奖举报工作的组织领导。如果说食品安全投诉举报属于制度建设，有奖举报制度则属于机制建设。2013 年 1 月 8 日，原国家食品药品监督管理局、财政部联合印发《食品药品违法行为举报奖励办法》。2017 年 8 月 9 日，原国家食品药品监督管理局、财政部联合发布新修订的《食品药品违法行为举报奖励办法》，将单次举报奖励限额从原先的 30 万元提高到 50 万元。2021 年 7 月 30 日，市场监管总局、财政部联合印发《市场监管领域重大违法行为举报奖励暂行办法》（以下简称《办法》）。该《办法》明确，举报食品安全等领域重大违法行为，经查证属实结案后，给予相应奖励。获得举报奖励应当同时符合下列条件：有明确的被举报对象和具体违法事实或者违法犯罪线索，并提供了关键证据；举报内容事先未被市场监督管理部门掌握；举报内容经市场监督管理部门查处结案并被行政处罚，或者依法移送司法机关被追究刑事责任。举报奖励分为三个等级。对于有罚没款的案件，市场监督管理部门按照下列标准计算奖励金额，并综合考虑涉案货值、社会影响程度等因素，确定最终奖励金额：一级举报奖励的，按罚没款的 5% 给予奖励。按此计算不足 5000 元的，给予 5000 元奖励。二级举报奖励的，按罚没款的 3% 给予奖励。按此计算不足 3000 元的，给予 3000 元奖励。三级举报奖励的，按罚没款的 1% 给予奖励。按此计算不足 1000 元的，给予 1000 元奖励。无罚没款的案件，一级举报奖励至三级举报奖励的奖励金额应当分别不低于 5000 元、3000 元、1000 元。违法主体内部人员举报的，在征得本级政府财政部门同意的情况下，适当提高前款规定的奖励标准。每起案件的举报奖励金额上限为 100 万元。《办法》提高了有奖举报奖励金额，有利于激发社会各界积极参与食品安全治理。

（四）贡献褒奖机制

为了激励社会各界积极参与食品安全社会共治，《食品安全法》确立了食品安全贡献褒奖机制。《食品安全法》规定，对在食品安全工作中做出突出贡献的单位和个人，按照国家有关规定给予表彰、奖励。该规定有两个要点：一是突出贡献。界定什么是突出贡献，防止表彰、奖励放水。二是按照规定。对于表彰、奖励，国家有关方面有相应规定，应当严格按照规定进行奖励，防止表彰、奖励泛滥。早在 2012 年，河南省焦作市就出台了《焦作市食品安全突出贡献奖励办法》。评奖对象是在该市食品安全方面做出突出贡献的单位、企业和个人。市政府对当年度获得突出贡献奖者进行表彰，除颁发突出贡献奖证书外，集体一等奖奖金高达 20 万元，个人一等奖奖金高达 5 万元。单位申报食品安全突出贡献奖的条件为：在食品安全监管工作中做出突出贡献，被国务院、国家部委或省政府表彰奖励的；在本部门监管环节中，连续五年未发生重大食品安全事故的；及时发现并查处重大食品安全违法案件的；在食品安全有关技术的研究和开发方面有重大创新，获得国家级二等奖以上（含国家级二等奖）或省级一等奖的；在省以上主流媒体发表食品安全新闻稿件产生重大社会影响，对本市食品安全工作起到积极推动作用的。企业申报食品安全突出贡献奖的条件为：具有规模效应，带动本市食品产业发展和人员就业作用明显的；在新产品开发或产品深加工方面成绩突出，促进食品产业结构提升的；通过 ISO22000：2005 食品安全管理体系认证、HACCP 食品安全管理体系认证或相关等同认证的；在食品生产、经营管理中做出突出贡献，获得国务院、国家部委或省政府表彰奖励的；被认定为国家级食品企业技术中心（研发中心、检测检验实验室）或国家高新技术企业的；承担国家级科技成果鉴定项目的。个人申报食品安全突出贡献奖的条件为：在食品安全监管工作中做出突出贡献，被国务院、国家部委或省政府表彰奖励的；在食品安全有关技术的研究和开发方面有重大创新，获得国家级二等奖以上（含国家级二等奖）或省级一等奖的；在省以上主流媒体发表食品安全新闻稿件产生重大社会影响，对本市食品安全工作起到积极推动作用的。2021 年 3 月 15 日，湖北省人民政府做出《关于颁发首届湖北省食品安全突出贡献政府奖的决定》，10 个单位和 20 个个人获首届食品安全突出贡献政府奖。

（五）评议考核机制

绩效考评是衡量各级政府食品安全工作的重要手段。《食品安全法》规定，县级以上地方人民政府实行食品安全监督管理责任制。上级人民政府负责对下一级人民政府的食品安全监督管理工作进行评议、考核。县级以上地方人民政府负责对本级食品安全监督管理部门和其他有关部门的食品安全监督管理工作进行评议、考核。

为贯彻党中央、国务院关于加强食品安全工作的决策部署，强化地方政府食品安全组织领导和监督管理责任，不断提升食品安全保障能力，保障公众身体健康和生命安全，2016 年 8 月 17 日国务院办公厅发布《关于印发食品安全工作评议考核办法的通知》（国办发〔2016〕65 号）（以下简称《办法》），建立了食品安全工作评议考核机制。《办法》确定考核对象为各省（区、市）人民政府。考核工作坚持目标导向、问题导向和结果导向，遵循客观公正、突出重点、奖惩分明、注重实效的原则。考核主要从食品安全工作措施落实情况和食品安全状况两个方面，对食品安全组织领导、监督管理、能力建设、保障水平等责任落实情况进行评议考核。具体考核指标和分值在年度食品安全工作考核方案及其细则中体现,并根据年度食品安全重点工作进行调整。考核采取实地检查、自查评分、部门评审、综合评议等步骤。考核结果分 A、B、C 三个等级。考核结果交由干部主管部门作为对各省(区、市)人民政府领导班子和领导干部进行综合考核评价以及实行奖惩的重要参考,评议考核中若发现需要问责的问题线索则移交纪检监察机关。目前,各地普遍建立了食品安全工作考核评价制度和机制。

(六)责任连带机制

食品安全法律关系的核心是责任。在相关利益主体间建立责任连带机制,有利于形成命运共同体。为强化责任清晰、责任落实、责任到位,《食品安全法》建立了多项食品安全责任连带机制。如第 122 条规定,明知他人未取得食品生产经营许可从事食品生产经营活动,或者未取得食品添加剂生产许可从事食品添加剂生产活动,仍为其提供生产经营场所或者其他条件,使消费者的合法权益受到损害的,应当与食品、食品添加剂生产经营者承担连带责任。第 123 条规定,明知行为人用非食品原料生产食品、在食品中添加食品添加剂以外的化学物质和其他可能危害人体健康的物质,或者用回收食品作为原料生产食品,或者经营上述食品;生产经营营养成分不符合食品安全标准的专供婴幼儿和其他特定人群的主辅食品;经营病死、毒死或者死因不明的禽、畜、兽、水产动物肉类,或者生产经营其制品;经营未按规定进行检疫或者检疫不合格的肉类,或者生产经营未经检验或者检验不合格的肉类制品;生产经营国家为防病等特殊需要明令禁止生产经营的食品;生产经营添加药品的食品。仍为上述行为人提供生产经营场所或者其他条件,使消费者的合法权益受到损害的,应当与食品生产经营者承担连带责任。第 130 条规定,集中交易市场的开办者、柜台出租者、展销会的举办者允许未依法取得许可的食品经营者进入市场销售食品,或者未履行检查、报告等义务,使消费者的合法权益受到损害的,应当与食品经营者承担连带责任。第 131 条规定,网络食品交易第三方平台提供者未对入网食品经营者进行实名登记、审查许可证,或者未履行报告、停止提供网络交易平台服务等义务，使消费者的合法权益受到损害的，应当与食品经营者承担连带责任。第138条规定，食品检验机构出具虚假检验报告，使消费者的合法权益受到损害的，应当与食品生产经营者承担连带责任。第139条规定，认证机构出具虚假认证结论，使消费者的合法权益受到损害的，应当与食品生产经营者承担连带责任。第140条规定，广告经营者、发布者设计、制作、发布虚假食品广告，使消费者的合法权益受到损害的，应当与食品生产经营者承担连带责任。社会团体或者其他组织、个人在虚假广告或者其他虚假宣传中向消费者推荐食品，使消费者的合法权益受到损害的，应当与食品生产经营者承担连带责任。

（七）责任约谈机制

责任约谈，是指食品生产经营者在食品生产经营过程中存在食品安全隐患而未采取措施消除、食品安全监管等部门未及时发现食品安全系统性风险或者未及时消除监督管理区域内的食品安全隐患、地方人民政府未履行食品安全职责或者未及时消除区域性重大食品安全隐患时，相关机关对相关责任人进行的有关责任履行方面的约谈。《食品安全法》第114条规定，食品生产经营过程中存在食品安全隐患，未及时采取措施消除的，县级以上人民政府食品安全监督管理部门可以对食品生产经营者的法定代表人或者主要负责人进行责任约谈。食品生产经营者应当立即采取措施，进行整改，消除隐患。责任约谈情况和整改情况应当纳入食品生产经营者食品安全信用档案。第117条规定，县级以上人民政府食品安全监督管理等部门未及时发现食品安全系统性风险，未及时消除监督管理区域内的食品安全隐患的，本级人民政府可以对其主要负责人进行责任约谈。地方人民政府未履行食品安全职责，未及时消除区域性重大食品安全隐患的，上级人民政府可以对其主要负责人进行责任约谈。被约谈的食品安全监督管理等部门、地方人民政府应当立即采取措施，对食品安全监督管理工作进行整改。责任约谈情况和整改情况应当纳入地方人民政府和有关部门食品安全监督管理工作评议、考核记录。

食品安全责任约谈机制分为对食品生产经营者的责任约谈、对监管等部门的责任约谈和对地方政府的责任约谈。对生产经营者的责任约谈，是食品安全监管部门对食品生产经营者的法定代表人或者主要负责人的约谈；对监管等部门的责任约谈，是本级人民政府对食品安全监管等部门的主要负责人的约谈；对地方政府的责任约谈，是上级人民政府对下级政府的主要负责人进行的约谈。约谈需要按照约谈程序进行。被约谈人应当及时进行整改，采取有效措施消除安全风险隐患。早在 2010 年 12 月，国家食品药品监督管理局发布了《关于建立餐饮服务食品安全责任人约谈制度的通知》（国食药监食〔2010〕485 号）。此后，许多地方政府或其食品安全监管部门纷纷制定了《食品安全工作责任约谈办法》。食品安全责任约谈机制，属于食品安全行政指导范畴。食品安全责任约谈情况，往往被纳入相关考核评价工作中，成为约束相关人员认真抓好食品安全工作的有效手段。

（八）信息公开机制

按照信息对称程度，食品可能属于搜寻品，也可能属于体验品，还可能属于信赖品。信息成为全社会关注、关心食品安全的重要前提和手段。信息公开是推进企业负责、行业自律、公众监督、社会共治的有力手段。《食品安全法》确定了食品安全信息公开的基本要求，其目的是让社会各方及时、全面了解食品安全信息，积极参与食品安全治理。《食品安全法》在食品信息公开方面主要有：一是标签、说明书信息公开。如食品经营者销售散装食品，应当在散装食品的容器、外包装上标明食品的名称、生产日期或者生产批号、保质期以及生产经营者名称、地址、联系方式等内容。生产经营转基因食品应当按照规定显著标示。食品和食品添加剂的标签、说明书，不得含有虚假内容，不得涉及疾病预防、治疗功能。生产经营者对其提供的标签、说明书的内容负责。食品和食品添加剂的标签、说明书应当清楚、明显，生产日期、保质期等事项应当显著标注，容易辨识。二是广告信息公开。如食品广告的内容应当真实合法，不得含有虚假内容，不得涉及疾病预防、治疗功能。食品生产经营者对食品广告内容的真实性、合法性负责。三是保健食品信息公开。如保健食品的标签、说明书不得涉及疾病预防、治疗功能，内容应当真实，与注册或者备案的内容相一致，载明适宜人群、不适宜人群、功效成分或者标志性成分及其含量等，并声明"本品不能代替药物"。保健食品的功能和成分应当与标签、说明书相一致。保健食品原料目录和允许保健食品声称的保健功能目录，由国务院食品安全监督管理部门会同国务院卫生行政部门、国家中医药管理部门制定、调整并公布。四是监管信息公开。如省级以上人民政府食品安全监督管理部门应当及时公布注册或者备案的保健食品、特殊医学用途配方食品、婴幼儿配方乳粉目录。县级以上人民政府食品安全监督管理部门应当对食品进行定期或者不定期的抽样检验，并依据有关规定公布检验结果。国家建立统一的食品安全信息平台，实行食品安全信息统一公布制度。公布食品安全信息，应当做到准确、及时，并进行必要的解释说明，避免误导消费者和社会舆论。等等。食品安全信息应当合法、真实、准确、完整，不得以各种形式误导消费者。

（九）行刑衔接机制

为有效惩治食品安全违法犯罪，健全食品行政执法与刑事司法衔接工作机制，加大对食品领域违法犯罪行为的打击力度，形成整治合力，《食品安全法》规定，县级以上人民政府食品安全监督管理等部门发现涉嫌食品安全犯罪的，应当按照有关规定及时将案件移送公安机关。对移送的案件，公安机关应当及时审查；认为有犯罪事实需要追究刑事责任的，应当立案侦查。公安机关在食品安全犯罪案件侦查过程中认为没有犯罪事实，或者犯罪事实显著轻微，不需要追究刑事责任，但依法应当追究行政责任的，应当及时将案件移送食品安全监督管理等部门和监察机关，有关部门应当依法处理。2015年12月22日，国家食品药品监督管理总局、公安部、最高人民法院、最高人民检察院、国务院食品安全办印发了《食品药品行政执法与刑事司法衔接工作办法》，明确各级食品监管部门、公安机关、人民检察院、人民法院之间应当建立健全线索通报、案件移送、信息共享、信息发布等工作机制。目前，各级食品安全监管部门均与相应的侦查、检察、审判机关建立了较为完备、运行顺畅的食品安全行刑衔接机制。此外，在食品安全领域，正在积极探索食品安全行纪衔接机制与食品安全行刑纪衔接机制。

（十）责任追究机制

食品安全责任追究是对违反食品安全义务的各类主体依法依规所采取的制裁措施。《食品安全法》第9章规定了食品安全责任，包括刑事责任、行政责任和民事责任。食品安全刑事责任，主要包括生产销售有毒有害食品罪、生产销售不符合安全标准的食品罪、食品监管渎职罪等。食品安全行政责任，包括财产罚、资格罚、声誉罚、自由罚等。食品安全民事责任是指食品生产经营者生产经营的食品给消费者造成损失时所承担的经济责任。

食品安全行政处罚主要包括：一是没收。如没收违法所得和违法生产经营的食品、食品添加剂以及用于违法生产经营的工具、设备、原料等物品。二是罚款。如未取得食品生产经营许可从事食品生产经营活动，或者未取得食品添加剂生产许可从事食品添加剂生产活动的，违法生产经营的食品、食品添加剂货值金额不足一万元的，并处五万元以上十万元以下罚款；货值金额一万元以上的，并处货值金额十倍以上二十倍以下罚款。三是吊销许可证。如生产经营添加药品的食品，情节严重的，吊销许可证，并可以由公安机关对其直接负责的主管人员和其他直接责任人员处五日以上十五日以下拘留。食品生产经营者在一年内累计三次因违反食品安全法受到责令停产停业、吊销许可证以外处罚的，由食品安全监督管理部门责令停产停业，直至吊销许可证。四是吊销执业证。如承担食品安全风险监测、风险评估工作的技术机构、技术人员提供虚假监测、评估信息的，依法对技术机构直接负责的主管人员和技术人员给予撤职、开除处分；有执业资格的，由授予其资格的主管部门吊销执业证书。五是行政拘留。如违法使用剧毒、高毒农药的，除依照有关法律、法规给予处罚外，可以由公安机关依照第一款规定给予拘留。六是从业禁止。被吊销许可证的食品生产经营者及其法定代表人、直接负责的主管人员和其他直接责任人员自处罚决定作出之日起五年内不得申请食品生产经营许可，或者从事食品生产经营管理工作、担任食品生产经营企业食品安全管理人员。

除了上述十大机制外，还形成了食品安全全程追溯、量化分级、典型示范等诸多机制。这些生动而鲜活的机制，有力地助推了食品安全治理从单向到多维、从被动到能动、从封闭到开放的跨越。

三 食品安全社会共治机制的完善途径

社会共治是全球化、信息化时代食品安全治理的基本方策。社会共治能以更低的成本、更有效的资源配置方式保障食品安全。1999 年，世界卫生组织首次提出"责任共享"的理念，强调保证食品安全，需要政府、企业和消费者等多元主体的合作与参与。目前，社会共治已成为发达国家治理食品安全风险的基本模式。2017 年 10 月 18 日习近平总书记在党的十九大会议上强调指出："要打造共建共治共享的社会治理格局。加强社会治理制度建设，完善党委领导、政府负责、社会协同、公众参与、法治保障的社会治理体制，提高社会治理社会化、法治化、智能化、专业化水平。"2019 年 5 月，中共中央、国务院发布的《关于深化改革加强食品安全工作的意见》明确提出要"推进食品安全社会共治"，将公众、行业协会、媒体、社会组织等社会主体全部纳入食品安全风险治理的框架内，充分发挥各自的优势，深化监管体制机制改革，创新监管理念、监管方式，查找漏洞、补齐短板，推进食品安全领域国家治理体系和治理能力现代化。在食品安全治理体系中，社会共治解决的是治理的视野和格局问题。保障食品安全是全社会的共同责任，必须以宽广的胸怀，组织和动员更多的资源和力量参与食品安全治理。

当前，食品安全社会共治的理念已经确立，社会共治的机制初步形成。但要实现从权利性共治到义务性共治、从被动性共治到能动性共治、从理念性共治到机制性共治，还需付出艰苦的努力。今后建设的重点是如何让社会共治的理念、制度和机制切实落实。在全球化、信息化时代，应当坚持大健康观、大安全观、大风险观、大社会观、大治理观，通过系统的制度安排，切实协调好政府、部门、企业、行业、公众、媒体等多方面的关系，努力形成纵横交错、密切协作、权责清晰的食品安全治理网络，在更高的层次、更宽的领域、更实的成效上推进食品安全社会共治，共同保障食品安全。深化食品安全社会共治，需要科学把握以下关系。

（一）治理理念、治理制度和治理机制的关系

如前所述，理念决定方向、法制决定道路、机制决定动力。如果说，理念是治理的"大脑"，法制则是治理的"筋骨"，机制则是治理的"双脚"。推进食品安全社会共治，首先要强化理念武装。习近平总书记强调指出："发展理念是发展行动的先导，是管全局、管根本、管方向、管长远的东西，是发展思路、发展方向、发展着力点的集中体现。"在食品安全治理中，理念虽然蒙着面纱，却担负着"最终裁判者"的重要使命。要在食品安全治理的各方面、各环节、各领域深入普及社会共治的理念，使社会共治理念深入人心。推进食品安全社会共治，还要强化法律保障，将社会理念转变为法律制度安排，实现社会共治从理念到制度、从抽象到具体、从权利到义务的转变。投诉举报制度的建设，就是社会共治理念到社会共治制度转变的缩影。推进食品安全社会共治，还要强化机制运行。与体制、法制相比，机制更为鲜活、生动、具体，更易为人们所青睐。好的机制能够催生行为人干事创业的激情和动力，增强行为人做好工作的责任感和使命感，提升行为人在工作中的创造力和执行力。

（二）政府治理、企业治理与社会治理的关系

政府对辖区食品安全负总责。在社会主义市场经济条件下，政府承担着宏观调控、市场监管、社会管理、公共服务和环境保护的职能。对食品安全进行监管，是政府履行职责的题中应有之义。随着经济全球化和贸易自由化的发展，供应链风险日益凸显，各国政府在食品安全保障方面面临着越来越严峻的挑战。在食品安全治理体系中，政府是公共利益的忠实代表，政府治

理往往被视为最权威、最坚决、最公正的治理。政府治理对企业治理、社会治理起着导向引领作用。食品企业对食品安全负主体责任。随着科学技术的发展，从农田到餐桌的食品生产经营活动日趋复杂，只有企业才有能力对生产经营活动全面掌控，采取更加有效的措施控制各种风险。食品企业的风险意识、责任意识直接影响乃至决定着企业的食品安全状况及生存发展。如果食品企业没有建立起规范有效的质量管理体系，即便再完善的政府监管也难以取得理想的效果。食品生产经营者应当依照法律、法规和标准从事生产经营活动，对社会和公众负责，保证食品安全，接受社会监督，承担社会责任。在食品安全治理体系中，企业的治理往往被视为最直接、最根本、最有效的治理。除了政府治理和企业治理外，消费者、食品行业协会等社会治理也不容忽视。《食品安全法》规定，食品行业协会应当加强行业自律，按照章程建立健全行业规范和奖惩机制，提供食品安全信息、技术等服务，引导和督促食品生产经营者依法生产经营，推动行业诚信建设，宣传、普及食品安全知识。消费者协会和其他消费者组织对违反本法规定、损害消费者合法权益的行为，依法进行社会监督。新闻媒体应当开展食品安全法律、法规以及食品安全标准和知识的公益宣传，并对食品安全违法行为进行舆论监督。在食品安全治理体系中，消费者等主体参与的社会治理往往被视为最广泛、最彻底、最及时的治理。

（三）中央治理与地方治理的关系

我国是单一制国家。中央和地方的国家机构职权的划分，遵循在中央的统一领导下，充分发挥地方的主动性、积极性的原则。在中央层面上，国家市场监督管理总局负责食品安全监督管理；国家卫健委组织开展食品安全风险监测评估，依法制定并公布食品安全标准。在地方层面上，《食品安全法》规定，县级以上地方人民政府对本行政区域的食品安全监督管理工作负责，统一领导、组织、协调本行政区域的食品安全监督管理工作以及食品安全突发事件应对工作，建立健全食品安全全程监督管理工作机制和信息共享机制。地方政府在食品安全方面的责任主要有：加强监管能力建设、建立全程监管机制、推进监管资源整合、综合治理食品小单位、实行监管责任制度、制定年度监管计划、开展工作评议考核、健全有奖举报机制、指挥突发事件应对、依法报告食品安全事故、依法开展责任约谈、加强食品安全宣传教育、促进产业健康发展。2019 年 2 月中办、国办联合印发《地方党政领导干部食品安全责任制规定》，明确建立地方党政领导干部食品安全工作责任制，坚持党政同责、一岗双责，权责一致、齐抓共管，失职追责、尽职免责；坚持谋发展必须谋安全，管行业必须管安全，保民生必须保安全；坚持综合运用考核、奖励、惩戒等措施，督促地方党政领导干部履行食品安全工作职责，确保党中央、国务院关于食品安全工作的决策部署贯彻落实。

食品安全保障体系构建

陈萌山　孙君茂[*]

党的十九届五中全会围绕"优先发展农业农村,全面推进乡村振兴"总的目标,强调要确保国家粮食安全等具体任务。2020年底召开的中央经济工作会议,提出2021年八项重点任务,解决好种子和耕地问题,保障粮食安全位列其中。刚刚召开的中央农村工作会议,再次强调要牢牢把住粮食安全主动权,提出"米袋子"省长要负责,书记也要负责。可以讲,保障粮食安全仍然是我国当前乃至今后相当长时间经济工作,尤其是农业农村工作的重中之重。2020年我国粮食生产克服新冠肺炎疫情影响,在遭遇南方洪涝灾害和东北连续三场台风的冲击之后,仍保持了稳定增长的好势头,夺取了自2004年以来的第十七个丰收,来之不易、意义重大、令人振奋。2021年已经进入第四季度,认识当前我国粮食生产形势、找准现阶段存在的问题、构建新时期政策体系,是保证"主要装中国粮""饭碗端牢",保障新征程行稳致远必须考虑的重大命题。

一　当前我国粮食生产形势

2020年以来,中国农科院中国粮食发展研究课题组克服疫情影响,在

* 陈萌山,本科,国家食物与营养咨询委员会主任,研究员,全国政协委员,学科领域为农业经济管理,研究方向为粮食安全战略、食物营养政策;孙君茂,博士,农业农村部食物与营养发展研究所创新团队首席科学家,研究员,学科领域为食物营养经济学,研究方向为营养导向农业与可持续食物系统。

早稻、夏粮、秋粮收获的关键季节，先后赴河南、安徽、江西、吉林和黑龙江等主产省的十个产粮大县基层访谈调查，结合课题组粮食基点问卷统计，了解的情况与国家公布的统计结果一致，这就是2020年我国粮食再获丰收。从全国来看，粮食总产13390亿斤，比上年增产113亿斤，实现连续第十七年丰收。其特点是：夏粮、早稻、秋粮三季齐丰，夏粮1.43亿吨，同比增长0.9%，早稻2729万吨，同比增长3.9%，秋粮4.99亿吨，同比增长0.68%；粮食面积、单产、总产三量齐稳，全年粮食播种面积175152万亩，比2019年增加1056万亩，单产382公斤/亩，比2019年增加0.9公斤/亩，总产连续第六年稳定在1.3万亿斤以上；粮食布局、结构、品质三面齐优，粮食生产功能区综合生产能力进一步提升，种植结构进一步优化，优质粮比例大幅增加；粮食价格、流通、加工三链齐旺，河南小麦7月底市价同比高5%~10%，江西早稻9月市价同比高30%以上，吉林玉米10月中旬市价同比高15%，黑龙江稻谷10月下旬市价同比高5%，各地粮食流通交易活跃，涌现一大批产业集聚、精深加工的新业态和新模式。

我国粮食自2004年以来持续丰收，这在历史上和世界范围都是罕见的，美国在1975~1979年连续5年丰收，印度在1996~2001年连续6年丰收，除此之外，联合国粮农组织以及各个国家的统计显示，粮食产量在年际都是波动的。2019年，中国粮食总产比1978年增产7182亿斤，占同期世界粮食增量的31.5%。中国粮食的持续稳定发展，为脱贫攻坚、解决14亿人吃饭问题发挥了关键作用，也为世界消除饥饿做出了积极的贡献。同时，我国粮食这种长时期、连续保持增产的势头，展现的内在规律和发展趋势，正在改变千百年来靠天吃饭的传统生产局面，我们已经形成与基本国情相符合、与市场经济体制相适应、与国际形势相对接的中国特色粮食治理之道，在应对2008年金融危机、应对2020年突发新冠肺炎疫情公共卫生事件等重大挑战中，粮食无一例外地成为稳定国内经济社会的"战略后院"，充分体现了习近平总书记粮食安全思想的前瞻性、治国理政方略的科学性和中国特色社会主义制度的优越性。我国粮食生产形成的宝贵经验对制定"十四五"发展规划和2035年远景目标提供了重大启示。

这些宝贵经验，我们认为有五条。一是通过经营机制创新，逐步把种粮农户纳入现代农业发展轨道。主要是发展土地入股、流转、托管等多种形式，建立小农户与种粮大户、农业合作社等新型经营主体之间的合作关系，实现小农户与现代农业有机衔接，以解决农户经营规模小，土地细碎化，经营者老龄化、兼业化等带来的挑战。二是通过产业融合，逐步把粮食生产融入现代产业体系，主要是发展循环经济模式、全产业链模式、三产融合模式和新型服务模式，以实现一产和二产、三产业有机衔接，解决种植者收入低、收入不稳定、积极性不高的问题。三是通过社会化、产业化、市场化多元服务，逐步让生产技术进村入户到田。主要是运用各种社会化服务创新，大力发展专业化市场服务，不断提高土地产出率和劳动生产率，以实现单产不断提高、增加总产、改善品质、降低物耗，推动农业高质量、可持续发展。四是通过农田基础设施建设，逐步解决自然灾害对粮食产量的波动影响。主要是加强国家粮食生产功能区和重要农产品生产保护区高标准农田建设，夯实基础设施，提高农业抗御重大灾害的能力，不断熨平各种灾害对农产品产量带来的年际波动，有效协调农业供给与社会需求的关系。五是通过政策激励，逐步解决主产区政府抓粮吃亏、农民种粮吃亏问题。主要用精准政策导向，形成多种粮、多产粮、种好粮的激励机制，大力扶持种粮农民增收致富的能力，大力推动粮食主产区经济高质量发展。

二　我国粮食生产面临的挑战和问题

　　粮食生产成本偏高，国际市场竞争力不足。与美国等发达国家相比，我国粮食生产成本高，粮食价格缺乏竞争力，导致了"价差驱动型"进口。据测算，2018 年我国稻谷成本每吨比美国多 811 元，高 48.4%；小麦每吨比美国多 1003 元，高 57.59%；玉米每吨比美国多 1183 元，高 122.94%；大豆每吨比美国多 3119 元，高 145.11%。中美粮食生产成本最大的差异在人工投入和地租。人工投入方面，中国占 30% ~ 40%，美国不到 10%。地租方面，中国稻谷、小麦、玉米、大豆分别高出美国 42.94%、24.05%、

78.41%、143.87%，2018 年中美稻谷生产的土地成本相差 1131.45 元/公顷、小麦相差 2126.7 元/公顷。因此，降低人工和土地成本，将是控制我国粮食生产成本、提高市场竞争力，需要着力解决的首要问题。

解决粮食生产成本高的问题，需要从土地入手。地租一方面构成了粮食生产的主要成本，另一方面，地租又是土地流转、发展规模种植的主要影响因素。从我们的调查看，每当惠粮政策强化后，地租价格顺势上涨；每当市场粮价看涨、种粮收益有所提高，地租价格随即跟进；每当新的技术模式、种植方式推广成熟后，土地产出增加，地租价格迅速推高，许多粮食大户等新型主体形容地租是个贪婪的"老虎口"，吞噬了市场的红利、政策的红利和科技的红利，极大地影响了新型经营主体健康发展。我们过去强调坚持、稳定和保护承包权是必要的，这是维护农村基本经营制度的前提，从深化改革的角度看，下一步，要聚焦经营权、搞活经营权、规范经营权，这是发展粮食规模经营、推进农业生产现代化的有效措施。我们认为，稳定承包权是确保承包者土地的基本权益，应该包括稳定和规范地租，同时我们要加大对经营权的支持保护，政策的增量、措施的集成要向经营权倾斜。目的是鼓励土地流转，发展粮食种植新主体，降低生产成本，增强市场竞争力。

粮食主产区财政普遍困难，地方政府持续抓粮积极性不高。我们 2021 年调研的农安等十个产粮大县，粮食总产量超过 1300 万吨，占全国粮食产量的 2%，财政收入却仅有 150 亿元，不到全国财政收入的千分之一。产粮大县对国家粮食安全贡献很大，但自身财力差，基础设施建设滞后、人均支出和人均收入水平不及沿海发达地区一半。调查中农安、五常等县领导深有感触地讲，东北的黑土地，最大的优势是种粮食，用黑土地来招商引资"种工厂"，破坏了黑土地，效果也不好，我们都心疼。如果能够让主产区专心地为国家多种粮、种好粮，主要考核种粮，我们就不去搞那些不擅长的工业项目。

粮食生产水平提升空间大，科技推广装备能力尚有不足。目前农业科技增产潜力巨大，而我们的科技转化水平较低。据农业专家按照现有的创新成果测算，大豆的理论产量为 600 公斤/亩，而我国目前生产水平平均亩产仅有 130 公斤左右；水稻理论产量为 1100 公斤/亩，我国目前平均亩产 470 公斤左右；玉米理论产量为 2400 公斤/亩，我国目前平均亩产 420 公斤左右。如何加快缩小我国粮食生产水平和理论产量的差距，当务之急就是要进一步挖掘科技和装备的支撑潜力，充分发挥科技创新对农业产业发展的促进作用。

我们在吉林、黑龙江调研了解到，2020 年九十月份的三场台风正面袭击东北，造成玉米大面积倒伏，产量影响较小，但增加了收获难度。采用国产收割机收获效率不及原来的一半，收获费用翻了一番，损耗高达 15% 左右，而美国的约翰迪尔、德国的克拉斯能够很好应对倒伏，效率高、损耗低。许多大户和合作社反映，我国农机装备"不用不坏、一用就坏"，必须尽快改变我国农机研发、制造落后的局面。

粮食主销区和产销平衡区粮食自给率持续走低。数据显示，粮食主销区7 个省份平均粮食自给率从 2000 年的 51.2% 下降到 2018 年的 17.8%，粮食产销平衡区 11 个省份平均粮食自给率从 2000 年的 90.4% 下降到 67.3%。调研了解，沿海粮食主销省份粮食面积下降过大，粮食规模种植、粮食单产水平、粮食机械化耕作水平都普遍低于全国平均水平，这与发达地区经济发展水平很不匹配。西部一些产销平衡省区把稳定粮食与脱贫攻坚对立起来，甚至把粮食作为低效作物强行铲除，增加了边远山区保障粮食供应的压力和风险。

三　关于保障粮食稳定发展的政策建议

在新的发展阶段，中国粮食政策体系亟须重新理顺各方关系，进行总体设计和系统重塑。新时期的粮食改革方案，要以习近平新时代中国特色社会主义思想和国家粮食安全战略为指导，深化改革，坚持一个中心、做到两个补偿、兼顾两个市场、突出"两藏"。即：坚持市场化改革配置资源这个中心；补偿种粮农民收益、补偿种粮地区利益；兼顾国际国内市场，依靠国际市场调剂量的不足、依靠国内解决质的提升，确保口粮绝对自给；以高标准粮田为重点推进"藏粮于地"建设，以优质品种及其配套技术、农机转型升级为两翼推进"藏粮于技"发展，加快机制创新，实现技术到田、技术到村。

建立以国内大循环为主的粮食安全观。要建立以国内大循环为主，立足国内实现粮食自主的战略目标。粮食作为应对风险挑战的重要基础，要积极纳入新发展格局。要充分看到，农业尤其是粮食，与国民经济其他领域明显不同。我国经济对外依存度还比较高，但粮食已经形成"以我为主、立足国内"的基本格局，必须倍加珍惜、不断巩固。当前全球疫情肆意蔓延，保护主义势力抬头、民粹主义横行，世界经济衰退，外部格局发生深刻调整，国际大循环动能明显减弱。面对复杂形势，粮食生产要始终立足国内，加强国内要素融合、主体对接和市场整合，提升循环质量，从而夯实国内基础、有效防御外部风险。

推进粮食主产区经济社会高质量发展。粮食主产区为保障国家粮食安全功不可没，但与主销区经济社会发展水平差距正在不断拉大。改变"粮食大、经济弱、财政穷"的窘境，是主产区县域经济高质量发展的重要条件，要着力打造种粮大县财政补偿机制。具体来讲，就是要构建中央政府向主产区加大一般性转移支付、主销区向主产区补偿性转移支付的机制，加快补齐主产区基础设施和公共服务短板弱项，保证主产区种粮不吃亏。同时，进一步深化粮食流通体制改革，增强粮食企业发展活力，推动粮食产业集聚，搞活粮食产业经济。完善经营环境、服务体系、基础设施，打造粮食产业园平台和粮食产业集群，提升主产区粮食生产技术装备和产业化水平，培育新经济、新业态和新模式。出台鼓励政策措施，如在粮食产区兴办加工业的企业用电按农用电计价，就能有效推动当地农产品加工业的大发展。要强化粮食区域保障战略，在充分发挥粮食主产区优势和作用的同时，分区、分品种研究加强粮食生产能力和保障机制建设，进一步明晰粮食主销区和产销平衡区各自在粮食安全保障方面的责任权利。

强化粮食生产政策支持保障。构筑农业补贴、信贷政策、保险政策"三位一体"的联动支持体系，为种粮农户构建收入保障网，让种粮农户经济上不吃亏；制定支持粮食新型经营主体政策措施，加强土地流转监管力度，有效控制规范地租价格，完善地租价格形成机制，建议以县为单位，采用定级估价等方法，因地制宜确定地租，防止地租水涨船高，有效保障新型经营主体经营权。

精准发力落实"藏粮于地、藏粮于技"战略措施。要进一步加大高标准农田建设力度，提高建设标准，采取先建后补、以奖代补、财政贴息等方式引导金融和社会资本投入高标准农田建设，提升防灾抗灾减灾能力。粮食作物种子选育特别是常规品种选育具有很强的基础性、公益性特征，而且周期长、风险大，需要有相应的投入机制保障。为此，建议国家设立稳定的粮食新品种选育科技重大专项，不断增加经费强度，确保"中国粮中国种"。要切实加强农作物种子知识产权的保护，完善品种管理制度，遏制品种模仿、"套包"等现象，进一步营造鼓励自主研发创新市场环境。要大力推动市场主导型的农业技术社会化服务业发展，建立以公共推广机构、社会力量并行的技术推广服务体系，为种粮农户提供先进的科技支持。建立大学生服务粮食新主体的特岗行动计划，吸引更多科技人才到基层工作和服务。黑龙江省双城区农都玉米合作社以年薪 12 万元聘了一名大学生，有力提升了合作社的发展能力。推动国产农机装备向高质量发展转型，升级国产农机质量与效能，增强粮食作物薄弱环节的机械化水平。加快推进老、旧、小等落后农机报废工作，为种粮农户提供高效的装备支持。

中国食物浪费与减缓长效机制构建[*]

刘晓洁　郝秀平^{**}

摘　要： 食物浪费的普遍性和严重性得到了全球各界的广泛关注。减少全球粮食损失和浪费已成为加强粮食安全的重要手段，也是紧迫的全球性命题。中国《反食品浪费法》的出台，及时、精准地将勤俭节约从道德层面的要求上升至法律规范，是保障国家粮食安全的重大举措。本文在已有研究的基础上，界定食物损失与浪费的概念，分析中国食物损失与浪费的现状；聚焦城市餐饮业和校园食堂两个重要场所，从总量、结构、群体等方面分析食物浪费特征，以及主要原因。进一步分析中国立法背后的文化思考与意义，剖析传统饮食文化与食物浪费的辩证关系；提出立法保障下减少食物浪费的新路径——食育及其概念、特征和目标，并提出减少食物浪费长效机制构建的主要路径，为国家减少食物浪费相关政策的制定和实施提供支撑。

关键词： 食物浪费　食育　饮食文化

* 致谢：本文餐饮业食物浪费数据，来自中国科学院地理科学与资源研究所与世界自然基金会联合发布的《中国城市餐饮食物浪费报告》。特此致谢！

** 刘晓洁，博士，中国科学院地理科学与资源研究所副研究员，研究领域为可持续食物系统与政策。郝秀平，博士，华北水利水电大学讲师，研究领域为资源可持续利用与管理。

引　言

食物损失和浪费是全球性问题。联合国粮农组织资料显示，全球生产的几乎1/3的食物（约13亿吨）被损失或浪费[①]。与此同时，新冠疫情全球暴发，飓风、强降雨等极端天气频次加大，蝗灾侵袭，令全球食物系统面临前所未有的压力和挑战。2020年全世界有7.2亿到8.11亿人面临饥饿，23.7亿人无法获得营养充足的食物。随着气候变暖、水资源污染等威胁全球环境安全的因素越发显著，全球粮食生产与资源环境的矛盾更加突出[②③]。2015年联合国大会通过《2030年可持续发展议程》，确立的17个可持续发展目标中第12个目标为采用可持续的消费和生产模式，其中明确指出：到2030年，在零售和消费者层面，人均全球食物浪费减少一半，减少生产和供应链中的粮食损失。减少全球粮食损失和浪费已成为提高粮食安全水平的重要手段和紧迫的全球性命题[④⑤]。

食物从生产到消费的整个过程伴随着大量的资源、能源投入以及温室气体排放。联合国粮农组织的报告指出，全球食物生产过程中的温室气体排放量约占全球人为温室气体排放量的22%。我国的食物有效供应承载着巨大的资源环境压力，而损失和浪费则增加了额外的环境负荷。因此，减少食物的损失与浪费，一方面可促进成本节约，保障粮食安全；另一方面，对于助力全球减排事业、保护维系生物多样性、促进可持续生产模式具有重大意义。

---

① FAO. Global Food Losses and Food Waste: Extent, Causes and Prevention [M]. Rome, Italy: FAO, 2011.

② FAO, IFAD, WFP. The State of Food Insecurity in the World 2015 [M]. Rome, Italy: FAO, IFAD, WFP, 2015.

③ Godfray H. C. J., Garnett T., Food Security and Sustainable Intensification [J]. *Philosophical Transactions of the Royal Society* B, 2014, 369: 20120273. doi: 10. 1098/rstb. 2012. 0273.

④ FAO, 2013. Food Wastage Footprint: Impacts on Natural Resources. FAO, Rome.

⑤ FAO, IFAD, UNICEF, WFP, WHO, 2018. The State of Food Security and Nutrition in the World 2018: Building Climate Resilience for Food Security and Nutrition. FAO, Rome.

本文立足于中国食物浪费现状和特征，梳理已有相关研究成果，探讨《反食品浪费法》立法背景意义、保障路径以及长效机制，为全面推动中国《反食品浪费法》落实和推进相关行动提供支撑。

一 食物浪费现状分析

食物浪费的定义并不统一，不同国家、机构和学者对于食物损耗和浪费给出了不同的概念阐释。综合考虑已有定义、食物浪费产生的原因等，本文采纳中国科学院地理科学与资源研究所与世界自然基金会联合发布《中国城市餐饮食物浪费报告》中的定义[①]：食物损失是指任何改变食物的可用性、可食性、有益于健康的特性或质量，从而减少了其价值的现象。从成因来看，损失可分为食物损耗和食物浪费；其中，食物损耗是指食物（或原料）在储运、加工、流通环节中，由技术、设备等非主观行为因素造成的食物（或原料）的损失；食物浪费是不合理的消费目的和行为，以及缺乏节约精神等主观意识，造成在现有条件下本可以避免的一类食物损失。

（一）中国食物损失与浪费总量估算

由于数据缺乏，对食物损耗和浪费的研究比较零散，已有的研究在数据来源、计量与测验方法等方面各有不同，食物损耗和浪费的统计结果差异较大。总体而言，中国的食物损耗与浪费已经不容忽视。中科院地理科学与资源研究所基于文献数据和供应链调研数据的测算结果显示，从食物损失浪费总量来看，中国食物系统的效率较低，食物损失与浪费总量占总产量的比例为31%。2016年中国食物损失和浪费总量高达4.74亿吨，其中，蔬菜和水果的浪费最为严重[②]。

1. 收获后处理和储存环节食物损失占比最大

食物从田间到餐桌，全产业链主要包括生产、收获后处理和储存、加

① 世界自然基金会 & 中国科学院地理科学与资源研究所：《中国城市餐饮食物浪费报告》，2018。
② 薛莉：《基于物质流分析的食物系统效率评价及资源环境影响研究》，中国科学院大学博士学位论文，2019。

工、分销、零售和消费（包括家庭消费及外出消费）等，收获后处理和储存阶段食物损失量占比最大，约为45%；其次，生产环节损失也占了显著的比例，约为24%。农业生产阶段的损失主要是由昆虫、疾病和收割机械损伤等造成的，谷物和牛奶生产阶段损失尤为明显①。

加工阶段的食物损失量比例较小。食物损失主要原因包括两方面：一方面，人们对粮食消费的预期和消费习惯误区，导致粮食过度加工，粮食加工企业为了迎合市场需求，过度追求精细白的粮食；另一方面，低水平的粗加工、人工的不熟练和机械的落后，降低了副产品的价值，造成粮食加工环节损失浪费严重。

2. 消费环节的食物浪费不容忽视

随着人民生活水平的不断提升，中国城市地区餐饮行业消费端食物浪费日益凸显。2014~2018年，每年共生产1293吨食物，但最终仅有1068吨食物被消费，其余的225吨食物被丢弃或浪费。即，中国生产的食物总量的大约17%没有被人们食用。

3. 果蔬类食物的损耗与浪费量最大

受专业化程度、果蔬加工转化率、冷链物流等因素制约，中国水果在物流环节的平均损耗率为20%~30%，而蔬菜损耗率为30%~40%，每年约有超过1亿吨果蔬腐烂损失，造成的经济损失高达1000亿元人民币。而一些发达国家果蔬采后损失率不高于5%，比较而言，中国果蔬减损存在较大空间。

4. 水稻全产业链损耗处于较高水平

2016~2019年，农业农村部食物与营养发展研究所对中国稻谷主产区开展全产业链实地调研，主要包括黑龙江省、吉林省、江西省和湖南省四省的八县。研究发现，从全产业链来看，稻谷损耗率和浪费率合计为13.64%，其中损耗率为8.42%，消费端浪费率为5.22%。从损耗率来看，

---

① Xue Li, Xiaojie Liu et al, China's Food Loss and Waste Embodies Increasing Environmental Impacts, *Nature Food*, 2021, 2: 519 - 528.

收割、收获后处理、贮藏、加工、流通各环节的标准化损耗率分别为
2.84%、1.85%、1.21%、1.73%、0.79%。[1]

表1 稻谷全产业链各环节损耗和浪费

单位：%

不同环节	食物损耗或浪费率
食物损耗	
收割	2.84
收获后处理	1.85
贮藏	1.21
加工	1.73
流通	0.79
食物消费	5.22
合计	13.64

5. 猪肉产业零售环节损耗占比最大

猪肉是中国肉类产品的重要组成部分，约占肉类总量的64%。2015年农业部食物与营养发展研究所对北京、四川、重庆、山东和河南5个省（市）15家企业的猪肉在不同环节的损耗数据进行了调研。在猪肉的全产业链损耗中，零售环节占比最大（30.48%），其次是预冷排酸（25.26%）、分割（20.67%）、冷冻储藏（18.59%）和运输（5.01%）。在居民消费方面，猪肉产品的损耗与浪费集中在餐馆、食堂等外出消费方面，2014年中国猪肉家庭消费浪费为63.5万吨，外出浪费量达到124.6万吨，约为家庭内浪费量的两倍[2]。

（二）聚焦餐饮业食物浪费

1. 食物浪费总量：存在明显差异[3]

中国科学院地理科学与资源研究所对北京、上海、成都和拉萨四个城市

---

① 卢士军、刘晓洁等：《我国水稻全产业链损耗和浪费量的估算及对应策略》，《中国农业科学》2019年第18期。

② 王世语、程广燕：《中国猪肉流通损耗分析》，《农业展望》2017年第8期。

③ 本部分数据来源：2015年中国科学院地理科学与资源研究所对北京、上海、成都和拉萨四个城市多家餐馆消费者就餐行为的实际调研数据。

中 195 家餐饮机构中的 3557 桌消费者及其就餐行为的实地调查结果显示：四个城市餐饮人均浪费量为 93.3 克/人·餐，食物浪费率为 11.7%，根据人均食物浪费量推算，中国城市餐饮每年食物浪费总量为 1700 万～1800 万吨[1]。城市之间浪费程度差异显著。其中成都人均浪费量最高，为 103.2 克/人·餐；北京人均浪费量最低，为 76.6 克/人·餐。

从浪费的食物结构来看，蔬菜类浪费比例最高。蔬菜类人均浪费量最高，约为 27.0 克/人·餐，占总浪费量的 28.9%。其次为主食类，约为 23.2 克/人·餐，占总浪费量的 24.9%，其中大米和面粉浪费量较高，分别占总浪费量的 13.8% 和 9.8%；玉米等浪费量相对较低，约占 1.3%。肉食类人均浪费量约为 16.3 克/人·餐，占总浪费量的 17.5%，其中以猪肉和禽肉浪费为主，分别占总浪费量的 8.4% 和 6.0%。浪费比例最低的是水果和奶类，只占浪费总量的 1.1% 和 0.2%。

食物浪费结构存在区域差异性。食物浪费均以蔬菜类、主食类和肉类为主，但四个城市中，拉萨市猪肉和蔬菜的浪费比例最高（占比 13% 和 34%）；上海蔬菜浪费率最高（占比 24%）[2]。

不同类型餐馆的食物浪费程度差异显著。大型餐馆的人均浪费量最高，为 132.0 克/人·餐，明显高于整体平均水平 93.3 克/人·餐；小型餐馆人均浪费量相对较少，为 68.8 克/人·餐；快餐的人均浪费量远低于平均水平，为 38.3 克/人·餐[3]。

晚餐食物浪费量明显高于午餐。晚餐人均食物浪费量为 103.8 克/人·餐，午餐人均食物浪费量为 88.6 克/人·餐，晚餐人均食物浪费量是午餐的 1.17 倍[4]。

游客人均食物浪费量明显高于当地居民。从四个城市的数据看，游客人

① 世界自然基金会 & 中国科学院地理科学与资源研究所：《中国城市餐饮食物浪费报告》，2018。

② 张丹、成升魁等：《城市餐饮业食物浪费碳足迹——以北京市为例》，《生态学报》2016 年第 18 期。

③ 张丹、伦飞等：《不同规模餐馆食物浪费及其氮足迹——以北京市为例》，《生态学报》2017 年第 5 期。

④ 世界自然基金会 & 中国科学院地理科学与资源研究所：《中国城市餐饮食物浪费报告》，2018。

均食物浪费量为 102.9 克/人·餐，明显高于当地居民食物浪费量 88.2 克/人·餐。城市之间存在一定的差异：北京和成都游客与当地居民食物浪费量基本相当；上海游客食物浪费量略高于当地居民食物浪费量，分别为 95.9 克/人·餐和 90.6 克/人·餐；拉萨作为典型高原旅游城市，当地饮食具有明显的民族特色，游客食物浪费量明显高于当地居民食物浪费量，分别为 144.4 克/人·餐和 86.1 克/人·餐[①]。

2. 典型案例：事件性消费浪费突出

餐饮业事件性消费是指围绕某一社会关系或人际交往展开的有程序、有讲究、有礼仪的餐饮消费。事件性消费以解决"事件"为核心，在中国的人情往来和社会关系中占据重要地位，是中国悠久饮食文化中不可缺少的部分，其中的食物浪费问题尤为突出。根据有关调研，事件性消费的食物浪费量为 95.43 克/人·餐，远大于非事件性消费的食物浪费量 59.28 克/人·餐。

同类事件性消费在不同城市具有明显的差异性，在调研的 4 个城市中，成都市事件性消费人均食物浪费量最高，为 101.20 克/人·餐，上海市最低，为 88.53 克/人·餐；同一城市不同事件性消费差异性明显，例如，北京市商务/公务餐人均每餐食物浪费量 64.78 克，朋友聚餐人均每餐食物浪费量为 104.29 克[②]。

（三）聚焦校园食物浪费

1. 城市中小学生食物浪费高于城市餐饮的平均水平

2014 年，中国科学院地理科学与资源研究所通过问卷、访谈和实地称重等方式，对某大城市 8 所中小学、998 名学生和 2 家营养餐公司进行实地调查，通过测算，中小学生人均食物浪费量为 129.5 克/人·餐，浪费率为 22%。在浪费食物构成上，主食和蔬菜为主要浪费品种，分别占浪费总量

① 王灵恩、成升魁、李群绩等：《基于实证分析的拉萨市游客餐饮消费行为研究》，《资源科学》2013 年第 4 期。

② 曹晓昌、张盼盼等：《事件性消费的食物浪费及影响因素分析——以婚宴为例》，《地理科学进展》2020 年第 9 期。

的 45% 和 30%；肉类和汤水分别占 15% 和 10%。中小学生的食物浪费数量明显高于城市餐饮平均水平。以此为基础推算，该城市中小学生每学年校园餐饮的浪费总量约达 7780 吨，折合经济损失 1.6 亿元，而浪费掉的食物所占用的土地面积约为 27648.6hm²，消耗虚拟水 $1.16 \times 10^{7} m^{3}$。

通过调查问卷对浪费原因进一步统计分析，结果显示：校园餐饮满意度低是学生浪费食物的重要原因，不良的饮食习惯和食育的缺失更是造成浪费的根本原因，盒饭供应、对食物短缺缺少认知等因素均在一定程度加重了浪费。

（1）校园餐饮质量与学生浪费行为密不可分

从餐饮供应来看，营养餐菜色单一、口味不佳，在食物浪费行为中发挥着极大的推动作用。在校园餐饮问题调查中，食物选择种类过少（39%）以及口味风格欠佳（30%）获得了较高的投票，此外，食物价格（10%）、卫生情况（7%）、菜量大小（7%）、就餐氛围（4%）以及餐具状况（1%）均对食物浪费产生一定影响。

根据中小学校园餐饮满意度调查，只有 14% 的学生对校园餐饮表示满意，53% 的学生认为一般，33% 的学生表示失望。学生就餐满意度的降低，不仅直接增加了学生的食物浪费数量，更促使部分学生倾向于校外就餐。调查结果显示，与校园就餐相比，52% 的学生更倾向于校外就餐，包括大众餐馆（38%）、西式快餐店（27%）、中式快餐店（17%）、便利店（11%）和路边摊（7%）。校外就餐增大了食品安全风险。

（2）供餐方式中盒饭浪费最为严重

中小学校园餐饮供应可分为盒饭、自助餐和组合套餐三大类型。由于在菜品数量、选择种类等方面不同，食物浪费数量存在显著差异。其中，盒饭浪费最为严重，浪费量高达 216.4 克/人，约占食物供应量的 1/3；组合套餐的浪费量相对较低，为 109.4 克/人；自助餐的浪费量最低，仅为 63.0 克/人，不足盒饭浪费量的 1/3。作为校园营养餐的主要供应方式，盒饭的巨大浪费与以改善学生体质为目标的校园营养餐计划相背离。

（3）不良的饮食习惯和食育的缺失是食物浪费的根源

随着家庭生活水平的不断提高以及独生子女比例的不断升高，一些家长对待子女过分溺爱，盲目满足和迁就子女在饮食口味上的需求和偏好，而缺乏健康饮食习惯的培养和营养知识的教育，造成青少年在食物选择上缺乏合理的判断标准。饮食行为的调查结果显示，44%的学生存在挑食问题。其中，女生的偏食率高于男生，女生偏食率为48%，男生为39%。

学校作为青少年接受教育的主要场所，对青少年食育的重视程度不足，以致中小学生节粮爱粮意识淡薄。对食物来源等问题，只有27%的学生了解食物从田间到餐桌的主要过程；对我国食物是否短缺的认知上，有14%的学生认为并不存在；对我国食物浪费问题，18%的学生认为一般甚至不严重；对餐后打包行动，仅有19%的学生具有打包习惯，30%的学生经常打包，40%的学生偶尔打包，11%的学生从来没有对剩菜剩饭打包的习惯，意味着经常通过打包行为减少浪费的人数不足半数。

2. 大学校园食物浪费现象较为突出

作为消费阶段食物浪费的重要构成部分，高等教育机构尤其是大学公共食堂产生的食物浪费也逐渐引起学界的关注。2017年，南京财经大学食物浪费研究团队对全国29个省份的29所高校食堂食物浪费进行了大规模抽样调查，结果显示，大多数（74%）大学生有食物浪费行为，人均就餐食物剩余重量达到61.03克/餐，人均年食物浪费量66.8公斤，每人每餐平均食物浪费率为12.13%[1]。

大学校园食物浪费的主要影响因素包括：第一，性别。女性相对男性食物浪费严重。第二，学历。本科生相对研究生浪费食物更严重。第三，家庭经济状况。家庭经济条件越好，人均食物浪费量越多。第四，口味。购置的饭菜量越大、对饭菜口味的满意度越低，食物浪费越严重。第五，地区差异。南北地区主食消费模式差异显著，以大米为主食的南方大学生比北方地区大学生食物浪费量更多[2]。

---

① 钱龙、李丰、钱壮：《高校食堂食物浪费的影响因素》，《资源科学》2019年第10期。

② Long Qian, Feng Li, Hongbo Liu, et al. Rice vs. Wheat: Does Staple Food Consumption Pattern Affect Food Waste in Chinese University Canteens? *Resources, Conservation & Recycling* 176 (2022) 105902.

二 立法背后的文化思考与意义

（一）立法历程：背景与意义

为了防止食品浪费、保障国家粮食安全、弘扬中华民族传统美德，2021年4月29日，第十三届全国人民代表大会常务委员会第二十八次会议通过《中华人民共和国反食品浪费法》（以下简称《反食品浪费法》）。《反食品浪费法》中明确规定的食品，包括各种供人食用或者饮用的食物。该法明确指出食品浪费，是指对可安全食用或者饮用的食品未能按照其功能目的合理利用，包括废弃、因不合理利用导致食品数量减少或者质量下降等。该法涉及食物生产、加工、储存运输、终端消费的全过程，直面"讲排场、好面子"饮食陋习，大力弘扬中国传统饮食文化中的勤俭节约理念，促进公民绿色文明消费。《反食品浪费法》是一部软法，及时、精准地将道德层面的要求上升至法律规范。对于践行社会主义核心价值观、节约资源、保护环境、促进经济社会可持续发展具有重要的意义。

作为一部软法，这部法律兼具制度与指导意义，即更少强制、更多协商、更重引导，强调多措并举、精准施策、科学管理、社会共治的原则，意味着构建多元主体参与的社会共治模式与协商机制，以反食品浪费为代表指明现代公共治理新方向。另外，这部法律是在优秀传统饮食文化与社会时代发展新要求的基础上，立足国家层面，倡导文明、健康、节约资源、保护环境的消费方式，提倡简约适度、绿色低碳的生活方式；为公众科学饮食、文明就餐的美好生活提供有效的制度保障，引导公众加强自律、树立正确的饮食消费观念，在全社会营造勤俭节约的良好风尚。

（二）立法思考：传统饮食文化剖析

食物在人类社会进步过程中发挥着重要作用：民以食为天，人依赖食物生存，获取能量与营养；同时，食物又成为重要的载体，将个体、家庭、族群、组织等一系列社会、文化等不同要素联结起来。由此食物兼具的社会、文化与生态等不同属性逐步凸显出来。随着社会的进步和发展，人与食物的关系不断延伸，食物在构建社会网络、承载并传递特定人类文明方面发挥着不可替代的作用。

中国饮食文化源远流长，爱惜食物、节约食物是中华民族的传统美德，中国饮食活动主要呈现两个特点：第一，就餐过程讲究，既有数量的要求，对品类也有约定成俗的规定，不同菜品有不同的寓意，通过食物来表达美好祝福。第二，热情、好客，讲究面子。以事件性消费为例，作为我国人情往来的一种方式，事件性消费成为国人交流情感、维系社会关系、扩大影响等的重要社会活动。近年来，事件性消费名目不断延伸，呈现多样化态势，升职宴、升学宴、谢师宴等新消费名目不断涌现。

随着我国社会经济的快速发展，生活水平不断提高，食物支出在城乡居民可支配收入中比重越来越低。传统饮食文化中爱惜食物、勤俭节约的优良传统逐步被淡化，畸形的饮食文化理念日渐凸显。我国古代，饮食往往在某些特定环境中与权力、身份等相联系。进入现代社会后，一方面，人们在餐桌上仍然会讲排场、爱面子，以丰盛为好客，以俭朴为不礼，这些陋习俨然已成顽疾，一直延续而逐渐演变成为待客之道。另一方面，则出现"过度吃喝"、暴饮暴食的错误饮食行为，这部分公众饮食观念不合理，其盲从、无度、不理性的饮食消费行为，会造成额外的身体负担和不必要的食物浪费，造成健康隐患并带来不必要的环境压力。

三 立法保障下的新路径：食育

（一）概念与内涵

传统农业社会中，每个人的饮食习惯主要养成于家庭，摄取食物成为无须刻意学习的事情；母亲的饭菜成为很多人终生偏好的口味和记忆，影响其一生的饮食习惯。随着我国经济社会的飞速发展，国民告别饥饿时代，快步进入饱食时代。在饥饿时代积累的饮食经验和习惯，在当代遇到诸多挑战。

人与食物的关系不再是简单的"吃与被吃"，人们需要掌握饮食相关知识与技能、加强人与食物之间的情感纽带，时代呼唤综合性、系统性的饮食相关教育。国内营养与食品、资源、教育等领域专家积极倡导和推动"食育"。"食育"就是培养获取与辨别食物、了解食物营养知识、养成科学饮食习惯，并以具体食物为载体进行道德、文化、营养科学、可持续发展意识的引导与培养的教育。

我国传统饮食文化注重以食育人，广为流传的古诗"锄禾日当午，汗滴禾下土；谁知盘中餐，粒粒皆辛苦"，是我国古代朴素食育思想的记录与体现，被纳入小学语文课本，成为我国数代人的第一堂食育课。食育是通过与"食"相关的科学知识、技能和文化等教育，将信息灌输转变为主动学习，赋予公众自主健康生活的能力。

结合理论研究与实践情况，对食育进行界定：食育是传播科学饮食知识、普及健康生活方式、促进人们身心全面发展，并以各类跨学科知识为载体，增强科学饮食能力、提高健康水平的饮食教育。简单来说，食育就是培养获取与辨别食物的能力，系统了解食物相关知识，养成科学饮食习惯，并以具体食物为载体进行道德、文化、营养科学、可持续发展意识的引导与培养的教育学科。

（二）主要特征

经过不断发展，我国现代食育主要表现出五个特征：第一，科学性。食育涉及多学科的知识和技能，以农学、营养学、地理学、教育学、社会学等多学科为支撑，需要确保在实施培训和教育过程中，有具备一定专业背景的人参与。第二，系统性。食育涉及知识、技能、文化、观念等多个方面，工作范畴涉及教育、宣传、财政等多部门，是一项需要政府、学校、企业等多主体协同推进的系统工程。第三，动态性。食育相关知识和理念不断更新，需要处理好传统与现代、传承与发展的关系。例如，结合最新的营养膳食指南，讲授减盐、减油、减糖的意义；新冠肺炎疫情影响下增强保护野生动物的意识，这个过程应与时俱进。第四，差异性。不同区域、不同民族、不同年龄者存在较大的差异性，需要充分考虑其特点，因材施教。

（三）不同目标

食育是针对全民教育和学习过程的有效补充，是将公众科普前移，通过"食"的相关科学知识和传统文化教育，将信息灌输转变为主动学习，赋予公众自主健康生活的能力。食育面向各年龄段和不同人群，其目标分为不同的层次：全民和特定群体。全民食育以食物为载体，通过研究科学吃、文明吃，进一步宣传科学饮食知识、培养食品安全意识、传播传统饮食文化，使公众在食物选择、饮食习惯等方面日趋理性，在感知和体验的过程中逐渐实现科学膳食与健康生活的目标。

对于行为和习惯养成过程中的儿童群体而言，食育是德育、智育、美育、劳动教育等的延伸，与其他教育之间具有共同的目标。应开展以学校为基础的食育行动，这是实现传承中华民族优秀饮食文化、儿童身心健康与全面发展目标的重要基础。具体目标包括三个方面：第一，认知层面：以传播食物相关知识为基础目标，传播食育知识。要求学生掌握简单的农业、营养等方面的知识，增进对常见食物的了解。第二，行动层面：以掌握食物相关技能为中级目标。在体验种植、收获和制作食物的过程中，培养儿童获取食材和简单制作的能力，使其具备一定的食物辨别能力和营养搭配能力，掌握与食物相关的礼仪。第三，情感态度与价值观层面：以养成正确观念为高级目标和核心目标。让儿童了解并认同具体的食物相关道德理念，学会尊重劳动、珍惜食物、拒绝浪费；培养儿童的文化传承意识，使其具备传承民族饮食文化的热情与态度；树立科学文明、安全健康的饮食意识。

四　立法保障下减少食物浪费的新机制

全社会食物可持续消费行为的建立是一个循序渐进的过程。《反食品浪费法》为推动全社会范围食物消费的绿色转型提供了必要的制度保障与有力支撑。在厉行勤俭节约、反对食物浪费、追求可持续发展的国内外大背景下，亟须在立法的保障下，以食育为抓手，构建多主体参与的社会共治网络，积极探索多端发力、多措并举的长效机制，推动新时代餐桌文明和新风尚建设，助力可持续发展目标的实现。

（一）加强顶层设计，探索符合中国国情的食育建设体制机制

食育涉及教育、财政、农业、环保、卫生、文化等多方面，是一个融合饮食文化教育、绿色健康生活方式养成、技能培养的完整体系。应由相关部门牵头，加强顶层设计，系统制定中长期规划与实施方案，明确食育在不同领域、不同阶段的核心目标、重点任务与实施路径等，明确不同部门、不同主体的责任，构建多层级联动、多主体联合的体制机制；聚焦健康建设的突出问题，在相关部门中创建协调联动网络，构建协同治理体系，探索符合中国国情、科学有效的食育建设体制机制。

（二）多渠道－多举措宣传，积极推动食物消费的绿色转型

深度挖掘传统饮食文化的精髓，与现代饮食文明新风尚相结合，建立传统饮食文化官方宣传平台和渠道，增强传统饮食文化的民族自信；将杜绝餐饮浪费、弘扬传统饮食文化等作为重要内容，组织形式多样、生动活泼、参与度高的宣传活动，使党员干部成为杜绝餐饮浪费、传承传统文化的标兵，为杜绝餐饮浪费做示范，同时带头监督一切餐饮浪费现象，逐步营造良好的社会氛围。

以婚宴为例，鼓励婚宴从简，包括简化现有的婚礼仪式、取消不文明的陋习、拒绝大操大办和奢侈浪费等。从多方面宣传移风易俗、引导主流价值观。让大家从心底认识到，低调、不浪费的婚宴更能显现家庭的教养和文化底蕴，推动和引导婚宴从"爱面子"向"重文明"转变、由"讲排场"向"求健康"转变。

（三）以儿童食育为重点，积极推动家校联合

食育面向各年龄段和不同人群。要对于行为和习惯养成中的儿童群体开

展食育，充分通过课堂宣讲、农林体验、营养餐教育、实操等多种途径，强化传承优秀饮食文化意识，将食育与劳动教育、美育等有机结合，融入已有教学体系，促进校园食育的常态化。采用线上线下相结合的方式，由浅入深、循序渐进、长期持续向家长群体普及食育知识，扩大食育的影响力，并促使学生发挥桥梁作用，形成家校教育合力，不断拓宽共建内容、巩固建设效果。

（四）鼓励标准制定和经验推广，以点带面有序推进

由行业协会牵头、龙头企业引领，对中央"八项规定"在杜绝餐饮浪费方面取得的成功经验进行总结提升，在此基础上联合制定标准，包括重量标识、小份餐和常规餐（每份最大量）的标准等。鼓励行业协会围绕前厅、后厨不同环节减少浪费的措施、经验等组织相关培训，提供专家咨询、现场指导等服务；推动示范店和示范区建设，择优命名一批"减少浪费示范店"，打造标准化示范样板，利用线上和线下积极推广实践经验与成果，实现以点带面。

监管篇

冷链食品安全管控与可追溯体系建设

王晔茹　李　宁*

摘　要： 冷链是一种特殊的食品处理方法，冷链食品到达消费者手中，需要经过很多环节，每一环节的安全都非常重要，尤其在全球经济交往频繁和新冠肺炎疫情突发后，冷链食品安全需要我们给予更大关注。目前我国冷链物流总体发展水平不高，与此相关的食品安全隐患较多，难以满足城乡居民日益多元化、个性化的消费需求。本文将从我国冷链食品监管和可追溯体系发展情况出发进行研究，探讨下一步工作建议与管理方法。

关键词： 冷链食品　食品安全　食品追溯

一　冷链食品概念以及冷链食品
面临的主要安全问题

在众多的食品种类中，有一大类食品——冷链食品。冷冻冷藏技术可延长食品的保存时间、拓宽食品的供应地理范围、提升食品的食用安全性。从人类社会发展历程看，冷链食品的普及是社会进步、生活提高、健康改善的

* 王晔茹，博士，副研究员，国家食品安全风险评估中心，研究方向为食品微生物风险评估。李宁，博士，研究员，国家食品安全风险评估中心，研究方向为食品安全风险评估。

重要标志①。

　　冷链是一种特殊的食品处理方法，指的是对于一些易损坏或易腐烂的食品，从产地收购或捕捞之后，在加工、贮藏、运输、分销、零售等环节，始终使其处于产品保质必需的低温冷冻冷藏环境，从而减少损耗，保证食品安全。冷链食品到达消费者手中，需要经过很多环节。每一环节的安全都非常重要②。

　　冷链食品在食品链条的不同阶段，其安全性问题有所不同。

（一）冷链食品源头阶段的安全性

　　当前的冷链食品类型，以来自种植业、渔业、畜牧业为主。在此类型源头生态中，可能会出现一定的安全问题，进而对后续冷链食品的整个供应环节造成影响。在源头阶段，对冷链食品安全性可能产生影响的因素，主要体现在水源、饲料、农用化学品、兽药安全等方面。例如，水源污染、饲料污染、化肥农药蓄积、牲畜养殖环境污染等，都可能导致食品受到污染，影响冷链食品安全③④。

（二）冷链食品加工阶段的安全性

　　冷链食品加工阶段，存在较多的手工小作坊，生产设备落后，卫生条件差，且卫生监督管理不到位，可能造成食品安全问题。因此，需要进一步加强对冷链食品加工环节的控制，制定严格的检验程序，确保加工阶段的食品安全⑤⑥。

　　对食品加工来讲，通过控制病原体所需的营养成分来控制病原体难以达到目的。因为除特别情形之外，大多数食品为病原体生长提供了充足的

① 《重点防范、严密监管，终结"进口冷链食品恐慌"》，《食品安全导刊》2021年第7期。
② 刘骞：《食品供应链中的安全问题》，《肉类研究》2010年第4期。
③ 刘骞：《食品供应链中的安全问题》，《肉类研究》2010年第4期。
④ 陈雪：《冷链食品的安全性研究》，《食品工业》2021年第3期。
⑤ 刘骞：《食品供应链中的安全问题》，《肉类研究》2010年第4期。
⑥ 陈雪：《冷链食品的安全性研究》，《食品工业》2021年第3期。

营养。食品加工可以通过分别控制食品中 pH 值和水分活度，或通过特定的包装技术调节气体来控制病原体的生长，从而实现对微生物污染的控制。

对于食品加工过程中化学污染的控制，比如肉制品加工中，为改善食品的感官性质、延长保存时间，常在食品中加入食品添加剂。因此对于加工过程中的化学污染控制，要格外注意合理添加食品添加剂。

（三）冷链食品运输阶段的安全性

肉制品、奶制品等冷链食品在运输过程中，由于其自身保质期较短、对流通运输条件要求较高，容易因温度、湿度、时间、环境等而变质或被污染。按照规定，对不同的冷链食品，需采取专门的冷链运输方式，保持良好的运输环境，避免将其与其他类型食品混放等。如果在运输过程中对温度、湿度等要素把控不严，可能造成食品在运输过程中变质。

（四）冷链食品储存阶段的安全性

在冷链食品储存阶段，利用合理的冷冻冷藏保存方法，能够有效抑制食品中各种微生物和细菌的滋生，延长食品的保质期，对于食品安全有着重要的影响。在冷链食品的实际储藏过程中，若缺乏科学合理的储存手段、不能提供安全的储存环境，可能导致一些食品发生变质。在储存过程中，若没有合理设置温度、湿度及通风条件，会造成食品安全性降低。

冷链食品是当前食品行业中一种重要的食品类型，全程低温环境下的处理与保存，能够大大延长食品的保存期限，降低食品腐败变质的概率。冷链食品从源头到消费者需要经过很多环节，因此可能面临食品安全问题。针对源头、加工、运输、储存等环节，对可能的影响因素加以分析，发现并解决各环节存在的问题，避免冷链"断链"，可以为冷链食品安全性提供更好的保障。

针对冷链食品的特点，也可以将冷链食品的安全性分成两种：一是冷链食品本身的安全性问题，如食源性致病菌污染、食品中添加剂滥用等问题。

二是保证产品处于保质必需的低温冷冻冷藏系统出现异常后，出现的安全性问题，也就是冷链物流异常带来的安全性问题。我国《食品安全法》① 第四章第三十三条第六款规定：贮存、运输和装卸食品的容器、工具和设备应当安全、无害，保持清洁，防止食品污染，并符合保证食品安全所需的温度、湿度等特殊要求，不得将食品与有毒、有害物品一同贮存、运输。同时第四十六条要求食品生产企业应当就运输和交付控制制定并实施控制要求，保证所生产的食品符合食品安全标准。我国《食品安全法实施条例》② 第四章第二十五条规定食品生产经营者委托贮存、运输食品的，应当对受托方的食品安全保障能力进行审核，并监督受托方按照保证食品安全的要求贮存、运输食品。受托方应当保证食品贮存、运输条件符合食品安全的要求，加强食品贮存、运输过程管理。接受食品生产经营者委托贮存、运输食品的，应当如实记录委托方和收货方的名称、地址、联系方式等内容。记录保存期限不得少于贮存、运输结束后 2 年。非食品生产经营者从事对温度、湿度等有特殊要求的食品贮存业务的，应当自取得营业执照之日起 30 个工作日内向所在地县级人民政府食品安全监督管理部门备案。

冷链食品作为食品的一种，其生产、加工、销售和运输都应当符合《食品安全法》和《食品安全法实施条例》的相关规定和要求。

二 冷链食品新冠肺炎病毒污染受到关注

新冠肺炎病毒是呼吸道病毒，主要经呼吸道飞沫和人与人之间的密切接触传染，经消化道感染的风险极小，到目前为止国内外均无新冠肺炎病毒通过食物传播的报道，也没有因进食食品而发病的病例报道。

全球新冠肺炎疫情大流行，给各行各业都带来巨大影响，食品工业也不例外。特别是进口冷链食品包装频频检出新冠肺炎病毒，受到关注。最早是

① 全国人民代表大会常务委员会：《食品安全法》，2021。
② 国务院：《中华人民共和国食品安全法实施条例》，2019。

2020 年 7 月 10 日国务院联防联控机制新闻发布会，大连海关和厦门海关分别有 3 批厄瓜多尔白虾外包装检出新冠肺炎病毒，受到关注。之后多地不断有报道，在进口冷链食品及其外包装检出新冠肺炎病毒，检出的食品类别涉及虾、鸡、牛肉、猪肉等，进口食品来自多个国家。

之所以冷链食品外包装检测出新冠肺炎病毒，主要有以下三个方面的原因：一是全球正处于新冠肺炎疫情暴发期，在疫情暴发的地区，物体的表面包括食品及其包装被新冠肺炎病毒污染的机会增加；二是新冠肺炎病毒在低温条件下容易存活，因此进口冷链食品及其包装可能成为远距离跨境运输携带病毒的载体；三是冷链食品新冠肺炎病毒污染受到关注后，各地区各部门按照国务院联防联控机制要求，都加大了对冷链食品的监测工作，随着监测检测工作的加强，在冷链食品及其包装上检出新冠肺炎病毒的概率也在增加。但总的来看，冷链食品总体污染率比较低，主要污染在外包装。在国务院联防联控机制 2020 年 11 月 25 日发布会上，国家卫生健康委组织的冷链食品及包装样品监测抽检结果显示，新冠病毒污染率为万分之 0.48。国务院联防联控机制 2020 年 11 月 12 日发布会上，全国海关对进口冷链食品实施新冠病毒核酸抽检检测，检测结果显示：污染率约为万分之 0.15。

近两年我国北京、大连（码头搬运工）、青岛（港口装卸工人），天津（冷库装卸工人/运输工人）等多地聚集性疫情事件，都溯源到搬运工，检测证明搬运工感染的病毒与污染的外包装病毒基因序列一致，且在青岛污染鳕鱼外包装上分离出活病毒，证明冷链食品及其包装可能会成为传播新冠肺炎病毒的载体。引发 2021 年 5 月辽宁营口 - 安徽六安疫情的病毒基因序列与 2020 年 7 月 22 日大连疫情中在进口鳕鱼中检测到的病毒基因序列高度同源。进一步调查发现，引起辽宁营口 - 安徽六安疫情的病毒源头均为 2020 年 6 月大连入境并在 2020 年 7 月引起大连疫情的被病毒污染的进口鳕鱼及其外包装。继 2020 年 7 月大连疫情后，该批被污染的冷冻鳕鱼在冷库内被封存近 11 个月，但仍引起了冷库工人感染，说明冷冻条件下病毒可长时间存活并可感染人类，引起局部疫情的暴发。

鉴于来自疫区的进口冷链食品可以被污染且能远距离运输，并引起局部疫情暴发，我国陆续出台了相关的管理措施和追溯制度，加强冷链食品安全管理。

三　国内外关于冷链管理发展历程、监管相关法规制度，以及追溯制度

（一）我国冷链管理发展历程、监管相关法规制度

1. 新冠肺炎疫情之前

在新冠肺炎疫情出现之前，与发达国家相比，我国完整的冷链体系的发展相对滞后，就国内消费者对于冷链食品安全的要求而言，我国冷链物流的发展是难以满足消费者需求的。在我国，新冠肺炎疫情出现之前，尚未建立起一套能保障食品从生产、包装、储存、运输到销售（从农田到餐桌）的完整的全过程质量管理体系。我国的冷链物流企业中，很少有企业能独立开展预冷、流通加工、仓储、运输、配送等一条龙冷链综合物流服务，各地虽有一定数量的冷库和冷藏运输车队，但服务功能单一、规模不大；服务范围小，跨区域服务网络没有形成，无法提供市场需求的全程综合物流服务[①]。同时针对冷链食品相关的标准和法规也较为缺失。

2003 年，我国成立了全国性的物流技术标准化相关机构；2009 年，成立了全国性的冷链物流技术专业机构，并陆续颁布执行了一系列冷链物流技术标准[②]。其中，上海在 2007 年率先颁布的国内第一个地方性冷链物流技术标准（规范）—《食品冷链物流技术与管理规范》，为国内冷链物流技术性标准的建立和执行起到示范作用，标准中说明冷链即为保持新鲜食品及冷冻食品等的品质，使其从生产到消费的过程中，始终处于低温状态的配有专门设备的物流网络[③]。2010 年我国首次提出《农产品冷链物流发展规划

---

①　肖红：《我国冷链物流发展中存在的问题与对策》，《物流工程与管理》2014 年第 11 期。

②　张瑞夫：《冷链物流运输技术标准研究》，《铁道运输与经济》2013 年第 6 期。

③　《食品冷链物流技术与管理规范》，DB31/T 388 – 2007。

（2010～2015 年）》，将发展冷链物流上升到国家战略。随后，我国第一个关于冷链物流的强制性国家标准《道路运输易腐食品与生物制品、冷藏车安全要求及试验方法》于 2013 年上半年颁布实施①。

2017 年《国务院办公厅关于加快发展冷链物流保障食品安全促进消费升级的意见》（国办发〔2017〕29 号）② 中，提出随着我国经济社会发展和人民群众生活水平不断提高，冷链物流需求日趋旺盛，市场规模不断扩大，冷链物流行业实现了较快发展。但由于起步较晚、基础薄弱，冷链物流行业还存在标准体系不完善、基础设施相对落后、专业化水平不高、有效监管不足等问题。为推动冷链物流行业健康规范发展，保障生鲜农产品和食品消费安全，根据食品安全法、农产品质量安全法和《物流业发展中长期规划（2014～2020 年）》等，经国务院同意，提出牢固树立和贯彻落实创新、协调、绿色、开放、共享的发展理念，深入推进供给侧结构性改革，充分发挥市场在资源配置中的决定性作用，以体制机制创新为动力，以先进技术和管理手段应用为支撑，以规范有效监管为保障，着力构建符合我国国情的"全链条、网络化、严标准、可追溯、新模式、高效率"的现代化冷链物流体系，满足居民消费升级需要，促进农民增收，保障食品消费安全。发展目标是到 2020 年，初步形成布局合理、覆盖广泛、衔接顺畅的冷链基础设施网络，基本建立"全程温控、标准健全、绿色安全、应用广泛"的冷链物流服务体系，培育一批具有核心竞争力、综合服务能力强的冷链物流企业，冷链物流信息化、标准化水平大幅提升，普遍实现冷链服务全程可视、可追溯，生鲜农产品和易腐食品冷链流通率、冷藏运输率显著提高，腐损率明显降低，食品质量安全得到有效保障。意见要求健全冷链物流标准和服务规范体系、完善冷链物流基础设施网络、鼓励冷链物流企业经营创新、提升冷链物流信息化水平、加快冷链物流技术装备创新和应用、加大行业监管力度、创新管理体制机制、完善政策支持体系和加强组织领导。

---

① 《道路运输食品与生物制品冷藏车安全要求及试验方法》，GB 29753 - 2013。
② 国务院：《国务院办公厅关于加快发展冷链物流保障食品安全促进消费升级的意见》，国办发〔2017〕29 号。

为贯彻落实《国务院办公厅关于加快发展冷链物流保障食品安全促进消费升级的意见》，2017年原国家卫生计生委食品安全标准与监测评估司与国家食品安全风险评估中心等多家机构签订了《食品安全国家标准食品冷链卫生规范》委托协议书，启动了该规范的编制。

2. 新冠肺炎疫情之后

鉴于冷链食品在整个产业链中可能存在的安全问题以及进口冷链食品新冠肺炎病毒污染受到关注，为加强冷链食品安全管理，相关部门密集出台了冷链食品安全管理的相关规范和制度。各主管部门根据冷链食品新冠肺炎疫情防控工作需求，基于所主管业务领域，分别制定了相应的政策或管理办法。短期内，国内迅速建立起针对冷链食品或冷链物流的管理体系。以下按照各管理文件出台时间分别进行介绍。

2020年3月16日《市场监管总局关于加强冷藏冷冻食品质量安全管理的公告》[①] 中强调从事贮存业务应及时向当地市场监管部门报备详细信息；强调委托方要履行对受托方的监督义务，要求建立并落实冷藏冷冻食品全程温度记录制度；要求受托方加强贮存运输质量安全管理，并且相关记录和凭证保存期限不得少于贮存、运输结束后2年；强调发现不法行为或不符合食品安全标准的食品，应立即向所在地市场监管部门报告。此公告的发布有利于加强冷藏冷冻食品在贮存运输过程中质量安全管理。

2020年8月26日，交通运输部《关于进一步加强冷链物流渠道新冠肺炎疫情防控工作的通知》[②] 中强调充分认识当前冷链物流疫情防控形势的严峻性、复杂性，深刻认识做好冷链物流渠道疫情防控工作的重要性，提高政治站位，有利于降低进口冷链食品疫情传播安全风险；多部门的协同联动有利于推动建立冷链物流供应链全链条、可追溯、一体化管理体系，切实防范冷链物流新冠肺炎病毒传播风险；加强从业人员防护，有利于保障冷链物流一线工作人员自身安全；严格落实信息登记制度，有利于冷链物流疫情防控

---

① 国家市场监督管理总局：《市场监管总局关于加强冷藏冷冻食品质量安全管理的公告》，2020。
② 中华人民共和国交通运输部：《关于进一步加强冷链物流渠道新冠肺炎疫情防控工作的通知》，2020。

追溯工作的开展。

为加强冷链卫生的管理，2017 年立项的《食品安全国家标准食品冷链卫生规范》在新冠肺炎疫情大背景下加速了实施进程。国家卫健委等 2020 年 9 月 11 日发布了《食品安全国家标准食品冷链物流卫生规范》①（GB31605－2020）。该标准于 2021 年 3 月 11 日实施。该标准规定了在食品冷链物流过程中的基本要求、交接、运输配送、储存、人员和管理制度、追溯及召回、文件管理等方面的要求和管理准则。该标准适用于各类食品从出厂后到销售前需要温度控制的物流过程。该标准定义食品冷链物流：以温度控制为主要手段，使食品从出厂后到销售前始终处于所需要温度、湿度范围内的物流工程。此标准的制定有利于冷链食品生产经营者选购符合要求的设备设施，建立合理的监控体系，提高运输能力和安全保障能力，为应对突发的公共卫生事件做出有效的指导；强调交接环节要建立清洁卫生管理制度，做好交接检查、记录、监查及防控工作，以保证食品的安全卫生；强调运输配送过程建立清洁卫生消毒记录制度，根据食品特性、季节等条件合理安排运输工具与运输路线，做好运输过程中的温度监控，落实运输过程中的安全措施，以保障食品在安全的状态下抵达目的地；储存期间，做好温度监控，建立温度记录保存制度和清洁卫生制度，将食品分类存放，有利于防止食品腐败变质、串味或交叉污染；做好相关工作人员的培训和建立严格的管理制度，有利于提高工作人员遭遇突发状况时应急处理的能力。随着冷链产业的飞速发展，无论是从市场发展角度看还是从国内政策环境看，健全冷链物流标准化体系、建立冷链物流相关标准都是必要的。该强制性国家标准的建立对于冷链物流市场、行业、企业都起到规范作用，减少食品在流通环节因为温度不合格、操作不规范导致的损耗，降低我国农产品损耗率；对于高水平生活质量的需求，也要求我们提高全流程的食品安全性，特别是在流通环节，从而保障我国居民的食品安全。

---

① 中华人民共和国国家卫生健康委员会、国家市场监督管理总局：《食品安全国家标准　食品冷链物流卫生规范：GB 31605－2020》，中国标准出版社，2020。

2020 年 9 月 11 日，海关总署《对检出新冠病毒核酸阳性的进口冷链食品境外生产企业实施紧急预防性措施的公告》[1] 中要求，对于同一境外生产企业输华冷链食品或其包装被检出新冠病毒核酸阳性的问题，采取暂停接受该企业产品进口申报时间的紧急预防性措施，有利于保证消费者身体健康安全，降低进口冷链食品输入风险。

2020 年 10 月 16 日国务院应对新型冠状病毒肺炎疫情联防联控机制综合组发布了《冷链食品生产经营新冠病毒防控技术指南》[2] 和《冷链食品生产经营过程新冠病毒防控消毒技术指南》[3]。《冷链食品生产经营新冠病毒防控技术指南》针对冷链食品生产经营者和生产经营重点环节，根据采用冷冻、冷藏等方式加工，从出厂到销售始终处于低温状态的冷链食品在生产、装卸、运输、贮存及销售等各环节中新冠病毒污染的防控内容做出指导。有利于预防从业和相关人员受到新冠病毒感染，加强人身健康安全保障；突出装卸储运等重点环节防控的重要性，加强冷链食品包装的清洁消毒制度的建设；促进生产经营者严格遵守法律法规及相关食品安全国家标准要求；提高当地主管部门对新冠肺炎疫情防控的监管力度；为新冠肺炎疫情防控常态化期间正常运营的冷链食品相关单位和从业人员落实好生产经营防控主体责任做出正确指导。《冷链食品生产经营过程新冠病毒防控消毒技术指南》规范冷链食品生产经营过程中的新冠病毒防控消毒工作，防止食品、食品包装材料被新冠病毒污染做出正确指导；有利于指导新冠肺炎疫情防控常态化期间，正常运营的食品生产经营单位和个人，在生产、装卸、运输、贮存及销售等过程中对来自国内外新冠肺炎疫情高风险区冷链食品的消毒工作；有增强食品生产经营相关单位和个人严格遵守法律法规及相关食品安全国家标准的意识；有利于解决冷链产业无序发展的问题，进一步提升技术标准、完善

① 中华人民共和国海关总署：《对检出新冠病毒核酸阳性的进口冷链食品境外生产企业实施紧急预防性措施的公告》，2020。

② 国务院应对新型冠状病毒肺炎疫情联防联控机制综合组：《冷链食品生产经营新冠病毒防控技术指南》，2020。

③ 国务院应对新型冠状病毒肺炎疫情联防联控机制综合组：《冷链食品生产经营过程新冠病毒防控消毒技术指南》，2020。

防疫流程和手段，推动行业规范化、规模化发展；有利于用最严密的制度来对消费者的健康安全负责。

2020 年 11 月国务院应对新型冠状病毒肺炎疫情联防联控机制综合组印发的《进口冷链食品预防性全面消毒工作方案》① 中要求，在进口冷链食品首次与我境内人员接触前需实施预防性全面消毒处理。据此，海关总署对口岸环节的进口冷链食品预防性消毒工作作出具体部署，包括明确口岸环节预防性消毒的工作要求、作业流程、消毒技术规范及配套监管措施等。例如，一些口岸规定，冷链食品外包装消毒需用 500mg/L 二氧化氯消毒液或 0.2% ~ 0.4% 过氧乙酸抑或 3% 过氧化氢喷洒或擦拭消毒外包装的 6 个面，消毒 30 分钟后用清水冲洗干净。该管理有利于扎实推进新冠肺炎疫情防控工作，充分发挥消毒对新冠肺炎病毒的杀灭作用；确保进口冷链食品安全，有利于提升口岸通关效率，避免货物积压滞港，保障产业链供应链稳定；有利于提高相关部门之间的协调联动能力，实现全流程闭环管控可追溯，最大限度降低新冠肺炎病毒通过进口冷链食品输入风险；总结进口冷链食品新冠肺炎病毒检测、消毒处理工作的好经验和好做法，有利于建立符合我国实际消毒情况的新规章、新政策；有利于在不改变现有总体防控安排的前提下，根据进口冷链食品的物流特点，建立在进口冷链食品首次与我境内人员接触前实施预防性全面消毒处理方案；加强部门协同配合，对进口冷链食品装载运输工具和包装原则上只进行一次预防性全面消毒，避免重复消毒，有利于避免增加不必要的作业环节和成本，促进物流和市场供应稳定。

2020 年 11 月 13 日，交通运输部发布《公路、水路进口冷链食品物流新冠病毒防控和消毒技术指南》②。该指南有利于指导进口冷链食品装卸运输过程防疫和从业人员安全防护工作；有利于从事进口冷链食品装卸运输经营单位切实保障冷链物流一线工作人员自身安全，降低感染风险；

---

① 国务院应对新型冠状病毒肺炎疫情联防联控机制综合组：《进口冷链食品预防性全面消毒工作方案》，2020。
② 中华人民共和国交通运输部：《公路、水路进口冷链食品物流新冠病毒防控和消毒技术指南》，2020。

有利于督促指导各地交通运输主管部门严格落实单证查验和信息登记制度，做好冷链物流疫情防控追溯工作；有利于提高冷链物流相关单位面对新冠肺炎疫情时的应急处置能力，切实做好切断传播途径、隔离密切接触者等工作。

2020 年 11 月 27 日，国务院应对新型冠状病毒肺炎疫情联防联控机制综合组发布《关于进一步做好冷链食品追溯管理工作的通知》①。为做好"外防输入、内防反弹"常态化疫情防控工作，突出加强关键环节、重点领域防控措施，严防新冠肺炎疫情输入风险，按照国务院联防联控机制部署，市场监管总局会同海关总署制定了进一步做好冷链食品追溯管理工作的措施。工作目标是建立和完善由国家级平台、省级平台和企业级平台组成的冷链食品追溯管理系统，以畜禽肉、水产品等为重点，实现重点冷链食品从海关进口查验到贮存分销、生产加工、批发零售、餐饮服务的全链条信息化追溯，完善人物同查、人物共防措施，建立问题产品的快速精准反应机制，严格管控疫情风险，维护公众身体健康。

2020 年 12 月，北京市疾病预防控制中心分别发布了《进口冷链食品家庭采购加工食用指引》②、《冷链食品从业人员工作与居家个人防护指引》③和《超市新冠肺炎疫情常态化防控工作指引》④。其中，《进口冷链食品家庭采购加工食用指引》有利于指引家庭正确采购进口冷链食品；增强居民个人防护意识；促进养成接触进口食品包装材料后及时洗手消毒的习惯；有利于防止进口冷链食品产生交叉污染；倡导消费者安全食用进口冷链食品，提倡分餐，有利于减少交叉感染风险。

《冷链食品从业人员工作与居家个人防护指引》对产业链从业人员加强健康监测，提高核酸检测密度，搞好日常防护，严禁病毒携带者或感染

---

① 国务院应对新型冠状病毒肺炎疫情联防联控机制综合组：《关于进一步做好冷链食品追溯管理工作的通知》，2020。
② 北京市疾病预防控制中心：《进口冷链食品家庭采购加工食用指引》，2020。
③ 北京市疾病预防控制中心：《冷链食品从业人员工作与居家个人防护指引》，2020。
④ 北京市疾病预防控制中心：《超市新冠肺炎疫情常态化防控工作指引》，2020。

者带"毒"从业；有利于增强冷链物流等相关人员防护意识，避免皮肤直接接触可能被污染的食品及包装，毫不放松持续做好外防输入、内防反弹的各项工作，坚持常态化精准防控和局部应急处置有机结合，因时因势科学调整防控措施，特别是在外防输入上，既要"防人"，也要"防物"，时刻绷紧疫情防控这根弦，将冷链铸成"安全链"，有利于确保人民群众身体健康和生命安全。《超市新冠肺炎疫情常态化防控工作指引》加强超市新冠肺炎疫情常态化防控工作，有利于建设健康环境；有利于落实"四方责任"，明确各方职责；坚持"区分对待"，有利于做到精准管理；注重人员管理，有利于实现有效防控；有利于强化环境卫生，科学精准消毒。

针对各级地方在冷链食品新冠肺炎疫情防控中层层加码的问题，2021年4月国务院应对新型冠状病毒肺炎疫情联防联控机制综合组发布《关于印发新冠肺炎疫情防控冷链食品分级分类处置技术指南的通知》①。该文件有效指导各地科学准确、规范有序地做好冷链食品新冠病毒防控相关工作，既有效防控疫情，又尽量减少对冷链企业生产经营的影响，促进行业稳定发展。要求各地综合分析冷链食品来源地疫情形势、污染状况、消毒措施、病毒活性等多种因素，对不同情形提出差异化处置措施。

关于冷链食品相关管理文件汇总，详见表1。

表1　冷链食品相关管理文件汇总

文件名称	发布时间	发布单位
《市场监管总局关于加强冷藏冷冻食品质量安全管理的公告》	2020年3月16日	国家市场监督管理总局
《关于进一步加强冷链物流渠道新冠肺炎疫情防控工作的通知》	2020年8月26日	中华人民共和国交通运输部

① 国务院应对新型冠状病毒肺炎疫情联防联控机制综合组：《关于印发新冠肺炎疫情防控冷链食品分级分类处置技术指南的通知》，2021。

续表

文件名称	发布时间	发布单位
《食品安全国家标准食品冷链物流卫生规范》（GB31605—2020）	2020 年 9 月 11 日	国家卫生健康委、市场监管总局
《对检出新冠病毒核酸阳性的进口冷链食品境外生产企业实施紧急预防性措施的公告》	2020 年 9 月 11 日	中华人民共和国海关总署
《冷链食品生产经营新冠病毒防控技术指南》	2020 年 10 月 16 日	国务院应对新型冠状病毒肺炎疫情联防联控机制综合组
《冷链食品生产经营过程新冠病毒防控消毒技术指南》	2020 年 10 月 16 日	国务院应对新型冠状病毒肺炎疫情联防联控机制综合组
《进口冷链食品预防性全面消毒工作方案》	2020 年 11 月 8 日	国务院应对新型冠状病毒肺炎疫情联防联控机制综合组
《公路、水路进口冷链食品物流新冠病毒防控和消毒技术指南》	2020 年 11 月 13 日	中华人民共和国交通运输部
《关于进一步做好冷链食品追溯管理工作的通知》	2020 年 11 月 27 日	国务院应对新型冠状病毒肺炎疫情联防联控机制综合组
《进口冷链食品家庭采购加工食用指引》	2020 年 12 月 8 日	北京市疾病预防控制中心
《冷链食品从业人员工作与居家个人防护指引》	2020 年 12 月 13 日	北京市疾病预防控制中心
《超市新冠肺炎疫情常态化防控工作指引》	2020 年 12 月 23 日	北京市疾病预防控制中心
《关于印发新冠肺炎疫情防控冷链食品分级分类处置技术指南的通知》	2021 年 4 月 22 日	国务院应对新型冠状病毒肺炎疫情联防联控机制综合组

　　上述针对冷链食品的规范和管理制度，加强了对冷链食品从原料、生产、加工、运输到销售和溯源冷链运输从业人员等各环节的科学管理，保障了冷链食品及冷链物流的安全性。

（二）国外冷链管理发展历程、监管相关法规制度

国外注重冷链物流水平的提升。产品的最终质量受到物流和运输设施管理有序程度的显著影响，在易腐食品冷链运输过程中，不当的物流可能导致多达 1/3 的变质[①]。B. Commère 等[②]提出冷链物流发展中管理手段与技术并重，才能更好地监控温度和时间这两个在冷链物流中导致食物腐败的关键因素。B. Mahla 等[③]基于 ILS 算法和混合整数规划的数学算法建立了一个两阶段随机规划模型，以确定最优补货策略和运输计划，使冷链运输运营成本和排放成本最小化。A. Ovca 等[④]讨论了冷链物流的管理措施。除了对于冷链物流技术和手段的研究外，研究者指出，在冷链物流的整个体系当中，作为终端消费者的客户也必须具备一定的冷冻冷藏常识才能最终保证冷链食品的质量安全[⑤]。

美国在 1977 年颁布的《航空规制缓和法》拉开了美国冷链物流管理的序幕；2004 年，美国冷链协会发布了《冷链质量指标》，为整个易腐冷链食品的供应链认证打下了基础，且该指标还可用于对冷链物流企业可靠性的检验；2005～2025 年的《国家运输科技发展战略》以综合型、环境友好型的高效安全冷链运输系统作为推动目标[⑥]。另外，美国还大力试验和推广新技术在冷链物流当中的应用，如利用 RFID 技术对从哥斯达黎加运往美国的菠萝进行温度监测研究，研究结果显示 RFID 对易腐食品的温度数据采集

① Esmizadeh Y. , Bashiri M. , Jahani H. , et al. , "Cold Chain Management in Hierarchical Operational Hub Networks," *Transportation Research Part E* 147（2021）.

② Commre B. , "Controlling the Cold Chain to Ensure Food Hygiene and Quality," *Bulletin of the IIR* 2（2003）: pp. 182 – 188.

③ Mahla B. , Anup S. , Babak A. , et al. , "Sustainable Cold Supply Chain Management under Demand Uncertainty and Carbon Tax Regulation," *Transportation Research Part D* 80（2020）.

④ Ovca A. , Jevšnik M. , "Maintaining a Cold Chain from Purchase to the Home and at Home: Consumer Opinions," *Food Control* 20（2009）: pp. 167 – 172.

⑤ Barbosa M. W. , "Uncovering Research Streams on Agri – food Supply Chain Management: A Bibliometric Study," *Global Food Security* 28（2021）.

⑥ 欧阳芳、徐志宏:《国外冷链物流的转型分析与借鉴》,《对外经贸实务》2015 年第 8 期。

精确，且可不开箱即显示测量温度结果，同时还能进行数据修复，与传统温度监测方法相比有着无可比拟的优势①。而日本的冷链建设始于 1923 年颁布的《中央批发市法》，日本通过正式的立法来管理农产品流通；2013 年日本推出第五版《综合物流施策大纲》，以建设"效率化""安全、安心"的冷链体系作为目标，希望能建设并且强化日本冷链体系的国际竞争力②。加拿大于 1997 年成立了极具影响力的 CFIA 机构（食品安全监管机构），并制定了包括 FSEP（食品安全监督计划）、HACCP（危害分析和关键控制点管理体系）和《防虫产品法》在内的多种食品质量安全方案和体系，规范了冷链物流的政策法律体系，极大地保证了食品安全③。目前，加拿大跨区域建设了三大冷链物流运输体系，冷链资源有效分配并相互配合发展，共同实现了加拿大冷链物流体系在国家境内的全方位覆盖④。

欧美日等地同时也注重信息系统的建设，建立健全冷链物流信息系统不仅能够在整条供应链中提供准确的市场信息、实现信息的可追溯性，也能帮助在冷链物流全过程中实施温度的全控制，还能利用 GPS 全球定位系统实现对冷藏运输车辆的实时监控，通过供应链上游和下游企业信息的实时共享最大限度地降低物流损耗，保证食品安全⑤。国外冷链食品追溯的主体是企业自身。

国外冷链控制的相关标准和规范主要是将与食品相关的环节列入同一个规范中，其中涉及运输和仓储等内容。国外在仓储、运输、配送等细分领域的标准较少。

国外冷链控制相关文件汇总，详见表 2。

① Cecilia A., Jean – Pierre E., Maria C. D. N. N., "Application of RFID Technologies in the Temperature Mapping of the Pineapple Supply Chain," *Sensing and Instrumentation for Food Quality and Safety*, 3 (2009): pp. 26 – 33.

② 谢炜校、李燕玉：《中日冷链物流对比分析》，《今日财富》2021 年第 2 期。

③ 旷健玲：《国内外冷链物流发展状况研究》，《农业技术与装备》2021 年第 8 期。

④ 魏然、陈晓宇：《典型发达国家冷链物流发展现状与经验借鉴》，《物流技术》2020 年第 7 期。

⑤ 刘雨之：《国外冷链物流理论和对策研究》，《物流科技》2020 年第 6 期。

表 2　国外冷链控制相关文件汇总

国家或组织	标准名称	标准号
ECE	Agreement on the International Carriage of Perishable Foodstuffs and on the Special Equipment to be Used for such Carriage	ECE/TRANS/249
CAC	Code of Hygienic Practice for Fresh Fruits and Vegetables	CAC RCP 53 – 2003
FDA	FDA Food Cold 2017	—
UK	Guidance on Temperature Control Legislation in the United Kingdom	—

（三）我国冷链食品追溯制度

食物是人类赖以生存的物质基础。食物的生命周期较长，从源头、生产加工到仓储运输等完整的食品生命周期中涉及不同的安全问题。可追溯是确保食品安全的有效工具。完善的食品追溯系统，可保证食品更加安全、可信、透明。这不仅能够加强食品监管部门对食品全生命周期的监管，更能够进一步提高食品市场安全水平，保障食品市场健康稳定发展①。冷链溯源主要是指在冷链供应链体系下实现对产品流向信息的可控可管②。

国家层面的重点关注使得食品追溯成为食品安全治理体系中的刚需。我国《食品安全法》第四十二条规定：国家建立食品安全全程追溯制度。食品生产经营者应当依照本法的规定建立食品安全追溯体系，保证食品可追溯。2016 年，《国务院办公厅关于加快推进重要产品追溯体系建设的意见》进一步作出部署，要建立食品药品可追溯体系，保障消费安全。2017 年颁布的《国家食品药品监督管理总局关于食品生产经营企业建立食品安全追溯体系若干规定的公告》（2017 年第 39 号）规定：食品生产经营企业负责建立、实施和完善食品安全追溯体系，保障追溯体系有效运行。2019 年，

---

① 左敏、何思宇、张青川、姚双顺：《基于区块链的食品溯源技术研究》，《农业大数据学报》2020 年第 3 期。

② 潘慧萍、李宝安、吕学强、姜阳、李果林、张乐：《湘冷链——基于区块链的冷链溯源系统》，《食品与机械》2021 年第 37（9）期。

中共中央、国务院印发《关于深化改革加强食品安全工作的意见》，推动农产品追溯入法。同年起施行的《中华人民共和国食品安全法实施条例》第十八条提出，食品生产经营者应当建立食品安全追溯体系，并依照《食品安全法》的规定如实记录与保存进货查验、出厂检验、食品销售等信息，保证食品可追溯①。

1. 我国冷链食品溯源现状

冷链食品供应链遍布全球，由于牵涉范围广，溯源是一个比较复杂的过程，贯穿于冷链食品生产加工、储存、运输、销售等环节，每个环节都需要有很严格的把控②。

（1）信息的真实性无法确保

冷链食品生命周期较长，其源头阶段、加工阶段、运输阶段和储存阶段的真实性信息无法得到确保。如不法商人篡改食品有效期、更改说明书、打印错误的添加成分，以及不适当的存储温度，这些都是增加加工和运输过程中食品安全和公共健康风险的重要原因。

（2）各个环节无法实现信息共享

在冷链食品安全方面进行供应链管理时，供应链的可见性是一个重要问题。冷链食品供应链比其他供应链更为复杂。确保从源头到目的地的冷链食品供应链中存有相关数据是一项巨大的挑战。这些数据对于预防食源性疾病风险、食品完整性问题以及各种食品检验检疫证书至关重要。有研究描述了食品供应链中有关食品安全和质量改善的可追溯性的重要性。有证据表明，消费者更担心他们购买的产品是否在符合要求的环境设施中生产。但是现阶段，由于冷链食品从源头阶段、加工阶段到运输阶段和储存阶段多由不同的生产主体负责，各个环节很难实现信息共享。

冷链食品供应链中参与的主体众多，且在地理空间上趋于分散。当前大

---

① 王俊彦、卢金星、吴强、陈清华：《人工智能技术在食品安全可追溯系统的可信度保障中的应用》，《信息系统工程》2021年第6期。

② 姚超、唐松：《区块链技术在冷链食品溯源中应用的研究》，《河北省科学院学报》2021年第1期。

多数供应链管理采用中心化管理模式，在源头数据采集时缺乏有效的约束机制，极易造成信息造假和信息孤岛，这导致供应链整体运作困难，追溯信息可信度不高。因此，构建高可信度的追溯系统已成为溯源体系可持续应用中急需解决的重要问题①。

2. 我国冷链食品追溯制度

在新冠肺炎疫情出现之前，我国并没有建立系统的冷链食品追溯体系。

（1）全国进口冷链食品追溯模式

新冠肺炎疫情出现之后，全国各地都探索建立了不同的进口冷链食品追溯平台，全国十几个省市的进口冷链食品追溯平台均已上线使用，实现进口冷链食品的追溯管理，各追溯平台具有的共同点如下。

——进口冷链食品入市流转之前，必须提前在系统申报进口冷链食品相关信息，必须查验核酸检测报告和消毒证明。

——贴码追溯。通过集中监管仓或首站，赋予进口冷链食品的每一批或每一箱追溯二维码，并粘贴至外包装，且在经营场所公示追溯二维码，消费者可扫码查询进口冷链食品防疫证明等信息②。

（2）全国进口冷链食品防控体系

为应对新冠肺炎疫情，我国已经建立起进口冷链食品的"多层立体"防控体系。形象地讲，该体系由以下几层"防护圈"组成，即境外远程预警＋境外重点防范＋入境全面消杀＋国内严密监管＋处处"坚壁清野"③。

——境外远程预警：中国海关督促国外工厂、官方做好工厂疫情防控。

——境外重点防范：海关暂停对部分境外企业的进口业务。

——入境全面消杀：对入境货物包括进口冷链食品进行全面消毒及核酸检测。

① 王俊彦、卢金星、吴强、陈清华：《人工智能技术在食品安全可追溯系统的可信度保障中的应用》，《信息系统工程》2021 年第 6 期。

② 徐立峰、练晓、吕恺文：《深圳市进口冷链食品追溯监管 实现全链条可追溯》，《条码与信息系统》2021 年第 3 期。

③ 《重点防范、严密监管，终结"进口冷链食品恐慌"》，《食品安全导刊》2021 年第 7 期。

——国内严密监管：布下天罗地网。货物进入国内市场后，各地市场监管部门对进口冷链产品实施集中监管，即所有产品一律运送到指定冷库并严密监管。同时，对所有进口冷链产品进行追溯管理，使每一批次产品都能做到来源可溯、去向可追。

——处处"坚壁清野"：企业严格落实防疫措施。作为食品安全、物品防控的第一责任人，冷链食品的流通、加工、使用企业应在政府的监督指导下全部采取风险防控措施。

综上，中国的进口冷链食品防控体系已经覆盖供应链的各个环节，并对各类主体进行了严密布控。下一步的重点是持续督促国外加强源头管控，从源头减少污染风险。

四　相关建议

目前我国冷链物流总体发展水平不高，冷链"不冷"、"断链"、交叉污染等现象仍比较突出，与此相关的食品安全隐患较多，难以满足城乡居民日益多元化、个性化的消费需求。中国冷链食品行业发展仍落后于发达国家，无论是国内食品冷链还是进口食品冷链，均有巨大的发展潜力。客观来讲，冷链物流基础设施（如冷库、冷链运输、温控、节能、质量控制等）及冷链与生产生活的有机衔接还存在较大短板。特别是遇到货量猛增等突发状况时，这一劣势更加凸显。如果政府、企业、资本一起努力，解决该问题，就能迎来巨大的机遇——对冷链物流建设者、运营者、使用者都是如此[1]。

现阶段，我国冷链食品保障体系的建设需要政府、行业组织和企业的通力协作，在结合我国具体国情的情况下，借鉴发达国家的经验——完善冷链技术手段、监管措施及采用以企业为主体的食品冷链体系来保证食品质量，从而降低在途损耗，落实我国《食品安全法》中关于食品安全主体责任的规定，也就是企业是冷链食品的第一责任人，同时通过完善冷链技术手段，

---

[1]　《重点防范、严密监管，终结"进口冷链食品恐慌"》，《食品安全导刊》2021年第7期。

实现运输在途的全程监测，以进一步明确冷链食品本身和冷链物流的安全责任，明确冷链参与各主体的相关责任；进一步协调政府、行业组织和企业之间的关系，完善食品冷链发展的政策环境和鼓励措施，加强行业方向的政策性引导及食品冷链的公众宣传；行业组织更好地发挥协调沟通作用，完善冷链行业的整体规划和规范；相关食品冷链企业则应在根据市场规则具体运作的同时，通过对物联网技术、射频识别技术、智能温控及冷链流通技术、实时温控技术、全球可视化系统及信息反馈系统、全球定位系统等创新技术在冷链食品行业的应用来加快企业冷链系统的信息化建设，加强冷链食品的全程监控，实现冷链食品安全建设的快速破局[1][2]。下一步工作建议如下。

一是根据我国《食品安全法》和《食品安全法实施条例》，进一步明确冷链追溯平台中政府和企业的相关责任，强化企业在冷链食品追溯中的主体责任。

二是针对目前疫情下严格进口冷链常态化管理和加强国内冷链日常监管两条线，建议下一步整合与分类管理并举。在高质量发展的前提下，有序推进两条线的管理制度制定和推行，避免管理资源等的浪费。

三是建议相关管理部门进一步落实《国务院办公厅关于加快发展冷链物流保障食品安全促进消费升级的意见》，充分认识冷链物流对保障食品安全的重要意义，确保各项政策措施贯彻落实。

---

① 《精益求精，创新科技，助力食品冷链信息化建设》，《食品安全导刊》2021年第7期。
② 《深入解读冷链物流发展，破解行业发展桎梏》，《食品安全导刊》2021年第7期。

网络食品药品安全依法治理的积极探索

任端平　毛睿涵　郭泽颖*

摘　要： 网络食品药品质量安全依法治理取得积极成效；党中央、国务院对食品药品安全和网络经济治理做出一系列重大决策部署；网络食品药品立法取得积极进展；逐步形成了线上线下一致、特别法优于一般法、专门法律没有特别规定的网络法律一般规定、转致适用其他相关法律行政法规等法律适用基本规则；建议加快研究完善网络交易基础法律与专门法律有机结合的体系、网络时代地域化管理制度、适应数字经济时代的上下级政府指挥调度机制。

关键词： 网络　食品安全　药品安全　依法治理

食品药品安全是重大的民生问题、经济问题、社会问题和政治问题；关系人民群众身体健康、生命安全和幸福生活，关系公共卫生安全，关系着千百万家庭的幸福和国家民族的未来。安全、稳定、繁荣的网络空间，对一国乃至世界和平与发展越来越具有重大意义。

食品产业一直是国民经济发展的重要支柱产业，是我国经济增长的重要

* 任端平，国家市场监管总局工作人员，博士，研究方向为市场监管法治；毛睿涵，北京工业大学法律系学生；郭泽颖，实习律师。

驱动力，是与农业关联度最强的产业，是科技创新与科技成果转化的重要领域，是吸纳劳动就业人口最多的行业。医药产业是国民经济的重要组成部分，我国目前已成为全球最大的药物制剂生产国，疫苗产品的最大生产国和化学原料药重要生产出口大国。2020 年，食品工业完成工业增加值占全国工业增加值的比重达到 10.8%[1]，医药工业实现营业收入 27960.3 亿元[2]。网络经济（本文用网络经济指称数字经济或者平台经济）是生产力新的组织方式，是经济发展新动能，对提高资源配置效率，推进产业跨界融通，促进国民经济循环各环节贯通，带动大众创业万众创新，增加就业、满足消费，推动产业信息化、数字化、智能化演进升级，提高国家治理智能化、现代化、精准化水平都有重要作用。尤其是新冠肺炎疫情突发以来，网络经济已成为稳定经济增长的关键动力和新亮点，成为保就业、保民生、保市场主体的重要渠道。我国网络经济持续快速发展，连续多年保持全球规模最大、最具活力的网络零售市场地位。截至 2020 年底，中国网民规模为 9.89 亿人，移动互联网用户总数超过 16 亿人[3]；数字经济规模达到 39.2 万亿元，占 GDP 的比重达 38.6%[4]。2020 年全国电子商务从业人员超过 6000 万人。

党的十八大以来，党中央全面深化改革，贯彻新发展理念，推进高质量发展，作出一系列重大决策部署，出台一大批重大改革举措，强化食品药品质量安全工作，推进网络经济依法规范发展。按照党中央的决策部署，立法机关、执法机关和司法机关不断强化食品药品法治建设和网络法治建设，坚持改革创新，坚持问题导向和目标导向，对网络食品药品质量安全和网络依法治理进行了积极探索，食品药品网络交易法律法规体系逐步健全，市场主体责任不断强化落实，最严格的食品药品安全监管秩序和风清气正的网络监管秩序正在加快形成，依法保障网络食品药品安全的社会共治格局逐步形

---

① 《中国食品工业协会副秘书长张京玉：食品工业是名副其实的国民经济支柱产业》，每日经济新闻官方账号，2021 年 4 月 6 日。

② 中国化学制药工业协会：《2020 年中国化学制药行业经济运行报告》。

③ 中国网络空间研究院编著《中国互联网发展报告（2021）》，电子工业出版社，2021。

④ 中国网络空间研究院编著《中国互联网发展报告（2021）》，电子工业出版社，2021。

成，重大食品药品安全风险和网络交易风险得到有效控制，人民群众饮食用药安全和消费者合法权益得到充分保障，网络食品药品安全形势和秩序持续向好。2020 年，市场监管部门对市场上销售的全部 34 大类食品完成监督抽检 638 万余批次，总体合格率为 97.69%，其中婴幼儿配方食品的合格率为99.89%①；全国药品监管部门抽检药品 1.82 万批次，总体合格率为 99.43%②。

与此同时，我国食品药品领域产业基础薄弱，治理体系和治理能力还存在不足，质量安全标准体系还不健全，风险监测评估预警工作还存在短板，企业主体责任意识不强，牟利性故意违法犯罪还高发频发，监管制度规则还不够健全。再加上网络经济具有虚拟性、远程性、隐蔽性等特点，使得原来现场交易中的市场主体、交易对象、交易条件、交易途径的真实性、确定性发生变化，再加上监管体制适应性不够，违法行为和安全风险的识别和防控难度增加，维护消费者权益的途径、程序、方式呈现出复杂性，实践中出现了一些网络食品药品违法犯罪行为不能及时被查处制止的现象，网络食品药品安全形势依然复杂严峻，距离人民群众的期待还存在较大距离，改革创新与依法治理还需持续深入推进。

一　党中央、国务院关于食品药品安全和
网络经济治理的重大决策部署

党中央、国务院一直高度重视食品药品质量安全和网络经济的发展规范工作，作出了一系列重大决策部署。在食品药品安全方面，2013 年 12 月，习近平总书记在中央农村工作会议上强调，能不能在食品安全上给老百姓一个满意的交代，是对我们执政能力的重大考验；要用最严谨的标准、最严格的监管、最严厉的处罚、最严肃的问责，确保广大人民群众"舌尖上的安

---

① 国家市场监督管理总局 2020 年食品安全监督抽检情况通报。
② 《药品监督管理统计年度报告（2020 年）》。

全"。2015 年 5 月，习近平总书记在主持中共中央政治局第二十三次集体学习时强调，要切实加强食品药品安全监管，用最严谨的标准、最严格的监管、最严厉的处罚、最严肃的问责，加快建立科学完善的食品药品安全治理体系。2015 年 7 月，习近平总书记强调，药品安全责任重于泰山；保障药品安全是技术问题、管理工作，也是道德问题、民心工程。2016 年 1 月，习近平总书记对食品安全工作作出重要指示，强调确保食品安全是民生工程、民心工程，是各级党委、政府义不容辞之责。2017 年 7 月，习近平总书记在中央全面深化改革领导小组第三十七次会议上强调，药品医疗器械质量安全和创新发展，是建设健康中国的重要保障。2017 年 10 月，中共中央办公厅、国务院办公厅印发了《关于深化审评审批制度改革鼓励药品医疗器械创新的意见》，要求改革临床试验管理，加快上市审评审批，促进药品创新和仿制药发展，加强药品医疗器械全生命周期管理，提升技术支撑能力。2018 年 7 月，习近平总书记对吉林长春长生生物疫苗案件作出重要指示，指出，确保药品安全是各级党委和政府义不容辞之责，要始终把人民群众的身体健康放在首位。2018 年 8 月，习近平总书记在中共中央政治局常务委员会听取关于吉林长春长生公司问题疫苗案件调查及有关问责情况汇报的会议上强调，疫苗关系人民群众健康，关系公共卫生安全和国家安全。2019 年 2 月，中共中央办公厅、国务院办公厅印发《地方党政领导干部食品安全责任制规定》，要求紧紧抓住地方党政领导干部这个"关键少数"，明确地方各级党委和政府对本地区食品安全工作负总责，主要负责人是本地区食品安全工作第一责任人。2019 年 5 月，中共中央、国务院出台了《关于深化改革加强食品安全工作的意见》，强调要推进"互联网＋食品"监管，要求建立基于大数据分析的食品安全信息平台，推进大数据、云计算、物联网、人工智能、区块链等技术在食品安全监管领域的应用，实施智慧监管，逐步实现食品安全违法犯罪线索网上排查汇聚和案件网上移送、网上受理、网上监督，提升监管工作信息化水平；要求严格落实网络订餐平台责任，保证线上线下餐饮同标同质，保证一次性餐具制品质量安全，所有提供网上订餐服务的餐饮单位必须有实体店经营资格。2021 年，国务院办公厅印发《关于全面加强药品监管能力建设的实施意见》，要求提升"互联网＋药品监管"应用服务水平，坚持以网管网，推进网络监测系统建设，加强网络销售行为监督检查，强化网络第三方平台管理，提高对药品、医疗器械和化妆品网络交易的质量监管能力。

在网络交易方面，2015 年，国务院出台《关于积极推进"互联网＋"行动的指导意见》，要求针对互联网与各行业融合发展的新特点，加快"互联网＋"相关立法工作，研究调整完善不适应"互联网＋"发展和管理的现行法规及政策规定。2016 年 4 月，国务院办公厅发布《关于深入实施"互联网＋流通"行动计划的意见》（国办发〔2016〕24 号），要求适应"互联网＋流通"发展需要，不断创新监管手段，采取合理的监管方式，加强事中事后监管，加大对侵权假冒、无证无照经营、虚假交易等行为的打击力度，保障群众买到质优价廉的商品，放心消费、安全消费。2016 年 9 月，国务院出台《关于加快推进"互联网＋政务服务"工作的指导意见》（国发〔2016〕55 号），明确提出，凡是能通过网络共享复用的材料，不得要求企业和群众重复提交；凡是能通过网络核验的信息，不得要求其他单位重复提供；凡是能实现网上办理的事项，不得要求必须到现场办理。2017 年 1 月，中共中央办公厅、国务院办公厅印发《关于促进移动互联网健康有序发展的意见》，在防范移动互联网安全风险部分强调，要提升网络安全保障水平，维护用户合法权益，打击网络违法犯罪，增强网络管理能力。2019 年 8 月，国务院办公厅发布《关于促进平台经济规范健康发展的指导意见》（国办发〔2019〕38 号），要求探索适应新业态特点、有利于公平竞争的公正监管办法，科学合理界定平台责任，维护公平竞争市场秩序，建立健全协同监管机制，积极推进"互联网＋监管"。2019 年 10 月，党的十九届四中全会强调，要建立健全网络综合治理体系，加强和创新互联网内容建设，落实互联网企业信息管理主体责任，全面提高网络治理能力，营造清朗的网络空间。2021 年 3 月，习近平总书记在中央财经委员会第九次会议上强调，要从构筑国家竞争新优势的战略高度出发，坚持发展和规范并重，把握平台经济发展规律，建立健全平台经济治理体系，明确规则，划清底线，加强监管，规范秩序，更好统筹发展和安全、国内和国际，促进公平竞争，反对垄断，防止资本无序扩张；要加强平台各市场主体权益保护，督促平台企业承担商品质量、食品安全保障等责任。

二　网络食品药品立法取得积极进展

根据党中央的决策部署，全国人大常委会、国务院和有关部门，结合网络食品药品治理的规律和特点，坚持改革方向、问题导向和目标导向，持续推进法治建设，在网络食品药品质量安全依法治理方面开展积极探索，取得积极成效。

关于食品安全，全国人大常委会 2015 年对《食品安全法》70% 的内容进行了实质性修改，后又经过两次修订。国务院较大幅度修订出台了《食品安全法实施条例》，以及与食品安全监管密切相关的《生猪屠宰条例》《食盐专营办法》《粮食流通管理条例》等行政法规。国务院食品安全监管部门出台了食品生产经营许可、婴幼儿配方乳粉产品注册、特殊医学用途配方食品注册、保健食品注册与备案、食品安全抽样检验、食品生产经营日常监督检查、食用农产品市场销售、学校食品安全与营养健康、食盐质量安全监督、网络餐饮服务食品安全、食品召回、网络食品安全违法行为查处等领域的部门规章。国务院卫生健康主管部门出台了《新食品原料安全性审查管理办法》；海关总署修订出台了《进出口食品安全管理办法》。各省、自治区、直辖市均按照食品安全法的规定，结合辖区实际，以地方性法规或政府规章的形式出台了食品生产加工小作坊和食品摊贩等的管理办法。

在药品安全方面，2019 年，全国人大常委会新制定了《疫苗管理法》，提出一系列改革完善我国疫苗管理制度的重大举措，被称作"全球首部针对疫苗治理的综合性法律"。同时，较大幅度修订出台了《药品管理法》，坚持以问题为导向，坚持以创新为驱动，充分借鉴国际监管的先进经验，考虑中国药品管理国情，为构建科学、严格、高效、透明的药品治理体系奠定法治基础。2020 年，国务院修订出台《化妆品监督管理条例》，基本上对

1989 年的《化妆品卫生监督条例》进行了全新的修改。2020 年，国务院还较大幅度修订出台了《医疗器械监督管理条例》，强化医疗器械全生命周期管理。国家市场监管总局会同国家药监局加快配套规章的制、修订进程，出台了药品注册、药品生产、生物制品批签发、化妆品注册备案、化妆品生产经营、医疗器械注册与备案、体外诊断试剂注册与备案等领域的部门规章。

在网络治理方面，2016 年全国人大常委会通过的《网络安全法》，是国家安全立法体系的重要组成部分，是贯彻落实网络强国战略的重要一环，对于完善我国在网络空间的治理体系具有基础性意义。2018 年，全国人大常委会通过了《电子商务法》，为电子商务由高速度增长迈进高质量发展提供了有力的法律保障。2021 年 6 月，全国人大常委会通过的《数据安全法》是数据领域的基础性法律。2021 年 8 月，全国人大常委会通过的《个人信息保护法》是我国首部针对个人信息保护的专门性立法。

三　构建网络食品药品相关重要
法律制度的积极探索

随着全面依法治国的深入推进，我国逐步形成了相互配合、有效衔接的网络食品药品安全法律法规体系，主要包括：宪法；民事、行政、刑事基本法律，电子商务法、网络安全法、数据安全法等网络交易基础法律；公司法、反不正当竞争法、广告法、消费者权益保护法、市场主体登记管理条例等市场秩序监管法律行政法规；食品安全法、药品管理法、医疗器械监督管理条例、化妆品监督管理条例等食品药品安全专门法律法规和配套规章，以及电信条例、电子签名法等其他相关法律法规。上述法律、法规和规章，在网络食品药品安全依法治理的探索中，取得以下四个方面的积极进展。

（一）形成了网络交易相关法律、行政法规适用的基本原则和规则

1. 线上线下一致原则

电子商务法第二条规定，法律、行政法规对销售商品或者提供服务有规

定的，适用其规定。根据专家分析，这有两层含义：一是线上线下一致原则。法律、行政法规对线下销售商品或者提供服务有规定的，也同样适用于网络交易的商品和服务。二是特别法优于一般法。现有的法律、行政法规，或者将来制定的法律、行政法规，对相关领域的网络交易的商品或者服务有规定的，适用其规定。除第二条外，电子商务法还将线上线下一致作为一项立法原则予以确立。该法第四条规定，国家平等对待线上线下商务活动，促进线上线下融合发展。食品药品立法也坚持了线上线下一致原则。如药品管理法第六十一条做了更为明确的规定，药品上市许可持有人、药品经营企业通过网络销售药品，应当遵守本法药品经营的有关规定。此外，广告法也确立了该项原则，该法第四十四条规定，利用互联网从事广告活动，适用广告法的各项规定。根据线上线下一致原则，食品药品立法中规定的风险分析管理、食品药品标准、生产经营者承担食品药品安全第一责任、严格行政许可、全过程预防和控制、食品药品可追溯、食品药品召回、信用监管、责任约谈、信息统一公布和舆情引导、突发事件应急处理、举报奖励、最严厉处罚等条目，除因特殊情况不能适用网络交易外，都应当同时适用于线上和线下的食品药品交易。

2. 特别法优于一般法的原则

2018年8月，全国人大财政经济委员会在新闻发布会上表示，电子商务法是电子商务领域的一部基础性的法律，但因为制定得比较晚，所以其中的一些制度在其他法律中间都有涉及，所以电子商务法不能包罗万象；电子商务立法中就针对电子领域特有的矛盾来解决其特殊性的问题，在整体上能够处理好电子商务法与已有的一些法律之间的关系，重点规定其他法律没有涉及的问题，弥补现有法律制度的不足。也就是说，电子商务法在处理与其他法律的关系时，采取了包容谦让的态度，按照特别法优于一般法的原则予以处理，也就是说法律、行政法规对销售商品或者提供服务有规定的，适用其规定。这与立法法第九十二条的规定是一致的。正如上文所述，这也是电子商务法第二条题中应有之义。同时，电子商务法还有大量的条款体现了该项原则。如关于个人信息保护，第二十三条规定，电子商务经营者收集、使用其用户的个人信息，应当遵守法律、行政法规有关个人信息保护的规定。关于提供电子数据信息，第二十五条规定，有关主管部门依照法律、行政法规的规定要求电子商务经营者提供有关电子商务数据信息的，电子商务经营者应当提供。关于跨境电子商务，第二十六条规定，电子商务经营者从事跨境电子商务，应当遵守进出口监督管理的法律、行政法规和国家有关规定。

具体到网络食品药品治理领域，食品药品法律、行政法规对食品药品网络销售作出特别规定的，则适用特别规定。如关于信息报告，电子商务法第二十五条规定，有关主管部门依照法律、行政法规的规定要求电子商务经营者提供有关电子商务数据信息的，电子商务经营者应当提供。对此，食品安全法实施条例第三十二条做了专门规定，县级以上人民政府食品安全监督管理部门开展食品安全监督检查、食品安全案件调查处理、食品安全事故处置确需了解有关信息的，经其负责人批准，可以要求网络食品交易第三方平台提供者提供，网络食品交易第三方平台提供者应当按照要求提供。

3. 专门法律没有特别规定的，适用电子商务法的一般规定

电子商务法是电子商务领域的基础法，其他法律、行政法规没有规定的，应当适用电子商务法的相关规定。

一是关于网络交易的基本概念和适用范围。电子商务法界定了电子商务经营者、电子商务平台经营者、平台内经营者的含义。该法第九条规定，电子商务经营者，是指通过互联网等信息网络从事销售商品或者提供服务的经营活动的自然人、法人和非法人组织，包括电子商务平台经营者、平台内经营者以及通过自建网站、其他网络服务销售商品或者提供服务的电子商务经营者。电子商务平台经营者，是指在电子商务中为交易双方或者多方提供网络经营场所、交易撮合、信息发布等服务，供交易双方或者多方独立开展交易活动的法人或者非法人组织。平台内经营者，是指通过电子商务平台销售商品或者提供服务的电子商务经营者。

考虑到消费者权益保护法、食品安全法、药品管理法、医疗器械监督管理条例等法律、行政法规以及国家市场监管总局和国家药监局的"三定"规定，使用的概念术语包括网络交易平台、网络交易第三方平台提供者、互

联网销售第三方平台、电子商务平台经营者、入网经营者、进入平台经营的经营企业等，而且 2014 年原国家工商行政管理总局第 60 号令使用的名称就是《网络交易管理办法》，为做好法律适用的衔接，国家市场监管总局新修订出台的第 37 号令《网络交易监督管理办法》，在名称和具体表述上与相关法律、行政法规做了衔接，在实质含义上和逻辑构架上与电子商务法保持了一致。也就是说，网络交易办法中的网络交易经营者、网络交易平台经营者、平台内经营者等概念，与电子商务法中表述的电子商务经营者、电子商务平台经营者、平台内经营者的含义实质是一致的。关于通过社交网络平台或者网络直播等销售商品或者服务的行为是否属于网络交易，相关平台是否属于网络交易平台，微商是否适用食品安全法，曾存在争议。对此，《网络交易监督管理办法》第七条进行了明确，规定网络社交、网络直播等网络服务提供者为经营者提供网络经营场所、商品浏览、订单生成、在线支付等网络交易平台服务的，应当依法履行网络交易平台经营者的义务。

二是关于市场主体登记。电子商务法第十条规定，电子商务经营者应当依法办理市场主体登记。但是，个人销售自产农副产品、家庭手工业产品，个人利用自己的技能从事依法无须取得许可的便民劳务活动和零星小额交易活动，以及依照法律、行政法规不需要进行登记的除外。关于个人利用自己的技能从事依法无须取得许可的便民劳务活动和零星小额交易活动，《网络交易监督管理办法》进行了明确，是指个人通过网络从事保洁、洗涤、缝纫、理发、搬家、配制钥匙、管道疏通、家电家具修理修配等依法无须取得许可的便民劳务活动，不需要办理市场主体登记。经请示权威机构，并商有关部门，结合我国网络经济客观实际，《网络交易监督管理办法》第八条还明确，个人从事网络交易活动，年交易额累计不超过 10 万元的，属于电子商务法第十条规定的免于市场主体登记的零星小额交易活动。同一经营者在同一平台或者不同平台开设多家网店的，各网店交易额合并计算；个人从事的零星小额交易须依法取得行政许可的，应当依法办理市场主体登记。关于市场主体登记中的网络经营场所，为适应网络经济的快速发展，推进"放管服"改革，持续优化营商环境，落实"六稳六保"任务，《网络交易监督管理办法》第九条规定，仅通过网络开展经营活动的平台内经营者申请登记为个体工商户的，可以将网络经营场所登记为经营场所，将经常居住地登记为住所。2021年8月，国务院颁布的《市场主体登记管理条例》，总结提升市场监管部门改革经验，规定电子商务平台内的自然人经营者可以根据国家有关规定，将电子商务平台提供的网络经营场所作为经营场所。

三是关于在网上销售违法商品或者服务的法律责任。电子商务法第十三条规定，电子商务经营者销售的商品或者提供的服务应当符合保障人身、财产安全的要求和环境保护要求，不得销售或者提供法律、行政法规禁止交易的商品或者服务。该法第七十五条规定了相应的法律责任，电子商务经营者违反本法第十三条规定，未取得相关行政许可从事经营活动，或者销售、提供法律、行政法规禁止交易的商品、服务，依照有关法律、行政法规的规定处罚。鉴于实践中存在一些危害国家安全、公共安全、公共利益和公序良俗的商品或者服务，虽然法律、行政法规有禁止性规定，但没有相应的行政法律责任，《网络交易监督管理办法》在规章的权限范围内，对相关法律义务和责任做了补充规定。该规章第二十九条和第四十九条规定，网络交易平台经营者发现平台内的商品或者服务信息有违反市场监督管理法律、法规、规章，损害国家利益和社会公共利益，违背公序良俗的，应当依法采取必要的处置措施，保存有关记录，并向平台所在地县级以上市场监督管理部门报告。违反上述规定，法律、行政法规有规定的，依照其规定；法律、行政法规没有规定的，由市场监督管理部门依职责责令限期改正，可以处一万元以上三万元以下罚款。

四是关于信息公示义务。电子商务法第十五条规定，电子商务经营者应当在其首页显著位置，持续公示营业执照信息、与其经营业务有关的行政许可信息、属于电子商务法第十条规定的不需要办理市场主体登记情形等信息，或者上述信息的链接标识。第三十三条规定，电子商务平台经营者应当在其首页显著位置持续公示平台服务协议和交易规则信息或者上述信息的链接标识，并保证经营者和消费者能够便利、完整地阅览和下载。第三十四条规定，电子商务平台经营者修改平台服务协议和交易规则，应当在其首页显著位置公开征求意见，采取合理措施确保有关各方能够及时充分表达意见。电子商务法还规定了违反上述要求的法律责任。

五是关于公平交易义务。电子商务法专门针对电子商务平台经营者设定了公平交易的义务和责任。（1）不得滥用优势地位。该法第三十五条规定，电子商务平台经营者不得利用服务协议、交易规则以及技术等手段，对平台内经营者在平台内的交易、交易价格以及与其他经营者的交易等进行不合理限制或者附加不合理条件，或者向平台内经营者收取不合理费用。这里需要注意，适用电子商务法第三十五条时，不需要界定相关市场，也不需要认定市场支配地位。（2）规范搭售行为。电子商务法第十九条规定，电子商务经营者搭售商品或者服务，应当以显著方式提请消费者注意，不得将搭售商品或者服务作为默认同意的选项。（3）制约大数据杀熟。电子商务法第十八条第一款规定，电子商务经营者根据消费者的兴趣爱好、消费习惯等特征向其提供商品或者服务的搜索结果的，应当同时向该消费者提供不针对其个人特征的选项，尊重和平等保护消费者合法权益。

六是关于信用评价制度。信用评价有助于实现消费者的监督权、知情权和选择权，是社会共治的重要途径和手段。电子商务法第三十九条规定，电子商务平台经营者应当建立健全信用评价制度，公示信用评价规则，为消费者提供对平台内销售的商品或者提供的服务进行评价的途径。电子商务平台经营者不得删除消费者对其平台内销售的商品或者提供的服务的评价。

4. 转致适用其他相关法律、行政法规的规定

电子商务法对消费者权益保护、反垄断、公平竞争、知识产权保护等方面的有些内容作了援引性的规定，并明确相关规定转致适用相关法律和行政法规的规定。如电子商务法第十三条关于网络商品或者服务符合保障人身、财产安全的要求，第十四条关于购货凭证或者服务单据，第六十条关于消费争议解决途径等内容都与消费者权益保护法做了比较一致或者比较接近的表述。第十七条关于虚假宣传的内容，与反不正当竞争法第八条的内容基本一致。第二十二条关于滥用市场支配地位的内容，实质上涵盖在反垄断法第十八条规定的认定经营者具有市场支配地位应当依据的因素中。同时，第八十五条还规定，违反上述规定，依照有关法律的规定处罚。

（二）明确了食品药品网络交易相关主体的义务和责任

在网络食品药品依法治理的积极探索中，相关法律、行政法规逐步确立了网络交易平台、入网经营者、监管部门等参与主体的义务和责任。

1. 明晰了网络交易平台义务和法律责任

一是明晰网络交易平台义务。目前，食品药品立法主要确立了网络交易平台对入网经营者承担实名登记、审查许可证或者备案情况、经营行为管理、及时制止并向监管部门报告、对严重违法行为停止提供网络交易平台服务等义务。如食品安全法第六十二条规定，网络食品交易第三方平台提供者应当对入网食品经营者进行实名登记，明确其食品安全管理责任；对依法应当取得许可证的，还应当审查其许可证。网络食品交易第三方平台提供者发现入网食品经营者有违反本法规定行为的，应当及时制止并立即报告所在地县级人民政府食品安全监督管理部门；发现严重违法行为的，应当立即停止提供网络交易平台服务。《网络食品安全违法行为查处办法》对此条规定的"严重违法行为"进行了细化明确。根据 2018 年国家药品监督管理局"三定"规定，省级药品监督管理部门负责互联网销售第三方平台备案及检查和处罚。为此，药品管理法对网络交易平台经营者设定的义务，还包括向省级药品监管部门备案《医疗器械监督管理条例》对网络平台经营者设定的义务，还包括要审查入网经营者的备案情况以及所经营医疗器械产品注册、备案情况，对入网经营者的经营行为进行管理。考虑到化妆品没有经营许可或者备案，《化妆品监督管理条例》关于网络交易平台的法律义务的设定中没有规定审查许可或者备案的要求，其他内容与食品安全法的相关规定基本一致。

二是网络交易平台的行政法律责任。食品安全法第一百三十一条明确了违反该法第六十二条规定的行政法律责任，即由县级以上人民政府食品安全监督管理部门责令改正，没收违法所得，并处五万元以上二十万元以下罚款；

造成严重后果的，责令停业，直至由原发证部门吊销许可证。《网络食品安全违法行为查处办法》对此条规定的"严重后果"进行了细化明确。关于药品网络交易平台违反相关义务的法律责任，药品管理法规定了较为严格的行政法律责任，该法第一百三十一条规定，违反本法规定，药品网络交易第三方平台提供者未履行资质审核、报告、停止提供网络交易平台服务等义务的，责令改正，没收违法所得，并处二十万元以上二百万元以下的罚款；情节严重的，责令停业整顿，并处二百万元以上五百万元以下的罚款。关于医疗器械和化妆品网络交易平台违反相关法律义务的行政法律责任，医疗器械监督管理条例和化妆品监督管理条例均规定转致适用电子商务法的相关规定。

三是网络交易平台的民事法律责任。食品安全法明确了网络交易平台未履行法定义务导致消费者合法权益受到损害的民事法律责任。（1）连带责任。网络食品交易第三方平台提供者未对入网食品经营者进行实名登记、审查许可证，或者未履行报告、停止提供网络交易平台服务等义务，使消费者的合法权益受到损害的，应当与食品经营者承担连带责任。（2）明确民事赔偿程序。消费者通过网络食品交易第三方平台购买食品，其合法权益受到损害的，可以向入网食品经营者或者食品生产者要求赔偿。网络食品交易第三方平台提供者不能提供入网食品经营者的真实名称、地址和有效联系方式的，由网络食品交易第三方平台提供者赔偿。网络食品交易第三方平台提供者赔偿后，有权向入网食品经营者或者食品生产者追偿。网络食品交易第三方平台提供者作出更有利于消费者承诺的，应当履行其承诺。这与消费者权益保护法第四十四条的规定保持了一致。药品管理法没有专门规定网络交易平台的民事法律责任，按照没有特别规定适用一般规定的原则，应当适用电子商务法关于网络交易平台的民事法律责任。医疗器械监督管理条例与化妆品监督管理条例，属于行政法规，因为法律位阶的原因，无法设定民事法律责任，因而医疗器械和化妆品网络交易平台的民事法律责任也应当适用电子商务法第三十八条的相关规定。

2. 入网经营者的义务

入网经营者除了遵守基本法律、网络交易基础性法律规定的法律义务，以及食品药品线下交易应当遵守的法律义务外，还应当遵守相关专门法律规定的入网食品药品经营者的义务。如医疗器械监督管理条例第四十六条专门规定了入网医疗器械经营者的义务，从事医疗器械网络销售的，应当是医疗器械注册人、备案人或者医疗器械经营企业。从事医疗器械网络销售的经营者，应当将从事医疗器械网络销售的相关信息告知所在地设区的市级人民政府负责药品监督管理的部门。

（三）明确了药品网络交易的基本规则

药品管理法第六十一条从三个方面对网上销售药品作出规定：一是严格禁止网上销售实行特殊管理的药品，规定疫苗、血液制品、麻醉药品、精神药品、医疗用毒性药品、放射性药品、药品类易制毒化学品等国家实行特殊管理的药品不得在网络上销售。从逻辑上理解，药品管理法只是禁止了实行特殊管理的药品在网上销售，并没有禁止网上销售国家实行特殊管理以外的其他药品，即包括处方药在内的其他药品原则上都允许按照规定在网上销售。二是网上销售药品应当遵守药品管理法关于药品经营的有关规定。按照线上线下一致的原则，网上销售药品应当遵守线下药品销售的相关规定。如，从事药品经营活动应当遵守药品经营质量管理规范，建立健全药品经营质量管理体系，保证药品经营全过程持续符合法定要求。药品经营企业购进药品，应当建立并执行进货检查验收制度，验明药品合格证明和其他标识。药品经营企业购销药品，应当有真实、完整的购销记录。药品经营企业零售药品应当准确无误，并正确说明用法、用量和注意事项。三是制定具体管理办法。药品网络销售的具体管理办法由国务院药品监督管理部门会同国务院卫生健康主管部门等部门制定。

（四）强化网络销售食品药品的监督管理要求

一是"神秘买家"抽样制度。网络销售食品的监督抽检，无法满足"抽样人员执行现场抽样任务时不得少于 2 人，并向被抽样食品生产经营者出示抽样检验告知书及有效身份证明文件"等要求，而且如果监管部门表明身份再买样品，可能会出现有的经营者不愿意卖给样品，或者故意提供与网上销售商品不一致的样品，影响监督抽样的客观、公正和效率。为保障消费者食品安全，同时为保证监管部门科学公正执法，提高监管执法效率和效果，《网络食品安全违法行为查处办法》和《食品安全抽样检验管理办法》两部规章，结合网络经营的特点，构建了"神秘买家"抽样制度。

二是强化信息报告的义务。电子商务法第二十八条规定，电子商务平台经营者应当按照规定向市场监督管理部门报送平台内经营者的身份信息。市场监督管理总局第37号令《网络交易监督管理办法》对上述规定进行了细化，该规章第二十二条规定，网络交易经营者应当按照国家市场监督管理总局及其授权的省级市场监督管理部门的要求，提供特定时段、特定品类、特定区域的商品或者服务的价格、销量、销售额等数据信息。第二十五条对身份信息的范围进行了细化明确。

三是明确违法行为管辖权。关于违法行为的查处，行政处罚法第二十二条规定，行政处罚由违法行为发生地的行政机关管辖。法律、行政法规、部门规章另有规定的，从其规定。国家市场监管总局2号令《市场监督管理行政处罚程序规定》专门对网络违法行为查处的管辖权做了规定，《网络食品安全违法行为查处办法》对网络食品安全违法行为的管辖做了专门规定。

四　关于网络食品药品依法治理的进一步思考

改革永远在路上。下一步，在网络食品药品安全依法治理的积极探索中，除了继续深入研究食品药品安全和网络治理的科学规律、客观实际，关注改革与法治的良性互动、政府与市场的边界，降低合规性制度成本外，还应当具体从以下四个方面进行研究完善。

（一）进一步优化网络交易基础法律与专门法律的体系

根据上述分析，现行食品药品网络交易法律体系一方面是立法机关积极构建的成果，另一方面也在很大程度上具有自然演进的特点，既充分尊重了原有相关领域法律和行政法规规定，也对未来相关领域法律、行政法规留足了空间。这使得电子商务法具有比较明显的补充和兜底特征，整体统筹谋划的特征稍微弱了一些，从而使得网络交易法律体系的整体性、协同性还存在一定程度的不足。如，关于网络监管执法中的个人基本权利保护、管辖权、执法程序、证据规则、网络食品药品交易的民事连带责任等制度，在基本法律中缺乏充足清晰的表述，这使得网络交易基础法律和专门法律在构建相关制度时缺少统一的尺度，导致不同法律出现相关规定缺失、表述不一致等问题。还有些制度在基础法律与专门法律中的法律责任出现不平衡的问题，如关于网络交易平台对平台内经营者侵害消费者合法权益行为未采取必要措施，未履行资质审核义务，对消费者未尽到安全保障义务等违法行为的行政罚款法律责任，重于食品安全法规定的行政法律责任，也就是说对于一般商品的法律责任，重于对实行最严格监管食品的法律责任。也有些制度，除了因线上线下存在的客观区别无法适用外，在市场主体登记、反垄断、反不正当竞争、广告、消费者权益保护等法律法规中都已经有清晰表述，如还在网络交易基础法律中做重复或者是表述不一的规定，将会导致法律关系交叉重复，增加监管执法适用难度。此外，法律概念术语的不统一，也影响了相关法律制度的严肃性和使用的精准性。因此，从统筹构建法律体系的角度分析研究，在网络时代，哪些制度应当在基本法律中规定，哪些制度应当在基础法律中规定，专门法律应当补充哪些内容，如何处理相关法律之间的关系？需要研究法律责任的科学性、精准性与平衡性，需要研究相关法律概念的统一性和通用性。同时，在实体内容进一步统筹完善的基础上，还可以进一步研究强化电子商务法优先适用的基础地位，明确电子商务法未作规定的，再适用其他法律、行政法规的规定。

（二）加快研究完善网络时代的地域化管理制度

对于传统经济时代存在的地域化管理制度，需要重新审视，研究完善。如食盐批发制度。食盐专营办法规定，国家实行食盐定点批发制度。非食盐定点批发企业不得经营食盐批发业务。省、自治区、直辖市人民政府盐业主管部门按照统一规划、合理布局的要求审批确定食盐定点批发企业，颁发食盐定点批发企业证书，及时向社会公布食盐定点批发企业名单，并报国务院盐业主管部门备案。根据《国务院关于印发盐业体制改革方案的通知》（国发〔2016〕25号），省级食盐批发企业可开展跨省经营，省级以下食盐批发企业可在本省（区、市）范围内开展经营。在网络经济时代，如何区分批发和零售，如何确保相关批发企业在一定地域范围内经营，都存在难题，对这些规定的科学性、必要性需要进一步研究论证。再如，食品安全法规定，食品生产加工小作坊和食品摊贩等的具体管理办法由省、自治区、直辖市制定。目前31个省、自治区、直辖市都对食品生产加工小作坊和食品摊贩的管理作出了规定。有的省份对一些食品网络销售做了禁止性规定，《浙江省食品小作坊小餐饮店小食杂店和食品摊贩管理规定》要求，食品摊贩不得从事网络食品经营，这对于别的省份的食品摊贩在网络上销售相关食品的管理，将存在一定的难题。又如，《河北省食品小作坊小餐饮小摊点管理条例》规定，小摊点不得销售散装白酒、食品添加剂、保健食品、特殊医学用途配方食品、婴幼儿配方食品、婴幼儿辅助食品等法律、法规禁止经营的高风险食品；那么，别的省份的小摊点在网上销售上述产品，涉及河北范围内的，河北省将如何执法？这也是一个难题。又如药品管理法规定，中药饮片应当按照国家药品标准炮制；国家药品标准没有规定的，应当按照省、自治区、直辖市人民政府药品监督管理部门制定的炮制规范炮制。对于按照一个省份的炮制规范炮制的中药饮片，在网上被销售到另一个省份，如何监管执法？这里也存在难题。在网络经济时代，一些地方制定的管理制度牵涉全国范围时，就面临监管执法的难题，需要进一步研究分析论证、修改完善。此外，还需关注跨境电子商务国内外法律适用平等原则和对等原则的落实问题。

（三）构建适应数字经济时代的上下级政府指挥调度制度机制

在网络经济时代，在万物互联时代，每一个生产经营者、每一件商品、每一个消费者、每一个监管部门，都是互联网上的一个节点。每一个节点上的信息、风险所带来的影响都可能是全国范围的，甚至可能沿着互联网快速到达世界各个角落。为此，如何构建适应互联网时代的监督管理体制，适应和促进网络经济发展的治理体系将是一个非常重要的课题。在互联网时代，如何不断改进政府的治理体系和治理能力，确保能够及时有效地防控食品药品风险，将具有非常重要的意义。具体来讲，可以研究构建数字经济时代地方政府监管部门对重大事故、重大案件、重大舆情的网络直报系统，避免层层报告影响决策和执行效率效果；可以研究构建国家层面直接分析研判系统和指挥调度系统，明确由中央一级政府及部门直接管理、直接调度、直接指挥的重大事件处置、重大案件查处、重大舆情引导原则、制度、机制和程序。

（四）进一步形成更大范围的共识

药品管理法通过前，考虑到药品尤其是处方药存在较高风险，国家一直采取较为谨慎的态度，不允许处方药在网上销售。如经党中央国务院批准，国家发展改革委、商务部发布的 2018 年版和 2019 年版《市场准入负面清单》，明确规定药品生产、经营企业不得违反规定采用邮寄、互联网交易等方式直接向公众销售处方药。2019 年药品管理法修订过程中，修订草案征求意见稿曾规定"药品上市许可持有人、药品经营企业不得通过药品网络销售第三方平台直接销售处方药"。

随着网络经济快速发展，为便利消费者购药，降低服务成本，提高服务效率，2018 年，国务院办公厅《关于促进"互联网＋医疗健康"发展的意见》（国办发〔2018〕26 号）在完善"互联网＋"药品供应保障服务部分提出，对线上开具的常见病、慢性病处方，经药师审核后，医疗机构、药品经营企业可委托符合条件的第三方机构配送。探索医疗卫生机构处方信息与药品零售销售信息互联互通、实时共享，促进药品网络销售和医疗物流配送等规范发展。考虑到网上售药的改革实践已经在持续推进，并取得了积极成效，根据各方反映的意见情况，2019 年药品管理法在修订过程中对网络销售处方药的态度发生了改变，在严格管理、确保安全的情况下实际上允许了处方药网络销售。药品管理法通过后，互联网诊疗，药品网络销售的改革进程持续加快，有关部门积极推进药品网络销售管理办法的制定。2021 年，国务院办公厅《关于以新业态新模式引领新型消费加快发展的意见》（国办发〔2020〕32 号）提出，积极发展互联网健康医疗服务，大力推进分时段预约诊疗、互联网诊疗、电子处方流转、药品网络销售等服务。《国务院办公厅关于服务"六稳""六保"进一步做好"放管服"改革有关工作的意见》（国办发〔2021〕10 号）提出，在确保电子处方来源真实可靠的前提下，允许网络销售除国家实行特殊管理的药品以外的处方药。从客观实际来看，如何在药品网络销售管理办法中推进"电子处方流转"，落实"电子处方来源真实可靠"，需要药品监管、卫生健康、医疗保障、市场监督管理等部门广泛听取意见，深入分析研究，加强沟通协调，积极推动改革，坚守食品药品安全底线，取得更大范围、更深程度的共识，加强和改善制度供给。

网红食品现象、问题及治理探讨

王伟国[*]

内容摘要："网红食品"安全治理要在把握"网红食品"突出特点的基础上，牢固树立社会共治理念，实行精准分类施治方针，注重运用科学有效的管理工具，加强科普与风险教育，实现标本兼治。基于消费者在"网红食品"安全治理中扮演着非同一般的角色，监管部门要从"网红食品"体现的眼球经济、休闲经济、"秀"经济特点出发，既让网红食品更好地满足人民对美好生活向往的需要，也将培养理性消费者放在突出位置，确保"网红食品"始终在安全轨道上"走红"。

关键词：网红食品 食品安全 社会共治 理性消费

"网红食品"并非一个法律概念，也非特定的一类食品。事实上，任何一类食品或者一款食品都有可能成为"网红食品"。老字号的食品或老品牌的食品可能成为网红食品，新推出的某款食品也可能迅速蹿红而成为"网红食品"。"网红食品"不仅满足了人们的口腹之欲，更迎合了人们内心深处好奇、跟风、炫耀等心理需求。

---

* 王伟国，中国法学会食品安全法治研究中心主任、研究员，法学博士，研究方向为食品安全法治、党内法规等。

"网红食品"之所以"红",与"网"分不开。如果要给"网红食品"下一个定义,可以简要概括为,网红食品是借助网络推广或炒作而迅速畅销的食品。从目前媒体曝光的网红食品来分析,存在问题的网红食品主要包括三类情形:第一类是借助网络平台(包括自营或第三方平台)以"网红"带货等方式销售预包装食品或线下餐饮食品。第二类是仅借助网络平台将线下餐饮食品打造成"网红食品"。第三类是借助微信朋友圈等销售自制食品。这些走红的食品通常以新颖外观、奇特味道、独特体验等为鲜明特点,目标人群以年轻人为主。相应地,这些类型"网红食品"关注的是如何抓眼球、诱味蕾,通常不会将食品安全作为首先考虑的因素。对"网红食品"安全的治理,必须从"网红食品"的特点出发,对症下药。

一 网红食品的突出特点

对"网红食品"现象,需要辩证地看待。一方面,"网红食品"现象频现,是人民群众对美好生活的向往与追求更趋多样化在食品领域的生动体现。人们已经不再满足于吃得饱、吃得安全,还要吃得有特色、消费有个性,期望享受更多花样、更多口味的美食就成为必然,而"网红食品"在很大程度上就满足了这种需求。另一方面,在满足这些美好需求的实践中,存在参差不齐的情况。一些食品安全有保障的"网红食品"走上快速发展的良性道路,而一些存在食品安全隐患或者虚假宣传的食品也趁机"爆红"、借网发财。为了追求"爆红",一些食品生产经营者,以迎合消费者追新求奇的心理为目的,着重在食品的外观、口感上下功夫,对食品质量安全比较忽视甚至完全不顾。

导致"网红食品"安全问题的因素,固然是多方面的,但与传统食品安全情形不同的是,消费者在其中起到的推波助澜作用非同一般。由于某些"网红食品"的年轻消费者缺乏应有理性,更多注重食品外观、品味等而非内在质量,在事实上成为问题食品的传播者、推荐者、拥趸者。由此,对于出现食品安全问题的"网红食品"，消费者在成为受害者的同时，也在一定程度上扮演了致害者"帮凶"的角色。之所以形成这种状况，与"网红食品"现象所体现的眼球经济、休闲经济、"秀"经济等鲜明特点有着很大的关联。

（一）网红食品高度契合眼球经济特点

眼球经济，是对依靠吸引公众注意力而获取收益的经济活动的形象概括。"网红食品"非常典型地契合眼球经济的特点。为了能获取较大的曝光度并快速俘获消费者的芳心，"网红食品"往往有新颖的口感和独特的造型，有的甚至想尽各种办法玩出新花样，以迎合消费者的猎奇心理。[①]比如，起个"老"名字——"阿姨爷叔"等看上去有些年纪又有邻家味道的名字，既能拉近与消费者的距离，又能传递出"老味道"的信号；用"高颜值"的原材料——吃起来能拉丝的芝士、当季的草莓，满足人们拍照发朋友圈的需求；雇人排队——雇一批"消费者"排队，通过"人气"吸引真正的消费者；饥饿营销——采用各种限量销售手段，营造出供不应求的氛围，进一步激发消费者的购买欲望；找网络大号——利用微博、微信上的大V、大号，推广全新的产品……[②]这一系列操作手法，概括为一点，就是吸引消费者的眼球。

（二）网红食品呈现较大程度休闲经济特点

休闲经济是生产力发展到一定阶段经济关系的体现，是人们对于闲暇时间的利用以及在闲暇时间进行消费而形成的一种经济形态，本质上属于消费经济。人们在追求休闲的过程中更加看重生活的品质与韵味，而且将它作为改善生活的一种重要途径。在马克思看来，拥有自由的时间是人获得自由而全面发展的前提与基础，也是未来理想社会所应具有的基本价值目标。从国

---

① 池海波：《以社会共治模式推进网红食品安全风险治理》，《中国食品安全报》2021 年 3 月 26 日，第 A2 版。

② 燕巧：《食品的"网红"时代》，《新城乡》2017 年第 5 期。

外发达国家休闲经济的发展来看，休闲为人们特别是年轻人的社交开辟了一个新的领域，人们在休闲中投入时间去建立各种社会关系，凭借休闲活动得以走向异域的文化、语言与行为活动之中，不但开阔了视野，生活的质量也获得了提升。[①]

"网红食品"在很大程度上满足了休闲经济的需求。一旦某款食品成为"网红食品"，就意味着消费者趋之若鹜，从而导致线下实体店出现排长队消费的现象。有时长达数小时才能消费得到"网红食品"。当然，要成为这类"网红食品"的消费者，需要有闲暇时间才行。而现实生活中确实有一部分人空闲时间较多，他们通过排长队购买"网红食品"，将消耗时光与享受美食结合起来，较好地满足了休闲的需求。甚至有的年轻人为异性朋友长时间排队买"网红食品"，以此作为表达情意的重要方式。

（三）网红食品呈现一定程度"秀"经济特点

"秀"经济，是利用消费者主动展示（炫耀）自己并相信别人会羡慕自己的心理、行为而提供满足相关需求的服务以获取利益的经济现象。随着移动互联网的普及和自媒体的风靡，一些消费者尤其是年轻消费者喜欢借助网络"秀"种种行为，诸如秀自拍、秀恩爱、秀孩子；在群里频繁发图或心灵鸡汤、在朋友圈频繁转发信息、上菜后先拍照后吃……。这一系列"秀"行为也在很大程度上刺激食品生产经营者转换营销方式，注重通过满足消费者"晒美食"等心理需求，让消费者不自觉地成为食品的积极宣传者，从而极大地助推食品走红。而消费者购买"网红食品"，重视买的过程甚于吃的过程，兴奋感从听说、排队到购买，直至拍照上升至顶点。手机摄像头仿佛充满神力，经由它们拍摄的东西显得高大上起来。拍摄讲究构图、配色，达到景色、人物、物三者的和谐统一，人物的部分肢体会刻意入框。吃东西

---

① 辛本禄、刘俊辰：《休闲经济的当代意义与发展前景》，《税务与经济》2018年第4期。

这种再简单不过的日常生活，被人为地拉长，变成一种仪式化的行为。① 特别是，大多数消费者会在微博、微信等移动互动平台分享自己的消费体验。除了单纯地向别人分享自己所获得的美食体验外，更多的是通过分享满足自己内在的"秀"心理，隐约表达出自己成为该食品的消费者之一的满足感，甚至只是想要表示自己是某类高价格食品的消费者，从而满足自己内心的优越感。②

基于"网红食品"体现出的以上特点可以看出，"网红食品"不仅仅追求满足消费者口腹之欲的目标，而且追求满足消费者心理需求的特别目的。在许多情境中，后者甚至居于首位。这就不可避免地存在一些虚假繁荣以及安全隐患，导致"网红食品"的营销很容易偏离食品安全的正轨。

二　网红食品可能涉及的主要问题

通过网络进行的食品销售、餐饮服务交易，具有隐蔽性、不对称性。加之目前缺乏全国统一、权威的食品生产经营许可数据库，平台对入网商户证照审查义务的全面落实存在一定难度，消费者不易及时获得存在问题的食品生产经营者的真实信息，传统的监管手段作用有限，难以及时发现和查处食品安全违法违规行为、控制食品安全风险。但是，从本质上讲，"网红食品"可能存在的许多问题，并非食品安全治理面临的新问题，不过是一些老大难问题被网络加以放大而已。比如，部分商家为追求短期利益，利用互联网平台进行虚假宣传，夸大食品功效，甚至掩盖部分食品存在对人体有害的成分。还有的商家利用移动互联网平台的监管漏洞，发布虚假宣传的广告和图片，欺骗消费者购买以次充好的劣质产品，甚至利用直播数据造假，过分夸大产品的热度和销量，通过雇用大量的"网络水军"进行"刷单"和刷好评，对产品进行炒作宣传。③

---

① 小绿桑：《网红食品究竟有多少令人排队的理由》，《意林》2017 年第 23 期。
② 万朝、邓宏亮：《"网红食品"市场存在的问题及对策》，《科技创业月刊》2020 年第 8 期。
③ 万朝、邓宏亮：《"网红食品"市场存在的问题及对策》，《科技创业月刊》2020 年第 8 期。

这些现象概括起来就是，一些"网红食品"存在虚假宣传与质量安全两方面的问题。

（一）虚假宣传、欺诈消费问题

虚假宣传、欺诈消费是一些"网红食品"的常见问题，甚至是使许多食品能够爆红的主要手法。比如，"脏脏茶"宣称是健康饮品，其实含糖量很高，喝多了不利于身体健康；"椰子灰冰激凌"宣称可以排毒养颜，实际上添加了植物炭黑，根本没有其所宣称的保健功效；透明包装奶被推广为时尚健康牛奶，其实只是普通牛奶使用透明包装而已，这种透明包装反而不利于牛奶的保存……究其原因，很多"网红食品"为了能快速扩大销量，往往剑走偏锋，采用虚假甚至欺诈的方式诱导消费者购买，导致市场上销售的部分"网红食品"不仅与宣传不符，有的甚至可能会危害消费者的身体健康。[1]

2017年7月以来，各地各有关部门按照《国务院食品安全办公室等9部门关于印发食品、保健食品欺诈和虚假宣传整治方案的通知》（食安办〔2017〕20号）的要求，积极推进整治工作，取得阶段性成效。该通知明确治理内容包括：未经许可生产食品和保健食品、经营食品和保健食品、进口食品和保健食品行为；食品和保健食品标签虚假标识声称行为；利用网络、会议营销、电视购物、直销、电话营销等方式违法营销宣传、欺诈销售食品和保健食品行为；未经审查发布保健食品广告以及发布虚假违法食品、保健食品广告行为；其他涉及食品、保健食品欺诈和虚假宣传等违法违规行为。这些治理的内容，在"网红食品"中不同程度地存在。

（二）质量安全问题

一些红极一时的"网红食品"存在不容忽视的质量安全问题。比

---

① 池海波：《以社会共治模式推进网红食品安全风险治理》，《中国食品安全报》2021年3月26日，第A2版。

如，有的"网红食品"由"黑作坊"生产，生产环境脏乱差，根本不符合国家食品技术标准，也没有生产许可证，是名副其实的"三无"产品。有一些大牌"网红食品"也被曝出食品安全问题。例如，某网红饮料因含有国家管制药品成分而被公安部门查处，上海某当红品牌的餐饮食品被检出微生物污染，某网红面包店被查出使用过期面粉生产面包，国内某大型坚果品牌的一款开心果被检出霉菌超出国家标准 1.8 倍，等等。①

统计情况表明，一些"网红食品"虽然走红但缺乏安全保障，可谓"让人欢喜让人忧"。与传统食品消费不同，一些"网红食品"的消费者对所购食品的安全问题，通常怀有不管不顾的心态。由于"网红食品"往往借助微信朋友圈的熟人关系、营销广告明星与粉丝关系等传播，而消费者往往认为有熟人或明星为"网红食品"背书，想当然地认为自己购买的"网红食品"不存在质量安全问题。一些消费者主要将关注点放在食品外观、口感上，也在一定程度上为不合格食品畅销提供了可乘之机。

三　网红食品的治理之道

尽管"网红食品"存在的问题，与传统食品问题并没有本质区别，但是，人们通常认为，治理"网红食品"是个令人头痛的难题。这既有线上治理不同于线下、加剧了治理难度的现实原因，也存在法律依据把握不到位的主观认识问题。比如，过去一个时期，有人认为，对于普通食品声称具有保健功能的如何处理，法律依据不明确。对此，如果仔细研究，就可发现，食品安全法及实施条件的相关规定能够为应对"网红食品"的虚假宣传、

---

① 池海波：《以社会共治模式推进网红食品安全风险治理》，《中国食品安全报》2021 年 3 月 26 日，第 A2 版。

欺诈消费问题提供较为充分的法律依据。① 更何况，在国务院食品安全办公室等 9 部门印发《食品、保健食品欺诈和虚假宣传整治方案》（食安办〔2017〕20 号）的基础上，国务院食品安全办又印发了《关于继续做好食品保健食品欺诈和虚假宣传整治工作的通知》（食安办〔2018〕7 号），要求各地持续推进食品保健食品欺诈和虚假宣传整治工作，加大案件查办力度，严惩违法违规行为。

另外，"网红食品"具有的独特性也放大了执法力量不足的客观情况，对执法能力提出了新挑战。对此，要与时俱进加强治理能力，就必须在充分把握"网红食品"突出特点的基础上，牢固树立社会共治理念，实行精准分类施治方针，注重运用科学有效的管理工具，加强科普与风险教育，通过系统治理、依法治理、综合治理、源头治理，实现标本兼治。

（一）牢固树立社会共治理念，形成治理合力

食品安全社会共治，是在承认政府监管能力有限的前提下倡导各方主体有序参与，是以合力应对食品安全这一"天大问题"的良策，是群众路线

---

① 比如，《食品安全法》第七十三条规定："食品广告的内容应当真实合法，不得含有虚假内容，不得涉及疾病预防、治疗功能。食品生产经营者对食品广告内容的真实性、合法性负责。"第一百四十条规定："违反本法规定，在广告中对食品作虚假宣传，欺骗消费者，或者发布未取得批准文件、广告内容与批准文件不一致的保健食品广告的，依照《中华人民共和国广告法》的规定给予处罚。""广告经营者、发布者设计、制作、发布虚假食品广告，使消费者的合法权益受到损害的，应当与食品生产经营者承担连带责任。""社会团体或者其他组织、个人在虚假广告或者其他虚假宣传中向消费者推荐食品，使消费者的合法权益受到损害的，应当与食品生产经营者承担连带责任。""违反本法规定，食品安全监督管理等部门、食品检验机构、食品行业协会以广告或者其他形式向消费者推荐食品，消费者组织以收取费用或者其他牟取利益的方式向消费者推荐食品的，由有关主管部门没收违法所得，依法对直接负责的主管人员和其他直接责任人员给予记大过、降级或者撤职处分；情节严重的，给予开除处分。""对食品作虚假宣传且情节严重的，由省级以上人民政府食品安全监督管理部门决定暂停销售该食品，并向社会公布；仍然销售该食品的，由县级以上人民政府食品安全监督管理部门没收违法所得和违法销售的食品，并处二万元以上五万元以下罚款。"2019 年修订后的《食品安全法实施条例》更是作出专门规定：对保健食品之外的其他食品，不得声称具有保健功能。生产经营的保健食品之外的食品的标签、说明书声称具有保健功能的，依照食品安全法第一百二十五条第一款、本条例第七十五条的规定给予处罚。

这一党的根本工作路线在国家治理现代化时代背景下升华发展的生动体现，是食品安全治理理念的重大转变。

党的十八大以来，以习近平同志为核心的党中央高度重视食品安全。习近平总书记在 2013 年 12 月召开的中央农村工作会议上强调指出："能不能在食品安全上给老百姓一个满意的交代，是对我们执政能力的重大考验。我们党在中国执政，要是连个食品安全都做不好，还长期做不好的话，有人就会提出够不够格的问题。所以，食品安全问题必须引起高度关注，下最大气力抓好。"将食品安全问题与党的执政资格直接关联起来，意味着执政党对食品安全问题的重视程度提升到了"最高级"。如何抓好食品安全这一"天大"的问题呢？习近平总书记给出了答案，即"四个最严 + 一个治理体系"。2015 年 5 月 29 日，中共中央政治局就健全公共安全体系进行第二十三次集体学习。习近平总书记在主持学习时强调，用最严谨的标准、最严格的监管、最严厉的处罚、最严肃的问责，加快建立科学完善的食品药品安全治理体系。2016 年 1 月，习近平总书记对落实"四个最严"要求进一步指示强调，2016 年是"十三五"开局之年，要牢固树立以人民为中心的发展理念，坚持党政同责、标本兼治，加强统筹协调，加快完善统一权威的监管体制和制度，落实"四个最严"要求，切实保障人民群众"舌尖上的安全"。2017 年初，习近平总书记对确保人民群众"舌尖上的安全"再次作出重要指示，强调要加强食品安全依法治理，加强基层基础工作，建设职业化检查员队伍，提高餐饮业质量安全水平，加强从"农田到餐桌"全过程食品安全工作，严防、严管、严控食品安全风险，保证广大人民群众吃得放心、安心。

在当代中国，如果问哪一个领域可以率先实现共建共治共享，形成"人人有责、人人负责、人人尽责、人人享有"的局面，理应是食品安全领域。食品安全治理是中国之治的重点难点，而食品安全社会共治是破解难题的关键一招、根本出路。线上食品交易满足了消费者多样化的食品消费需求，其所体现的创新性值得鼓励。但安全是任何创新的底线，保障"网红食品"的质量安全应成为最基本的标准、最起码的底线。而治理"网红食品"，必须构建社会共治格局。

一是"网红食品"的生产经营者要履行好食品安全第一责任人的责任，严格遵守食品安全法律规定。比如，《网络食品安全违法行为查处办法》规定，入网食品生产经营者不得从事下列行为：网上刊载的食品名称、成分或者配料表、产地、保质期、贮存条件，生产者名称、地址等信息与食品标签或者标识不一致。网上刊载的非保健食品信息明示或者暗示具有保健功能；网上刊载的保健食品的注册证书或者备案凭证等信息与注册或者备案信息不一致。网上刊载的婴幼儿配方乳粉产品信息明示或者暗示具有益智、增强抵抗力、提高免疫力、保护肠道等功能或者保健作用。对在贮存、运输、食用等方面有特殊要求的食品，未在网上刊载的食品信息中予以说明和提示。法律、法规规定禁止从事的其他行为。这些规定，为"网红食品"生产经营者划清了"红线"，也明确了底线。

二是网络食品交易第三方平台要积极履行平台责任。比如，《网络食品安全违法行为查处办法》规定，网络食品交易第三方平台提供者应当设置专门的网络食品安全管理机构或者指定专职食品安全管理人员，对平台上的食品经营行为及信息进行检查。发现存在食品安全违法行为的，应当及时制止，并向所在地县级市场监督管理部门报告。发现入网食品生产经营者有下列严重违法行为之一的，应当停止向其提供网络交易平台服务：入网食品生产经营者因涉嫌食品安全犯罪被立案侦查或者提起公诉的；入网食品生产经营者因食品安全相关犯罪被人民法院判处刑罚的；入网食品生产经营者因食品安全违法行为被公安机关拘留或者给予其他治安管理处罚的；入网食品生产经营者被市场监督管理部门依法作出吊销许可证、责令停产停业等处罚的。这些规定，为网络食品交易第三方平台有力管理"网红食品"入网生产经营者提供了明确的法律依据。

三是政府监管部门要严格执法、与时俱进创新监管方式，切实履行监管职责。《网络食品安全违法行为查处办法》第二十四条强化了监管部门调查处理网络食品安全违法行为的职责，既重申了《食品安全法》第一百一十条所规定的现场检查、抽样检查、复制有关资料等传统职权，也增加了询问有关当事人、查阅复制交易数据、调取网络交易的技术监测和记录资料等与网络违法行为执法相适应的新职权。① 第二十五条规定了网络食品抽检的"神秘买家"制度。这都为线下监管入网食品经营者和第三方平台提供了明确的依据。同时，监管部门要注重利用大数据、人工智能等新技术、新方法，积极探索"网红食品"网上搜索、实体寻源的有效监管方式，严格规范经营商合法合规经营，对违规生产的商家给予重惩，严防"黑作坊"通过网络进行非法销售，对不法商家侵入朋友圈的营销行为一查到底，对网红行为和言论进行积极引导。

此外，食品行业协会等组织要加强同行业间的监督，形成共同保障食品安全的行业链条。新闻媒体要发挥舆论监督有力的优势，对发生的"网红食品"质量安全事件进行彻底跟踪报道，让消费者对"网红食品"安全问题有深刻认知，使不良企业声誉受损从而形成倒逼机制。消费者要努力学习食品安全知识，提高安全意识，发现问题及时向有关部门举报，让不法商家受到应有的处罚，用法律手段维护自身的合法权益。

（二）实行精准分类施治方针，有的放矢

"网红食品"虽因"网"而红，但是具体的销售途径和销售食品类型并不完全相同。这就决定了，对网红食品安全治理不能一概而论，更不能"一刀切"，而要区别对待、分类施治。

第一类即借助网络平台以"网红"带货等方式销售的预包装食品。这类食品的安全性相对较强。主要存在的问题是虚假宣传。市场监管部门应当

---

① 《网络食品安全违法行为查处办法》（2016 年 7 月 13 日国家食品药品监督管理总局令第 27 号公布，根据 2021 年 4 月 2 日《国家市场监督管理总局关于废止和修改部分规章的决定》修改）第二十四条规定：县级以上地方市场监督管理部门，对网络食品安全违法行为进行调查处理时，可以行使下列职权：（一）进入当事人网络食品交易场所实施现场检查；（二）对网络交易的食品进行抽样检验；（三）询问有关当事人，调查其从事网络食品交易行为的相关情况；（四）查阅、复制当事人的交易数据、合同、票据、账簿以及其他相关资料；（五）调取网络交易的技术监测、记录资料；（六）法律、法规规定可以采取的其他措施。

根据带货方式采取相应的管理方式。对于"网红"以广告形式带货的食品，如果出现食品问题，"网红"本人和网络平台明知或者应知广告虚假仍设计、制作、代理、发布，并且造成消费者损害的，则要承担连带责任。网络平台应当对广告主的商品进行审核，要求"网红"严格按照广告法的规定推广销售商品；广告主也应通过合同对平台和"网红"的行为进行约束，保障商品的正常、合法销售。

第二类是借助网络平台将线下餐饮食品打造成"网红食品"。这类"网红食品"通常有线下实体店，但由于卫生状况不佳等导致餐饮食品存在安全隐患，还有的本身就是"三无"食品而借助网络平台爆红。对此类"网红食品"的治理，网络餐饮外卖平台发挥着至关重要的作用。网络餐饮外卖平台，为餐饮经营者和消费者进行餐饮外卖交易提供网络经营场所、信息发布，以及基于位置技术的信息匹配、交易撮合等互联网信息服务。相关服务具体包括商品信息展示、营销推广、搜索、订单处理、配送安排和调度、支付结算、商品评价、售后支持等。网络餐饮外卖平台服务属于多边市场，主要服务于餐饮经营者和消费者两个群体，其显著特征是具有跨边网络效应，使各边用户对网络餐饮外卖平台服务的需求紧密关联。成熟的网络餐饮外卖平台通常具有较强的市场控制能力。

网络餐饮外卖平台属于《食品安全法》所称的网络食品交易第三方平台。网络食品交易第三方平台基于互联网技术的特点，一方面放大和凸显了线下食品安全监管能力的不足，使得传统监管方式面对网络食品交易第三方平台捉襟见肘，另一方面又增强了监管对象与监管者合作的必要性与可行性。这就使得网络食品交易第三方平台提供者既是被监管的对象，也在一定程度上依法扮演着监管者的角色。《食品安全法》及相关配套规章对网络食品交易第三方平台提供者规定了有别于传统线下企业的责任。健全网络第三方交易平台提供者责任，必须从多方面入手，加强各方合作，从而既能确保网络食品安全，又能使网络第三方交易平台提供者积极主动履行义务、责任。其中，一个重要举措是加强食品安全信息共享。信息不对称是引发食品安全问题的重要原因。仅凭监管部门获得食品生产经营者的安全信息成本高，很难实现，且监管效率难以提高。而对于网络餐饮服务而言，网络餐饮服务第三方平台掌握着线上入驻商家的经营信息、食品经营许可信息、消费者评价信息等，其中很多信息是政府监管部门所没有掌握的，如果平台将其中有价值的食品安全信息与政府进行信息共享，可以极大地减少政府与企业间的信息不对称问题，增加监管透明度。网络餐饮第三方平台与政府可以实现良性互动。线上食品一旦出现食品安全问题，充分的信息共享可以迅速实现食品安全问题源头溯源，从而极大地增加食品安全追溯的精确度。

第三类是借助微信朋友圈等销售自制食品形成的"网红食品"。该类食品通常被视为监管难度较大的一种情形。目前，取得食品生产经营许可的食品销售经营者和餐饮服务经营者均存在通过网络销售自己制作加工食品的情形。而没有获得食品生产经营许可者，主要借助微信朋友圈等销售自制食品。对于前者，按照第二类情形处理即可。而对于后者，并不像在网络平台上经营那样买方、卖方都受第三方平台的制约和管理。通过微信"朋友圈"、微博等社交媒体销售的自制食品，只有"网红食品"销售商的认证好友才能看到食品广告，其他人群很难看到。即使是政府监管部门通过微信平台可以监管这些信息，但面对每天铺天盖地的"网红食品"广告，也很难进行有效监管。该类"网红食品"面向一定范围的人群而呈现一定的隐蔽性，监管部门难以及时追踪到，通常是出了食品安全事故后，才会进行监管。"朋友圈"里的食品监管，往往存在执法难点。人们通常认为，我国《食品安全法》明确将网络销售食品纳入监管范围，但与淘宝网、美团等平台相比，微信朋友圈的平台属性界定模糊，对个人微信账号能否从事商业经营性活动还缺乏明确的法律规范。也有人认为宜按照民事合同对待。这导致有些基层执法者对微信朋友圈销售自制食品监管执法依据存在疑问，而不予监管。对此种认识和做法，有待商榷。《食品安全法》第三十五条规定："国家对食品生产经营实行许可制度。从事食品生产、食品销售、餐饮服务，应当依法取得许可。但是，销售食用农产品和仅销售预包装食品的，不需要取得许可。仅销售预包装食品的，应当报所在地县级以上地方人民政府食品安全监督管理部门备案。"根据该规定，只要不是销售食用农产品和仅销售预包装食品的，都需要取得许可。换言之，没有获得许可而销售自制食品，是非法的。至于是通过网络平台还是微信朋友圈销售，性质是一样的。可能有人会认为，这可以归入食品生产加工小作坊和食品摊贩等从事食品生产经营活动的情形，而有一定的特殊性。但是，根据《食品安全法》第三十六条等规定，这类食品生产经营者是有固定场所或者政府指定的经营区域的。此外，《网络餐饮服务食品安全监督管理办法》①规定，"省、自治区、直辖市的地方性法规和政府规章对小餐饮网络经营作出规定的，按照其规定执行"。由此看来，小餐饮是否可以入网主要看地方政府的规定。从各地出台的规定看，小餐饮入网也需要获得登记证、备案卡等。当然，基于现实情况，对于借助微信朋友圈等销售自制食品的，更加需要消费者加强安全防范意识。

（三）注重运用科学管理工具，有效防范风险

食品安全是系统工程，通过运用 HACCP、GMP 等管理工具，建立合理的食品安全管理体系是"网红食品"长远发展的必由之路。②《食品安全法》第四十八条第一款规定："国家鼓励食品生产经营企业符合良好生产规范要求，实施危害分析与关键控制点体系，提高食品安全管理水平。"这里所说的良好生产规范（Good Manufacturing Practice，简称 GMP）以及危害分析与关键控制点体系（Hazard Analysis and Critical Control Point，简称 HACCP），正是建立合理食品安全管理体系的科学管理工具。

GMP 是为保证食品安全、质量而制定的贯穿食品生产全过程的一系列措施、方法和技术要求，主要解决食品生产质量安全问题。它要求食品生产企业应当具有良好的生产设备、合理的生产过程、完善的安全控制措施和严格的检测系统，以确保食品质量安全符合法律标准。20 世纪 80 年代中期以

---

① 2017 年 11 月 6 日国家食品药品监督管理总局令第 36 号公布，根据 2020 年 10 月 23 日国家市场监督管理总局令第 31 号修订。

② 参见郭煦：《网红食品如何又"红"又安全》，《小康》2019 年第 3 期。

来，我国借鉴 GMP 管理理念，着手研究食品企业质量管理，颁布了一些食品企业卫生规范，着力解决当时我国大多数食品企业卫生条件和卫生管理比较落后的问题。食品企业卫生规范重点规定厂房、设备、设施的卫生要求和企业的自身卫生管理等内容，以促进我国食品企业卫生状况的改善。这些规范制定的指导思想与 GMP 的原则类似，将保证食品卫生质量的重点放在成品出厂前的整个生产过程的各个环节上，针对食品生产全过程提出相应技术要求和质量控制措施，以确保最终产品的卫生质量合格。上述规范发布以来，我国食品企业的整体生产条件和管理水平有了较大幅度的提高，食品工业得到了长足发展。而 HACCP 是指通过系统性地确定具体危害及其关键控制措施以保障食品安全的体系，包括对食品的生产、流通和餐饮服务环节进行危害分析，确定关键控制点，制定控制程序和措施。该体系设计的主要目的是，通过采取有效措施，防止、减少和消灭潜在的食品安全危险，将可能发生的食品安全危害消除在生产过程中，而不是通过事后检验来保证食品的可靠性。HACCP 体系是以科学为基础，用以评估危害和确定控制的一种工具。我国现行的食品生产加工环节有关规范要求，食品生产加工企业应当建立健全企业质量管理体系，对生产的全过程实行标准化管理，实施从原料采购、生产过程控制与检验到产品出厂检验等售后服务全过程的质量管理。国家鼓励食品生产加工企业根据国际通行的质量管理标准和技术规范获取质量体系认证或者危害分析与关键控制点管理体系认证，提高企业质量管理水平。①

从实际情况看，基于企业类型、规模等不同，以及法律规定为"鼓励"方式等因素，GMP、HACCP 等管理工具的实际运用还不够充分，远没有达到应有的效果。但是，面对"网红食品"安全治理，现有《食品安全法》的规定，毕竟为我们提供了法律依据。对于"网红食品"，特别是出现问题的"网红食品"，监管部门应该通过促使相关食品生产经营者充分运用

---

① 参见袁杰、徐景和主编《〈中华人民共和国食品安全法〉释义》，中国民主法制出版社，2015，第 140～142 页。

GMP、HACCP 等管理工具，提升食品安全风险防范能力，从而也提高全过程监管能力，避免出了问题再查处的尴尬。

（四）加强科普与风险教育，大力培养理性消费者

成就"网红食品"的，除了平台外，还有消费者，消费者起到了很大的助推作用。作为食品安全利益的攸关者，消费者是直接的受益者或直接受害者，具有参与食品安全社会共治的原动力。消费者作为食品安全风险的最终承担者，能否切实有效参与，也是食品安全社会共治成功与否的关键。同时，消费者参与"网红食品"治理，具有独特优势。一方面，消费者主要是私权利主体，可以通过行使选择权，以"用脚投票"等方式倒逼食品生产经营者确保食品安全、提升产品质量；也可以通过投诉、仲裁、诉讼等方式积极维权，主张惩罚性赔偿在内的民事权益，提高生产经营者不合规生产经营的成本，倒逼其加强自我约束，从而对食品生产经营者形成有力的制约。需要强调的是，要发挥消费者更大的作用，必须借助公权力和社会权力，将个案上升为共性问题，通过声誉机制更广泛更深入地影响食品生产经营企业，从而在更大范围取得治理效果。另一方面，消费者作为举报者举报食品安全违法行为时，可能成为社会权力的主体。此时，其维护的不是自身权益，而是公共利益。需要指出的是，囿于食品安全知识和法律常识的普遍不足，当前消费者在行使私权利方面还存在能力不足的问题。特别是，面对网络平台铺天盖地的宣传，消费者的盲目、从众等消费心理无疑为网红食品注入了"火力"。以保健食品为例，许多人对于虚假功能宣传深信不疑，进而购买大量产品，存在许多非理性的消费行为。其中一个重要的原因是，人们对保健食品的功能、功效等缺乏基本的认知。

针对"网红食品"中存在的问题，政府、企业和社会组织应该为消费者参与"从农田到餐桌"的全产业链监督提供便利，提升消费者的食品安全素养和法治观念，并不断降低消费者维权成本。同时，监管部门应该与行业协会、科普机构、新闻媒体等一道，对问题"网红食品"案例进行详细剖析与揭"秘"，揭开"网红食品"的奇特面纱，重点是让消费者明白"网

红食品"中的安全隐患和危害。要让更多食用过问题"网红食品"的消费者现身说法，并注重通过"网红食品"的传播途径广泛宣传，争取让更多"任性"的消费者成为理性消费者。唯有越来越多的消费者趋于理性，"网红食品"才不易形成，问题"网红食品"才会寸步难行、"插翅难飞"。

需要强调的是，必须将"网红食品"安全治理置于食品安全领域国家治理体系和治理能力现代化的推进进程之中。对此，要认真贯彻落实 2019 年 5 月 9 日中共中央、国务院印发的《关于深化改革加强食品安全工作的意见》，该意见明确了到 2035 年的总体目标：到 2035 年，基本实现食品安全领域国家治理体系和治理能力现代化。食品安全标准水平进入世界前列，产地环境污染得到有效治理，生产经营者责任意识、诚信意识和食品质量安全管理水平明显提高，经济利益驱动型食品安全违法犯罪明显减少。食品安全风险管控能力达到国际先进水平，从农田到餐桌全过程监管体系运行有效，食品安全状况实现根本好转，人民群众吃得健康、吃得放心。该意见是新中国成立以来党中央、国务院首次联合发布的加强食品安全工作的专门政策性文件，集中表达了党和政府关于加强食品安全工作的重要政策主张、重大决策部署，是当前和今后一个时期关于加强食品安全工作的"国策"。该意见针对实施餐饮质量安全提升行动，提出如下具体举措：推广"明厨亮灶"、餐饮安全风险分级管理，支持餐饮服务企业发展连锁经营和中央厨房，提升餐饮行业标准化水平，规范快餐、团餐等大众餐饮服务。鼓励餐饮外卖对配送食品进行封签，使用环保可降解的容器包装。大力推进餐厨废弃物资源化利用和无害化处理，防止"地沟油"流入餐桌。开展餐饮门店"厕所革命"，改善就餐环境卫生。该意见还特别强调，严格落实网络订餐平台责任，保证线上线下餐饮同标同质，保证一次性餐具制品质量安全，所有提供网上订餐服务的餐饮单位必须有实体店经营资格。这对于线上线下相结合解决"网红食品"问题，同样具有很强的针对性和指导意义，必须认真贯彻落实。特别值得一提的是，该意见明确将"坚持共治共享"作为六项基本原则之一，要求"生产经营者自觉履行主体责任，政府部门依法加强监管，公众积极参与社会监督，形成各方各尽其责、齐抓共管、合力共治的工作格局"。同时，该意见用专门篇幅提出了"推进食品安全社会共治"的重点举措。治理"网红食品"也必须以该意见为根本遵循。监管部门要创新监管方式，注重从两端发力。一端是供给侧，要从源头上防范风险。也就是，要积极推动科学管理工具的运用，促进食品产业健康发展，让网红食品更好地满足人民对美好生活的需求。另一端是需求侧，要从眼球经济、休闲经济、"秀"经济等特点出发，不能局限于就案办案，而是要对查处的案件进行深度剖析，形成典型案例。在此基础上，运用形象生动、通俗易懂的呈现形式，借助网红食品促销的主渠道，形成声势浩大的宣传。要通过形象展示、揭秘释法，使处于盲目或跟风状态的消费者警醒，将尽可能多的网红食品"拥趸者"转化为维护食品安全的"觉醒者"，以越来越多理性消费者之力筑牢"网红食品"治理的铜墙铁壁，确保"网红食品"始终在安全轨道上"走红"。

餐饮服务环境卫生监管的长效之策

——如何让餐厅经得起暗访？

张守文[*]

摘　要： 餐饮服务是最基本的民生需求，同时也展示着一个城市形象和经济发展水平，提升餐饮服务行业的环境卫生水平，守牢人民群众"舌尖上的安全"，既是贯彻以人民为中心发展思想的具体体现，也是老百姓提升幸福感、获得感的期盼和需求。本文分析了餐饮服务环境卫生事件多发频发的主要原因，提出了建立餐饮服务环境卫生监管的长效之策的建议。

关键词： 餐饮服务　环境卫生　监管

餐饮服务行业是"为耕者谋利、为食者造福"的传统民生行业，在推进健康中国建设中具有重要地位。餐饮服务行业是典型的窗口行业、民生行业，餐饮消费是消费增长的重要拉动力之一，在吸纳就业、带动三产发展、增加税收等方面都发挥了重要作用。国以民为本，民以食为天，食以安为先。食品安全始终是人民群众最关心的话题，对食品安全的关注度逐年

* 张守文，教授、博士生导师，黑龙江东方学院食品安全研究中心主任，研究方向：食品科学与工程、食品安全监督管理。

上升。

餐饮服务环境卫生是人民群众对食品安全最直接、最现实、最切身的感受。提高餐饮服务环境卫生状况，保证消费者饮食安全，是留住消费者最基本的条件。任何一位消费者，对餐饮服务最关注的基本要求无外乎环境卫生整洁、餐食安全、口味口感好、价格实惠。如果消费者看到餐饮店后厨卫生脏乱差，地面污水横流，鼠害横行，蟑螂到处乱爬，个人卫生很差，没吃饭就让人倒胃口，消费者也不会埋单。当消费者看到的是干净的餐桌，明亮的屋子，整齐的物品摆放，有良好卫生习惯的员工，规范有序的加工操作，公开透明的后厨，再加上宾至如归的热情服务，消费者的心里就会非常放心踏实地就餐。所以，餐饮服务环境卫生是影响消费者的第一印象。

近年来，一些知名的餐饮服务门店后厨环境卫生差、餐饮具清洗消毒不符合要求、虫鼠消杀不彻底、苍蝇飞舞、蟑螂横行、老鼠乱窜，从业人员食品加工操作不规范等问题，以及由此引起的食品安全问题日渐受到人民群众的高度重视，严重影响人民群众对食品安全的感受，充分暴露了餐饮服务企业食品安全主体责任不到位。保证餐饮加工操作过程的环境卫生和食品安全是餐饮服务企业的首要责任，也是职业道德底线。能否保证环境卫生和食品安全，直接关系着餐饮服务企业的生死存亡。

国家市场监督管理总局要求各级市场监管部门全面排查本行政区域内餐饮服务食品安全风险隐患，认真查找监管的盲区、漏洞和不足，举一反三完善细化监管措施，加快建立督促经营者落实主体责任的长效机制。一是要落实地方政府属地管理责任和监管部门监管责任，确保检查、抽检、办案等监管职责落实到位。二是要严厉打击违法违规行为，对性质恶劣、造成严重不良影响的餐饮企业要依法从严从重处罚。三是要建立监管长效机制，运用信用监管、联合惩戒等手段，让餐饮服务经营者不敢有侥幸心理，让恶意违法者付出沉重代价，将"最严厉的处罚"落到实处，确保餐饮环境卫生等突出问题治理见到实效。四是要进一步强化餐饮食品安全信息公开，鼓励"明厨亮灶"，向消费者公开加工制作过程。要加强监管执法信息公开，及时回应人民群众关切。

一 近年来餐饮服务领域发生的典型环境卫生事件

典型案例一

据《经济日报》、《新京报》、《潇湘晨报》、江苏新闻、北晚新视觉网等2021年3月16日报道，2018年某餐饮企业在吉林、哈尔滨、江西的3家门店被曝回收剩菜、杯子和拖把用一个盆洗、火锅锅底是客人吃剩的"口水油"。2020年7月，据中国裁判文书网曝光，该企业榆林一加盟店两年间制售2吨地沟油销售给顾客食用，法院宣判法定代表人、采购、3位厨师等五人犯生产、销售有毒、有害食品罪。2021年，有媒体报道称，其在暗访该企业火锅一门店时，发现其存在应聘时无须提供健康证，碗筷仅洗30秒"走过场"，食材不进行清洗，上桌前喷水"加工"伪造新鲜的假象，水果和肉类混用刀具案板，用扫帚捣制冰机等情况。该企业连续多年漠视食品安全的违法行为，引发公众强烈反应。

典型案例二

据中国质量新闻网暗访曝光：河南省郑州市某餐饮企业三个门店存在篡改开封食材日期标签，随意更改或不记录食材"有效期追踪卡"备制截止时间，违规使用隔夜冰激凌奶浆、茶汤、奶茶等食材，柠檬表皮不清洗等，存在卫生和食品安全隐患。上海市场监管部门突击检查辖区部分奶茶门店时，也发现卫生不达标、管理无序等问题，引起社会巨大反响。

典型案例三

2019年3月，《江南都市报》记者在对某餐饮企业进行卧底调查后，曝光了当地门店将没有健康证的人录用为员工，后厨员工将掉在有污水地面上的鸡块不清洗就扔进锅里油炸，炸鸡块掉在干地面上直接捡回去放入包装，掉入湿地面则是再次炸该鸡块，后厨的工作人员未戴手套、口罩制作食品，后厨苍蝇乱飞、油渍布满，每天过滤老油继续使用，存放炸鸡汉堡的保洁柜有蟑螂爬过，"翻卖"隔夜食品，使用"发黑"油，汉堡坯过期两天继续使用，后厨环境脏乱等违法现象。2019年10月，呼和浩特市24家该企业门店违法出售废油脂，被当地监管部门重罚。2020 年 12 月 5 日，因违规采购销售未经检测的冷冻冷藏肉品，湖北黄冈市黄州区 7 家该企业餐厅被当地执法部门查封，相关责任人被拘。

典型案例四

2021 年 7 月 25 日，一位网名叫"内幕纠察局"的视频博主曝出一则视频。调查员以临时工的身份对某餐饮企业门店进行了暗访，发现了暗藏在厨房里面的卫生问题，比如：仓库里面鼠类聚集、把猪肺当抹布使用、洗鞋和洗菜共用一个水池、员工没有健康证也能上岗工作等。《钱江晚报》报道，在广州的一家该企业麻辣烫店，有员工在后厨切肉，坐在高脚凳上，双脚就摆在案板上，肉多次和他的脚趾"亲密接触"，他脚下也都是肉渣之类的脏东西，很不卫生。

典型案例五

2021 年 8 月 2 日晚，新华社报道了记者卧底的某餐饮企业北京西单大悦城店、长安商场店等多家门店存在食品加工卫生环境脏乱，员工用同一双手套，同时处理不同的食物，且几乎从不更换；遇到客流高峰期，店长等其他工作人员会直接到后厨上手操作，很多时候不戴手套直接处理食材；蟑螂乱爬不管不问；食品原材料腐烂变质后继续使用；过期食品篡改标签再卖；"擦盘子"抹布不洗不换；不重视日常卫生，面对上级检查而临时突击等一系列食品安全问题，引发社会关注。

典型案例六

据《新京报》记者卧底报道，餐饮连锁店某餐饮企业在北京地区的两家分店，以"食材新鲜"为主要卖点，大量使用过期变质食材，隔夜死蟹当现杀活蟹卖、土豆腐烂，食材发馊后继续用，变味牛骨、隔夜鸡爪仍使用。民以食为天，食品安全是天大的事情，该餐厅将食品安全视为儿戏，如此戏弄消费者，引发舆论声讨。

典型案例七

还有的餐饮企业的后厨洗碗间的餐具上仍然残留有食物残渣、油污和没有冲洗干净的洗洁精，将食材与擦桌子的抹布放在一起，不符合食品安全操作规范。

二　餐饮服务环境卫生事件多发频发的主要原因分析

随着城市化建设进程不断加快、人们生活质量日益提高，消费者对于食品卫生安全问题也愈加重视。食品安全已经不是单一因素造成的问题，而是由很多因素综合叠加起来形成的问题。餐饮服务环境卫生事件多发、频发的深层次原因如下。

（一）餐饮服务行业准入门槛低

与市场准入门槛较高的现代化食品工业相比，餐饮服务行业是市场经济状况下进入门槛最低，政策放得最宽，从业人员进出随意性、流动性大的行业，造成了餐饮服务业户多、小、散的状况。小吃店、快餐店等小型餐馆，因其经营面积小、设备设施简陋、经营成本低而遍布大街小巷。特别是小餐馆普遍地处偏僻街区，经营随意性大，业主变更频繁，增加了监管部门的执法难度。

（二）食品安全主体责任意识淡漠

部分餐饮服务企业负责人食品安全意识淡薄，只注重经济效益，而忽视食品卫生管理。这些餐饮服务企业不愿意增加食品安全设施设备的投入，加工环境、设施、设备和条件达不到食品安全相关法律法规的要求。只注重就餐大厅外表的富丽堂皇，不注重厨房的环境卫生管理。卫生基础设施和条件较差，缺乏有效的"防腐、防尘、防蝇、防鼠、防虫"设施，导致经营场所有虫害、鼠害的滋生，造成食品的交叉污染。个别加盟店店长法律意识淡漠，不落实主体责任，社会责任感缺失，不讲诚信，不讲道德，不讲良心，甚至带头主观故意违反餐饮服务食品安全操作规范，纵容门店员工违法行为。一些加盟店在几年时间内一而再、再而三地连续违法制售"地沟油"，严重违法犯罪，性质恶劣。

一些连锁餐饮公司在食品卫生安全问题上存在侥幸心理，总觉得当消费者慢慢淡忘了曾经发生的食品安全事件以后，会重新选择到该门店就餐。正是这种侥幸心理，才使得一些连锁餐饮公司放松对食品卫生安全问题的重视。一些连锁餐饮公司对加盟店的督导巡检过程"走过场"，造成加盟门店的食品卫生安全问题随时发生。这是造成餐饮服务环境卫生恶劣的最主要原因。

（三）从业人员文化素质较低

餐饮服务行业从业人员以初中、高中毕业生为主，少量员工有中专、大专学历。从业人员文化素质低、食品安全意识和法律意识淡薄，食品卫生知识缺乏，个人卫生陋习较重，卫生习惯差。从业人员对食品安全知识、餐饮卫生知识和法律法规知识了解甚少，甚至一无所知。加工操作过程中不讲卫生，操作不规范，操作随意性大，餐厨垃圾不及时清理，操作间卫生管理混乱。不重视、不养成良好的卫生习惯，对加工操作过程中的不卫生的现象熟视无睹，麻木不仁。连锁餐饮公司总部的食品安全培训不到位，有的公司除了在加盟门店开业前7天对员工进行食品卫生安全培训外，对那些没有参加过公司总部食品卫生安全、操作规范、具体操作流程培训的员工，仅以抖音小视频的方式进行线上培训，缺乏对学习过程的有效监督和对学习成效的有效考核，对员工的学习效果也不了解。这是造成餐饮服务环境卫生恶劣的直接原因。

（四）食品安全管理制度不落实

目前，餐饮服务企业均有健全完善的食品安全管理制度，但部分餐饮服务企业食品安全管理制度形同虚设、流于形式，根本上没有得到有效落实。有的餐饮服务企业招聘员工违反食品安全法的相关规定，新招聘的员工未经过严格的食品安全法律法规培训，甚至未经过健康体检就擅自上岗。食品安全管理人员对从业人员要求不严格，管理不到位，责任心不强。一些餐饮连锁公司在对部分加盟门店的日常管控方面确实不到位，存在空白点。例如，在每天 10 点前的门店营业前的准备阶段，部分门店后厨员工在清洗蔬菜时随地摆放、隔夜的垃圾未及时清理、菜盘随意摆放、厨房环境卫生情况差等。而餐饮连锁公司的督导巡检时间通常在上午 10 点营业时段进行，在此之前出现的食品卫生安全隐患成了空白点。这是造成餐饮服务环境卫生恶劣的又一个原因。

（五）餐饮服务行业招工难

整个餐饮服务行业都面临招工难的问题，在新冠肺炎疫情之下招工形势更是严峻。各个加盟店招人困难，在营运过程中就会出现缺人缺岗的情况，造成门店在整体上贯彻餐饮服务食品安全操作规范上大打折扣，这也是在曝光视频中出现没有健康证就让员工上岗现象的原因之一。同时，招人难的情况会直接影响到餐饮服务从业人员的整体素质。例如，新加盟某品牌餐饮连锁企业的 700 多家门店中，"85 后""90 后"的比例明显上升。但更不容忽视的是，加盟的"夫妻店"数量较多，从业人员整体素质较低，这对于餐饮服务食品安全管理制度的执行落地是极为不利的，餐饮服务行业用工难的问题确实是亟待解决的。也需要在国家的宏观层面上出台一些相应的政策措施，对餐饮服务行业予以政策扶持。

（六）监管力量有待加强，监管人员素质有待提高

目前，我国餐饮服务行业参差不齐，既有世界级品牌的企业，也有小餐馆、小吃店、小连锁门店，业态众多，点多、面广、量大，监管难度很大。特别是县、区级监管第一线监管力量严重不足，监管经费投入不足，难免形成监管盲区、盲点、漏洞、死角、真空和缺位。在对涉事的餐饮服务企业的处罚力度和速度上，各级市场监管部门还需要进一步加强监管，真正把"四个最严"落实到位。

监管人员素质有待提高。监管人员的专业结构、知识结构尚不能完全适应餐饮服务食品安全监管工作的需要。餐饮服务食品安全监管工作带有专业性、技术性、经验性，除需要熟悉食品安全相关法律法规之外，更需要有一

定的公共卫生、食品卫生和流行病学知识，以及食品加工知识。监管人员既要能依法依规监管到位，还要有帮助指导餐饮服务企业解决实际遇到的各种食品安全问题的专业技术能力，以及新建、扩建、改建的现场技术指导等具体问题，才能适应餐饮服务食品安全监管工作的实际需要。目前，市场监管部门严重缺乏具有专业素质的监管人才。

三　建立餐饮服务环境卫生监管的长效之策的建议

各地市场监管部门积极运用现代化信息技术锤炼执法利剑，用智慧监管扎牢餐饮服务食品安全的"笼子"。

（一）最严格监管，依法严惩重处，处罚到人最关键

1. 依法严惩，处罚到人，提高员工素质最关键

分析近年来餐饮服务领域，特别是一些网红的餐饮连锁门店发生的非常恶劣的环境卫生事件，最主要的还是人为因素造成的。因此，要彻底治理餐饮服务领域环境卫生事件，就必须首先把从业人员的治理作为切入点和突破口，人是最重要的因素，什么事情都是人干出来的。只有解决了从业人员的综合素质、法律法规意识、职业道德意识、食品卫生意识问题，才能从根本上解决餐饮服务领域发生的环境卫生问题。

分析媒体上披露的大量信息，卧底记者在某餐饮连锁门店后厨看见一位员工在拿全鸡时不慎掉在了满是污水的地上，仍旧把鸡放入了锅内油炸。记者质疑是否要将掉落在地的食物洗一下，店长却表示"洗个屁，地上又不脏"！在存放炸鸡汉堡的保洁柜，以及地面上，都发现了蟑螂。对此店长说，店内的可乐机是旧机器，跑出蟑螂并不稀奇，并表示"看到就抹掉，不要大惊小怪的"。又如某门店店长所言，如果过了有效期的食材就倒掉的话，那得扔多少，谁愿意呀，及时更改时间就行了，如果气味和颜色有变化就真的不能用了，没变就可以用，过期的还可以延用半天至一天（改时间），也方便公司的检查。上述违法行为不管不顾消费者的生命安全和身体

健康，明显带有主观恶意违法。

各级市场监管部门如何把国家市场监管总局要求的以"零容忍"的态度，从严从快从重查处违法违规问题落到实处？笔者认为，重点是从严从快从重查处。各级市场监管部门必须依据《食品安全法》《食品安全法实施条例》的相关规定执行，充分发挥《食品安全法》这部"史上最严的法"的巨大震慑力，严惩重处，决不能不疼不痒，隔靴搔痒。必须对违法者实行最严厉的处罚，并坚决"处罚到人"，让违法企业和直接责任人付出沉重的代价。

《食品安全法实施条例》第六十七条规定：有下列情形之一的，属于食品安全法第一百二十三条至第一百二十六条、第一百三十二条以及本条例第七十二条、第七十三条规定的情节严重情形：

（一）违法行为涉及的产品货值金额2万元以上或者违法行为持续时间3个月以上；

（二）造成食源性疾病并出现死亡病例，或者造成30人以上食源性疾病但未出现死亡病例；

（三）故意提供虚假信息或者隐瞒真实情况；

（四）拒绝、逃避监督检查；

（五）因违反食品安全法律、法规受到行政处罚后1年内又实施同一性质的食品安全违法行为，或者因违反食品安全法律、法规受到刑事处罚后又实施食品安全违法行为；

（六）其他情节严重的情形。

对情节严重的违法行为处以罚款时，应当依法从重从严。

《食品安全法实施条例》第七十五条规定：食品生产经营企业等单位有食品安全法规定的违法情形，除依照食品安全法的规定给予处罚外，有下列情形之一的，对单位的法定代表人、主要负责人、直接负责的主管人员和其他直接责任人员处以其上一年度从本单位取得收入的1倍以上10倍以下罚款：

（一）故意实施违法行为；

（二）违法行为性质恶劣；

（三）违法行为造成严重后果。

《食品安全法》第一百三十五条规定：被吊销许可证的食品生产经营者及其法定代表人、直接负责的主管人员和其他直接责任人员自处罚决定作出之日起五年内不得申请食品生产经营许可，或者从事食品生产经营管理工作、担任食品生产经营企业食品安全管理人员。

因食品安全犯罪被判处有期徒刑以上刑罚的，终身不得从事食品生产经营管理工作，也不得担任食品生产经营企业食品安全管理人员。

食品生产经营者聘用人员违反前两款规定的，由县级以上人民政府食品安全监督管理部门吊销许可证。

各级市场监管部门，首先要依据《食品安全法实施条例》第六十七条的规定，认定违法经营企业的情节严重情形，依法从重从严处罚，即要顶格处罚。

《食品安全法实施条例》第七十五条规定，认定单位的法定代表人、主要负责人、直接负责的主管人员和其他直接责任人员的违法情形，依法追究个人的法律责任，坚决处罚到人。

依据《食品安全法》第一百三十五条的规定，严格执行"从业禁止、终身禁业"惩戒规定。

2. 以环境卫生为突破口，开展专项整治攻坚行动

各地市场监督管理部门组织开展餐饮服务食品安全环境卫生攻坚行动，以问题为导向，全面贯彻《食品安全法》及其实施条例，以"洁厨亮灶"为抓手，以环境卫生为突破口，强化餐饮服务提供者主体责任落实，深化专项整治，确保从业人员健康体检率达100%，餐饮具消毒率达100%，中央厨房、集体用餐配送单位、城镇学校食堂、大中型餐饮服务单位100%实现"洁厨亮灶"，农村学校食堂"洁厨亮灶"达70%以上，食品安全事故发生率控制在万分之二以内，人民群众安全消费体验不断上升。

各地市场监督管理部门在日常的餐饮服务食品安全监管过程中，要重点做到"两看""一比"。

一看后厨。餐饮服务企业的环境卫生和安全状况，既要有"面子"，更

要有"里子"。在做好就餐大厅环境卫生保障的同时，后厨作为加工操作阵地，环境卫生和食品安全更为重要。过前堂，奔后厨，查看环境卫生情况，里子外翻，推进餐饮服务食品安全由表及里。

二看设施、看卫生。到每一个餐馆、连锁门店，重点查看店内卫生设施、用品配备情况、卫生清洁情况以及各项记录是否完备，消毒设施是否达标，餐饮具是否消毒彻底、干净卫生，操作厨具使用和摆放是否规范、色标管理是否到位等等，仔细查看每一个细节的环境卫生状况。

三比干净、比规范、比质量。组织开展餐饮服务企业"4D＋6S"管理模式提升观摩活动，比比谁家更卫生、更干净，比比谁家更规范、比比谁家食材更新鲜、质量更好，相互学习、相互监督，促进所有餐馆、连锁门店环境卫生状况和食品安全水平整体提升。

各地市场监督管理部门既要对中小餐饮服务企业实行最严格的监管，也要坚持因地制宜，疏堵结合。一般来说，大型餐饮服务企业食品安全意识较强，自律比较自觉。对中小餐饮服务企业，还要进行引导、指导和帮助，督促其自觉地遵守食品安全法律法规和《餐饮服务食品安全操作规范》。

3. 制定环境卫生标准，引导餐饮单位精细化管理

餐饮服务业后厨和就餐环境既关系到食品安全，也关系到消费者的餐饮体验和感受，是餐饮服务企业的"里子"和"面子"。北京市就制定了全国第一个《餐饮业就餐区和后厨环境卫生规范》。该规范有利于激发餐饮服务企业自我约束、自我规范、自我提升的内生动力。规范强调了餐饮业保持就餐区和后厨环境卫生应当或适宜采取的措施，细化了餐饮业环境设施的基本条件和清洁卫生基本要求，引导餐饮单位实现规范化、精细化管理，防止环境污染，实现餐饮企业的自我约束、自我规范、自我提升，保障食品安全和消费者身体健康。全面提升餐饮服务行业的食品安全、环境设施、文明服务和规范管理水平，督促餐饮服务单位建立落实环境卫生清洁制度，建立清洁记录，明确清洁岗位职责，以保障食品安全和消费者身体健康。

云南省市场监管局制定了《餐饮服务环境卫生全改善行动工作规范和标准》。"净餐馆"专项行动工作规范和标准包括餐饮服务提供者分类标准、

餐饮服务提供者分类达标标准、"净餐馆""七个达标"示范图例、"明厨亮灶"建设示范图例、餐饮服务提供者主体责任指引、餐饮服务单位食品经营管理制度规范指引、"净餐馆"行动考核评审细则等七个方面的政策指引。强化餐饮服务单位主体责任，持续改善餐饮服务环境卫生条件，全面落实"不达标就整改，不整改就严处"的要求，从周边环境整洁、就餐场所干净、后厨合规达标、仓储整齐安全、餐饮用具洁净、从业人员健康、配送过程规范"七个达标"方面，着力打造放心、安心、舒心的餐饮消费环境。

（二）严格食品安全培训、提高员工综合素质是根本

各级市场监督管理部门应该严格检查督促餐饮服务企业落实食品安全培训制度，严格抽查培训落实情况。从一些食品安全管理方面做得比较好的餐饮服务连锁企业的管理实践来看，之所以能杜绝餐饮服务环境卫生问题，强化员工的食品安全培训是关键，食品安全培训是餐饮服务环境卫生治理的治本措施。即首先要提高所有员工的食品安全意识、使其自觉养成良好的卫生习惯。如果不提高员工的食品安全意识，他们不自觉养成良好的卫生习惯，建立餐饮服务环境卫生的长效机制就是一句空话。食品安全的成功做法是：建立食品安全线上线下、立体式培训模式，加大对从业人员的食品安全基本知识、法律法规知识、操作流程等的培训力度，从业人员在通过食品安全培训严格考核合格后方可上岗。对相关从业人员抽测和考核，其中食品安全法规知识抽查考核合格率必须达到100%。只有通过严格的"洗脑"式的食品安全法律法规、食品卫生等基本知识培训，做到所有员工都把食品安全管理制度的内容真正地记在了脑子里、融化在血液中、落实在行动上，自觉地做到讲卫生、讲良心、讲道德、讲公德，操作过程标准化、统一化、规范化，才能从根本上解决餐饮服务环境卫生问题。

（三）建立完善餐饮服务食品安全管控体系是手段

现代餐饮连锁已经从线下流量到线上渠道全方位连锁，随着门店的扩大，规模和体量越来越大，各个加盟店内部管理参差不齐，管理难度越来

大。仅仅靠各级市场监管部门的监督检查，无论是时间、空间，还是监管检查人员的数量，都是无法做到全天候、全覆盖的。因此，各级市场监管部门必须严格督促餐饮连锁公司总部切实落实食品安全主体责任，构建完善的标准化、规范化、信息化的食品安全管理体系。（1）建立门店自检、总部督导巡检、专项巡检、飞行检查、突击检查、互检互查、暗查暗访等内部管控机制，配备专门的暗访暗查队伍。（2）建立和升级各门店后厨的电子视频监控系统，用高清摄像头监控门店后厨的操作。配合 AI 技术天眼系统，规范厨房标准操作程序，通过人工智能定期截图，诊断食品安全和厨房整洁度。（3）引入大数据管理工具，例如电子巡店工具，提升督导巡查效率，快速抓取员工的违法违规证据，将每周的结果以及存在的问题，定期形成周报，及时向公司总部上报，快速采取整改措施。（4）实施总部对各门店的大数据管理，每项操作流程都以数字化呈现，记录在案，有据可查，而且还可以协同共享，可溯性、可视度和监控效率大大提高。在集团总部大屏 24 小时即时呈现，收集管控所有门店的必采数据，通过数据分析处理，找出高风险门店有针对性地进行食品安全风险防控。（5）建立严格的内部惩罚措施，餐饮连锁公司总部只有加大对违法违规门店的处罚力度，提升加盟店店主及门店员工维护环境卫生、食品安全的自觉性，才是解决环境卫生问题的根本。（6）郑重、公开承诺全部门店的后厨对消费者和媒体完全开放，所有门店后厨应该主动接受来自媒体、政府、顾客的采访、检查或者参观，后厨加工制作的重点部位和关键环节通过透明橱窗或视频监控对外公开展示，主动接受全社会公开监督。

（四）积极引导、指导采用先进管理方法是长效之策

近年来，各级市场监督管理部门积极引导、指导餐饮服务行业逐渐采用并不断创新了优质、先进、高效的环境卫生管理模式，如4D、5S、6S、五常法、六个天天等。根据笔者在全国各地对餐饮服务企业的现场检查、考察和参观的体会，推行上述管理模式最重要的作用，就是从整体上、根本上有效提升了餐饮服务企业员工的综合素质。员工的综合素质提高了，就能自觉

地养成良好的卫生习惯和操作习惯，就能显著地改善餐饮服务环境卫生状况，可以说是解决餐饮服务环境卫生状况的长效机制。

1.4D + 6S 管理模式

4D 与 6S 名称不同，但大同小异、殊途同归，都是通过规范餐饮服务行业的经营行为，落实餐饮服务企业食品安全主体责任，层层细化管理责任，促进餐饮服务食品管理工作精细、精致、精准，达到保障食品安全之目的。在餐饮服务行业推行 4D + 6S 管理模式，既是餐饮服务食品安全监管的实际要求，也是餐饮服务行业发展的必然趋势。

4D 管理模式是近年来在餐饮行业发展起来的获得认可的一种后厨环境卫生管理模式。所谓 4D，是指将后厨管理细分化、规范化、明晰化，确保责任到人、工作到岗、物品到位。

4D 管理是指：整理到位、责任到位、培训到位、执行到位。打造透明、卫生、安全的健康厨房。因为到位首拼为"D"，所以 4D 管理也称为"4D 厨房"。

6S 管理模式是最简单、最基本、最重要、最见效的现场管理方法。6S 管理模式，即素养、安全、整理、整顿、清扫、清洁。6S 管理模式的核心是素养：每位员工养成良好的习惯，并遵守操作规范，培养积极主动的精神（也称习惯性）。目的：培养有好习惯、遵守操作规范的员工，营造团队精神。

推行 4D + 6S 管理模式提升环境卫生质量典型实例：走一走，看一看，餐饮店干净不干净，后厨卫生不卫生。2019 年，某县市场监管局在餐饮服务行业推行 4D + 6S 管理模式，精心谋划，科学决策，制定了《餐饮服务单位 4D + 6S 管理模式工作方案》，市场监管执法人员"分人包店，责任到人"，建立一店一档台账，对达标的，实行销号制。采取事前指导、事中服务、事后监督的工作模式，宣传 4D + 6S 管理模式，引导餐饮服务单位积极参与。通过召开培训会、推进会，向广大经营者宣传 4D + 6S 管理工作的好处和意义，打造样板店，抓典型，树标杆，使经营者做到学有榜样、干有标兵。利用餐饮服务微信群，把 4D + 6S 管理工作做得好的餐饮服务单位的照片、视频上传，让其他餐饮服务单位自己学习、自己比较，好的表扬，差的批评，时时讲，天天谈，倒逼餐饮服务经营者开展 4D + 6S 管理。目前，所有餐饮服务单位均已达到 4D + 6S 管理标准，各种环境卫生设施设备齐全，各餐饮店每天收工时打扫卫生，每星期进行搬家式大扫除已经常态化。一批管理有序、从业人员操作规范、店面环境整洁、后厨干净卫生的餐饮服务单位应运而生。大到饭店、餐馆、餐厅、厨房的整体布局，小到调味品、餐具、毛巾的科学摆放，地面粘有地标线，墙面贴着提示牌，就餐环境令人心情舒畅、安全放心。

例如，某中型餐饮单位，隔着透明的玻璃，后厨员工备餐作业、戴手套、戴口罩、切菜、调菜、煎炒烹炸、厨具摆放、生熟食操作、地面卫生等清晰地映入消费者的眼帘，干净整洁，井井有条，让人真切地感受到餐饮服务单位对食品卫生认真负责，让顾客吃得放心、安心。

明厨亮灶结合 4D + 6S 管理模式的实例：近年来，各级市场监督管理部门积极推进餐饮服务后厨明厨亮灶行动，采用隔断矮墙、透明玻璃幕墙、视频显示、网络展示等方式，将餐饮后厨的加工制作过程公开展现给消费者，主动接受公众监督，被称为"看得见的食品安全"。为了将明厨亮灶的工作做得更精、细、实、全，各级市场监督管理部门应积极引导、指导餐饮服务单位在原有明厨亮灶的基础上采用 4D + 6S 管理模式，打造后厨环境卫生升级版的明厨亮灶，更有利于接受全社会的公开监督，更能赢得广大消费者的信任。

2. 五常法管理模式

在我国的香港、台湾地区，5S 管理方法被形象地称作"五常法"，被广泛应用在大型餐饮、连锁快餐店、酒店等，以加强本单位以"安全、卫生、品质、效率、形象及竞争力"为目标的管理。"五常法"是一种基础或基本的管理技能，非常适合餐饮业的食品安全管理，尤其是中小型餐饮企业的日常食品安全管理。五常法是用来维持产品品质、控制开支、节省成本和保证环境卫生的一种有效管理方式。五常法也是结合中国传统文化与餐饮服务企业特点创造的一套浅显易懂的管理模式。

五常法很适合餐饮服务企业，特别是中小型餐饮服务单位的食品安全管理。因为，五常法容易被中小型餐饮业主接受和掌握；中小型餐饮服务企业的加工经营场所较小，必需的物品不多，实施五常法管理，可操作性较强；可以有效地改变中小型餐饮店存在的"脏、乱、差"的现象，有效改善餐饮服务的环境卫生状况。

　　3. 六个天天管理模式

　　餐饮服务企业如何天天达到并保持食品安全操作规范的要求？如何寻找一种科学长效的现场管理模式，使现场干干净净、井井有条，天天如此，经常保持？餐饮服务行业在5S、6S管理模式和香港"五常法"的基础上，按照国家餐饮服务食品安全操作规范的要求，结合餐饮服务行业的实际，创建了六个天天管理模式，做到：天天处理、天天整合、天天清扫、天天规范、天天检查、天天改进，简称6T实务。

　　六个天天管理模式是在创新管理理念基础上创造的适合于餐饮服务行业环境卫生的一整套科学的、系统的、长效的餐饮服务食品安全管理模式，也是强化餐饮食品安全意识、提高食品安全管理水平、促进餐饮服务企业员工自律、消除餐饮服务食品安全隐患的一种有效手段，至今在很多餐饮服务企业里应用。

　　在推广六个天天管理模式的实践中，最重要的就是首先组织各餐饮服务企业负责人和全员进行培训。在全员培训的基础上首先做前3T（天天处理、天天整合、天天清扫），做到区分必需和非必需品，现场不放置非必需品；将必需品放置在任何人都能立即取到的地方，能在30秒内找到要找的东西；将餐饮服务行业的食品安全法规已经落实到每个岗位和每个细节，人人做清扫，天天保清洁。在实施前三T取得成果后，就不停顿地实施后2T（天天规范、天天检查），采用透明化、公开化等一目了然的现场管理方法，将前3T的成果规范化、制度化；通过检查促进员工养成持续的、自律的遵守规章制度的良好习惯。

　　实践证明，在餐饮服务行业全面推广六个天天管理模式后能够做到政府省心、企业开心、市民放心。

小结：餐饮服务企业实行 4D＋6S、五常法、六个天天等现场卫生管理模式，其中体现了很多先进的管理思想，是管理理念的创新，蕴含着深刻的现代管理理念和企业文化的精髓，是一种科学的和先进的管理方法和管理模式。它是建立在实行全员管理的基础上，让每个员工都从日常环境卫生、食品卫生做起，将管理工作细化到整个餐饮服务全过程。最重要的是通过循序渐进，潜移默化，提升员工的综合素质，抛弃不良的卫生习惯，自觉养成良好的卫生习惯，一以贯之地保持良好的环境卫生状况。餐饮服务单位的主要负责人、门店店长必须深刻认识到餐饮服务行业推行 4D＋6S、五常法、六个天天管理模式的重大意义，坚持不懈地贯彻始终，严格落实食品安全主体责任，做到有效规范管理，依法依规经营，为人民群众创造良好、安全、卫生的就餐环境，保证广大消费者舌尖上的安全。

智慧监管在食品安全治理模式创新中的作用与效能

栾润峰[*]

摘　要：伴随食品产业的快速发展，暴露出"市场主体大量增加与监管人员不足""食品安全与人们对美好生活追求"之间的矛盾，食品产业要实现"发展和安全"兼得就必须创新升级监管手段。智慧监管创新要实现理念和技术双创新，理念从"传统主要依赖监管人员监督检查"转为"以夯实市场主体责任为核心，全面实现社会共治、信用监管、靶向监管"，形成市场自我运作、法制保障的人人为食品安全负责的产业发展模式；技术上要全面引入新型技术，构建人人互联的平台，实现数字智慧治理安全问题。通过创新，重塑市场角色关系，充分调动各级力量全面参与食品安全治理，为保障产业快速发展、提升监管效率、提升百姓满意度提供可持续的机制和技术保障。

关键词：主体自律　社会共治　信用监管　靶向监管　五定防伪　风险库

---

* 栾润峰，硕士、正高级工程师，天津大学兼职教授，研究方向为信息技术、物联网、人工智能、大数据、智慧监管、社会治理等。

一 食品安全"智慧监管"的背景分析

随着城市化、食品工业化的快速发展，食品的生产趋于规模化，食品的流通链条环节趋于复杂化，食品经营者（餐饮/食堂）数量迅速增长，从田间到餐桌，食品制作、食品存储、食品运输等环节对食品安全管理都提出了很高的要求。但随着食品产业的规模扩大，大量从事食品行业的市场经营主体并不能有效地做好食品安全工作，导致大量食品安全问题隐患。

随着食品产业的快速发展及登记制度改革，经营主体的数量在快速增长，国家整体发展在精简行政人员、优化监管效能。在这个过渡期，"市场主体大量增加与监管人员不足"的矛盾会越来越突出，而食品产业的健康发展目前主要还是依靠政府的严格监督，这样就会出现"人少事多、无法监管到位"的局面，同时监管人员身兼数职，这对监管人员的专业水平也提出了很高的要求，提高监管效率和监管质量面临巨大的挑战。

近年来，"放管服""宽进严管"是市场改革的主要思路，这个政策很好地激活了市场主体，但市场上也增加了很多需要培训的食品从业机构和食品从业人员，其"严管"重在事中监管，如果监管手段改革不到位，势必会由于主体的快速进入，引发更多的食品安全问题隐患。

随着中国中产阶级的快速崛起，更多人开始关注食品安全、身体健康。目前的食品安全现状，引发大众对食品安全的信任问题，这对了食品产业的快速发展形成制约。

食品产业既要快速发展，又要保证食品安全，满足人民对美好生活的需求，为此我们就必须做到"发展与安全"并行，引入有效的智慧监管是势在必行的事情。通过智慧监管给食品产业发展赋能，才能全面实现"宽进严管"，在活跃市场同时，保证市场健康发展。

新型智慧监管利用"智慧监管理念创新"和"智能技术手段应用创新"，改变传统的监管模型，"以夯实主体责任为主、全面调动社会大众参与、构建公开公正的信用监管、充分发挥行业协会作用、有效提升政府监管效率、全面实现社会共治"，创建新型食品安全监管模式，确保食品产业既能快速发展以满足人民对美好生活的需要，也能安全发展，让人民的生活安全能够得到保障。

二 "智慧监管"的核心思想

智慧监管不是将传统的监督检查业务信息化，形成一个个孤立的信息化业务系统。我们必须结合新时代的发展以及新型技术的普及，全面实现"理念"和"技术"双方面的创新，构建基于大数据的智慧监管平台，从根本出发解决食品安全问题。

食品安全问题本源是"市场主体能力和主动意愿的缺失而导致大量食品安全问题的出现"，所以我们要全面构建一套以"夯实主体责任"为核心，以"预防问题"为主的食品安全智慧监管理论体系；同时充分利用移动互联技术、物联智能技术、AI人工智能技术以及大数据技术、云技术等，构建食品安全智慧平台，全面实现以"智慧大数据驱动"的现代化智慧监管。

食品安全智慧监管的核心是要"从根本上杜绝食品安全问题的产生"，其中重点就是"如何让市场主体有能力并愿意去主动规避风险"，改变传统过于依赖监督人员检查规避问题的形式，实现以市场主体检查为主，做到"他干"（市场主体自我检查）等于"你干"（监管人员检查），从而再进一步实现"要他（市场主体）干"为"他要干"，只有问题的制造者不再制造问题，发现问题后能及时处置，我们就能实现问题的预防和及时处置，才可能从根本上解决问题。所以"食品安全智慧监管"主要围绕"如何夯实主体责任"来构建智慧监管的理论框架。

首先，我们想要每个市场主体都能真正做到安全品质内控（其中大量的企业并不具备合规的管理能力），我们必须借助科技手段让企业食品安全品质内控变得"更简捷、可执行、投入产出合理"，现在一个现实的问题就是，以餐饮行业为例，每年的新店置换率达到30%以上，大量员工文化程度偏低，如何让这些餐饮店知道该控制哪些安全问题以及让从业人员掌握基本的从业知识，并能进行规范操作？这对每个餐饮店都是一个难题，更何况有成千上万的餐饮企业，要保障从业人员在操作时不犯错误，是一个非常复杂的难题，所以在这个体系中我们必须借助科技手段，提供更好的高效工具，让所有企业主体的品质内控管理趋于简捷化、普及化、闭环化，如此才能够充分调动每个市场主体控制好食品安全风险的积极性，从而提升整个行业的控制水平。

其次，一个企业如何才能一直坚持自我品质提升，这里面的关键就是企业品质提升能让企业长久获利，现在最好的方式就是"社会共治"。我们要借助现有的移动互联技术，打造一个互联网平台，让企业与社会大众、所有利益体全面公开互通，通过市场机制营造出一个良币驱劣币的市场环境，一个信用监管的体系，让食品安全行业进入一个良性的营商环境，主体做了品质提升，即可增加收益、降低整体运营成本、获取社会认可价值，这样我们才能夯实主体责任。

有了以上基础，政府监管就可以从"以往繁忙的大量全覆盖监管检查业务"转为"食品安全规则定义、靶向监管问题企业、肃清市场"，即可用有限的监管资源进行在线管理，辐射更多的管理对象，做到监管效率提升和公开公正的法制管理。

社会大众也会通过以上社会共治机制，查看到更多的市场主体的品质提升信息，获知更多的情况，树立正确的食品安全意识，积极、充分参与食品安全社会治理，获得公正的消费环境，提升满意度，为食品行业发展提供良好的社会环境。

在以上模式中，我们已经充分地利用移动互联网技术、大数据技术、区块链管理技术，我们进一步可以引入 AI 智能、物联智能、大数据智慧等技术，对一些重点问题进行科技赋能、机器代人，通过智能技术手段无差别地实时采集各类市场主体的运营数据，应用智慧大数据理论构建风险问题发现预警控制模型，提升食品安全问题发现的及时性、智慧性，更及时有效地管理一些关键食品安全风险问题，全面提升监管效率。

"食品安全智慧监管"充分地思考食品安全的本质问题以及社会发展现状，重新梳理了市场主体、监管人员、社会大众的关系，定位三大角色在体系中的角色职能，借助信息科技手段，全面实现市场生态互联，有效实现"市场＋法制"的高效率监管运营方式。全面实现市场主体数字化、智能化管理。从理念和技术上实现对食品安全监管的全面创新，全面提升监管效率和监管品质，实现食品安全的现代化治理创新升级。

三　如何实现智慧监管"他干"＝"你干"

现有的监管模式，大多主要依赖政府人员的现场检查、随机抽查进行管理，这种模式过于依赖政府监管，商家会花更多的精力去应付政府，而不是把心思花在品质提升上。现实中，监督人员也没有足够的人力实时监督每家企业，同时过度的上门监督也会造成对企业经营的干扰。

首先我们要对现状重新思考，如果大部分企业不能够做好基本的企业经营管理，靠监管人员去帮助检查指导，很多问题本来在利益的驱使下很容易被忽视，那结果就是即使属地基层监管人员再忙，问题仍然不断。所以我们要转变"以监督人员检查为主"为"由企业自己主要负责日常问题检查和规避为主"，并进一步提升属地基层监管人员识别问题企业的能力，避免盲目性检查。政府监管人员应该把更多精力放在对行业经营安全规则的定义、优化及落地执行上，对不遵守规则的进行靶向监管执法、曝光，加大执法力量，肃清市场，从而推进具体的安全措施有效落地，保证属地全面的食品安全。

从根本分析，只有市场主体（问题的缔造者）能够主动规避问题、避免食品安全问题产生。但现实中我们面临以下问题：行业快速发展，整个食品产业为适应快速的城市化、工业化，催生了大量不同业态的市场主体，涌入了大量从业人员，这些企业初涉食品产业，从业人员也不具备成熟的行业技能，同时都要追求快速盈利，在品质保证上都面临巨大的压力，同时随着行业的恶性竞争，必然会放弃长期利益，而短视化地经营企业。究其原因，市场主体由于没有能力实现企业"发展与安全"的并行，就会冒着食品安全风险进行经营。

我们如果希望市场主体能够夯实主体责任，首先要做的是给企业食品安全品质内控赋能，让其有能力实现高效率的企业内控。对于内控赋能问题，我们首先要解决好成千上万的各类食品企业对"从业知识、法律知识"的充分掌握问题，让企业能够掌握自己从事的领域的关键知识和法律知识，懂法懂规是基础。其次，我们要赋予企业高效的内控管理能力，能让企业从业人员都全面认知风险，掌握风险控制措施，落实好每个风险闭环控制，我们必须提供简单易用的手段，让食品安全内控真正落实到每个环节、每个角色；企业的安全管理者及责任人要能够应用高效手段对企业风险进行管理、及时处置问题。最后，我们要让属地监督管理人员有及时发现不合规企业的手段，从而能够实现靶向管理，进一步实现快速的督办和指导，让每个企业都能做好工作。

如果通过新型的理念和科技手段，将食品行业的每条风险防控规则落实到每次行为中，我们就能实现"他干"（市场主体每个人员检查）＝"你干"（政府监督人员去查），将过去由几百、几千政府监督人员来维护的食品安全转变为由成万上亿的从业者自我监督检查，让每个食品安全风险都在经营过程中得到提前预防，将食品安全管理重点放在"问题预防"上，通过夯实市场主体的责任，从根本上规避食品安全问题的产生。

下面我们具体来说明如何借助新型技术来有效夯实主体责任。

第一步，首先要由政府驱动，政府或行业协会主导，细化食品安全行业的风险控制规则：形成"从食品生产、食品流通到食品经营（餐饮、食堂）以及特种食品"的行业风险问题管理规则，通过分析每个业态的经营过程，识别每个业态的关键经营环节，并以问题导向思维梳理出风险点，针对风险点梳理出基本的防患措施规则要求以及相应的法律法规，做到条理清晰，人人有据可依。

比如我们对食品生产主要过程进行分析，从进货到最后成品出货，主要有食材进货、食材存储、食材投料、食材加工制作、成品检验等环节，我们识别"食材进货风险",以避免企业从不合规企业进货、进货的产品没有经过合规检验,我们将该风险点进行识别,并定义为食品生产企业的重点风险,并要求企业在进货时必须登记进货记录,登记食材的检验报告以及供应商的合规资质,必要时对关键食材要做自我检验留痕,并在食品安全法中获取明确法律依据,给予对应说明。这样形成了食品生产企业的基本风险库,每个食品生产企业进入平台后即可快速获取相应的、准确的指导。"食品安全风险规则库"根据未来的行业发展大数据,持续进行版本迭代完善,这样既可做到有据可依,同时能做到与时俱进、准确引导。

第二步:要做到对每个食品从业市场主体的线上化全面管理:每个市场主体要有唯一身份,并全面准确地在平台上进行入驻登记,并要对企业数据进行数字化留痕。我们前期通过社会信用代码(许可证号)对企业做唯一区分,后期我们对企业有了全面画像,每个企业就会一个非常清晰的画像,我们根据企业的运营数据不断地对其分析,实现主体的风险分级、信用评分,从而为智慧监管建立良好的数字基础。社会大众会根据信用评分对其进行选择性消费,政府会根据风险评级对其实现靶向重点监管,企业自我管理有清晰的目标,行业根据信用评分可实现有效的行业管理等。

市场主体的数字化、线上化是智慧监管的基础,全面实现了市场主体的线上互联,实时采集各种相关的主体数据,充分实现了对管理对象信息的真实掌握,避免了以往对主体只能通过上门才能掌握到一点信息的弊端,为智慧监管建立关键核心数据。

第三步:确保每个市场主体可以快速识别自己的食品安全风险,并将风险预防控制分配到企业的每个人员,具体落实如下:借助平台我们给每个业态以及不同经营范围设置了基本的风险点规则,任何一个企业入驻平台后,就可以快速地获取基础的风险控制点,平台会根据业态类型自动地将风险点推送给企业,企业人员登录平台后,都可以在自己企业的首页待办任务中,清晰地看到自己企业要关注的关键食品安全风险问题控制点,可以查看风险点的具体控制措施。比如,一个餐饮行业入驻平台后,系统就会自动给其推送(原料进货风险、原料贮存风险、烹饪区环境卫生风险、餐具清洗消毒风险、餐具保洁风险、专间加工制作风险、专间设备设施风险、人员卫生风险）等重要风险点，任何一个餐饮企业都可以通过对待办风险点向导进行风险控制处理，就可以掌握和控制好自己企业的风险点，并形成风险管控意识。在这里平台采用千企千面、千人千面，平台可以在不同地区根据不同业态的发展情况，设置不同的风险点控制规则，不同地区的企业根据自己的业态可以看到自己对应的风险点，这样我们就可以让所有的企业快速地掌握到风险点。

第四步：平台确保每个从业角色能够快速、便捷地掌握对自己的风险点的控制方法，掌握基础的食品安全控制知识，准确、有效地落实措施：从业人员登录平台后，即可收到推送给自己的风险检查任务，点每个检查任务，就会实时弹出具体检查的规则、方法以及相关的法律法规要求，平台通过图文、语音方式进行提醒，这种碎片化的实时指导，让每个人都可以快速地掌握相关的食品安全业务知识和法律知识，从而解决行业的培训难题，让每个操作员都知道如何控制对应的风险，养成规范的操作习惯；并强化了所有从业人员的法律意识，提升法律力量，让每个人都能掌握法律的细节，从而能够按法行动，让行业的安全管控规则得到根本上的落地。

第五步：平台通过五定防伪区块链技术，确保任何一次的检查落实都真实有效：过往的检查都是在表格上签字或打钩，实际往往流于形式，并没有真实地做好检查。为确保每个人都能真实地做好检查，我们采用了移动互联的技术，真实地还原当时的操作场景，进行全面场景采集，形成五定防伪图片或视频，不可篡改，可永久留痕，实现永久可追溯。通过"定位置、定时间、定人员、定场景、定事件"的五定防伪技术，将操作检查结果通过图片或视频的方式进行呈现。每次检查都存有操作人员的真实头像以及具体操作时间、地点、场景，确保可以追溯到每个行为的具体负责人，这样确保了每次检查都是真实的，杜绝造假和形式主义。

第六步：企业经营者可以实时查看自己企业的风险状态及风险控制情况，并及时处理风险问题。通过日常真实的数据采集，结合风险模型，企业的经营者可以实时看到企业的安全经营状态并收到实时的提醒：哪些风险得到了有效控制，哪些缺少有效的监控；对于高风险的问题，实现声光电的强制性报警，如果未加处置，就持续报警，直到问题消除。这样我们通过智慧手段，就能系统地帮助企业发现问题，并报警督办企业把问题处理完毕，从而及时规避问题恶化。

比如对一家餐饮企业来说，专间制作区域等都有严格的温湿度要求，如果温度超标，通过数据采集并与标准设置自动对比，就能及时发现这个风险点，及时给餐饮经营者报警，餐饮经营者及时采取措施，从而能够保持专间环境一直处于良好的运营状态，降低专间食品污染的风险。

上述五定防伪企业自查方式，只需要一部手机即可快速让企业做好风险预防，并得到很好的知识培训、树立良好的法律意识、形成规范行为的习惯，既简捷又便利，让每个主体实时防范食品安全问题变得高效可行。

第七步：随着科技的发展，对于一个关键风险点位，我们可以通过引进更多的 AI 智能识别及物联智能手段，来进一步提升风险控制的效率。

"AI 智能识别" 可以实时采集场景信息，并对采集的图片、视频通过风险模型进行智能判定，从而识别问题、进行报警。我们在关键风险点安装终端数据采集设备，实时采集现场场景信息，并通过智能模型进行问题识别分析，形成问题预警消息推送报警。比如针对食品经营环节，需要工作人员带工作帽、禁止在工作区玩手机、垃圾桶要盖盖等等，对于农贸市场占道经营、乱摆乱放、地面水坑、老鼠等动物的意外闯入等进行快速识别；通过 AI 智能抓取和安全管理模式，能实时识别并报警，提升问题、发现效率。

物联智能设备可以感知现场环境中的"温度、湿度、气体浓度、物体移动、光照强度"等，可以感知重量、成品成分等，通过物联传感器对环境及产品数据进行实时采集，从而真实、全面地收集数据，建立预警报警机制，实现实时监控。比如快检设备，可以有效采集到食材的成分含量信息；电子秤设备可以采集到食材的类型及重量信息；移动监控设备可以实时监督挡鼠板的位移，确保库存挡鼠板准确在位；温湿度设备可以监控场所的环境；气体感应器可以监测煤气泄漏、氨气是否超标等等，通过这些感应设备，我们能实时采集到丰富而真实的数据，并按照设定的阈值进行风险报警。

对于一些餐饮燃气泄漏等风险点，我们要进一步增强对智能控制的应用，通过对燃气泄漏的智能监控，发现燃气泄漏后自动启动阀门关闭程序，从而自动控制风险问题。通过智能设备的智能控制，实现点火智能控制，在风险事故产生前对相关危险行为进行自动控制，从而实现直接自动控制风险。

随着科技的日益进步，以上技术成本逐步降低，我们将陆续对关键风险点实现 AI 智能识别、物联智能识别、物联智能控制，从而实现机器代人，真正地全自动化控制风险。当前我们已经可以在一些关键食品经营场所实现一些智能设备普及应用，比如在食堂后厨、生产现场、流通食材检测等关键点上，根据各地运营条件，逐步实现了阳光智慧餐饮、阳光智慧工厂、阳光智慧农贸等，通过部署以上智能方案，实现重点领域的关键控制。

通过以上七步，我们采用先进的监管理念，结合科技发展应用，给市场主体提供了有效的自我品质提升手段，既有低成本的人工五定自查方式，也有高风险的智能检查方式，让市场主体能够采用数字化手段，对自我管理赋能，又能树立主体责任意识，实现全面食品安全的问题预防管控。

第八步：社会的进步需要一个过程，因而我们需要有一些有效的强制手段来促进以上规则的有效落地，一个区域的企业能够逐步形成自我管理的习惯，我们需要给监管部门提供有效的抓手。

作为政府监管人员，可以有效地掌握自己管辖区域每个市场主体的风险控制状况，对于没有进行有效控制的企业能够快速识别，及时发现重点问题，通过自动化线上手段即可进行督办。管辖区域的企业都已经实现线上化，并能够及时地收到对应的风险控制要求，并在没有处理时会自动收到风险报警。这些数据汇总在平台，任何一个监管人员根据自己的管辖区域范围，就可以看到自己管辖的企业哪个按规则合格完成了检查，哪些落实不到位、存在问题。线上即可仔细查看这家企业的详细信息以及具体日常检查情况，对于不合格的检查定向发出督办整改要求。

监管人员充分地利用数字化手段，实现了对属地企业的全面管理，对问题企业实现靶向监管，通过前期督办，即可快速建立企业的自查习惯，充分夯实企业的主体责任。通过分析区域大数据，不断发现问题，完善风险问题监管规则，借助技术手段快速在一个区域全面地控制好管辖区域的食品安全风险。

通过以上智慧监管方案的具体实施，我们重塑了食品安全管理的关系，重点给市场主体赋能，夯实主体责任。让主体从源头上有效预防食品安全问题，而不是通过基层日常监管发现问题后才去规避，真正实现"他干"＝"你干"。市场主体要时刻关注风险，真正落实风险控制，从而实现全面的风险问题预防。

四 实现社会共治、信用监管，升级 "要他干"为"他要干"

我们通过给企业食品安全内控管理赋能，实现了"他干"＝"你干"，但我们站在企业的角度考虑问题，任何一个企业都是一个利润体，以上的方式终究还是一种监控模式，整体感觉是政府要求你这么干，你要遵守规则，这样最终还是存在管制关系，监管人员需要花费大量的精力去监管。从本质上思考，我们要做到效率最大化，必须让企业愿意实现自治，最佳的方式就是通过"社会共治"实现市场运作，变"要他干"为"他要干"。企业存在的价值就是创造利润，只有对企业利润产生价值的事情才能成为企业自发的持久行为。通过提供高品质的产品或服务，并从中获取更多的收益才是企业长远发展路径，但食品产业是一个竞争非常激烈的行业，很多情况下企业都在通过低价恶性竞争，通过削弱品质、降低成本来获取微薄的利润，形成了劣币驱良币的市场形势，直接造成的后果就是社会大众的利益受到损害、企业发展越来越难，市场的安全监管难度越来越大。但同样我们也要看到，随着中国中产阶层人员的不断增加，大家选择服务已经不再像以前那样只看重价格，也逐步关注到品质和安全，其实已经具备品质发展的市场环境，但大家缺少一些更好的渠道去了解一个企业的经营安全，企业也缺少有效的手段去有效地展示自己的食品安全经营品质。

基于以上思考，我们需要构建一个良好的市场环境，让品质企业可以因为品质提升获取更多的流量和收益，这样企业才有动力和意愿去自我提升品质，从而保障食品安全。

以下论述如何借助互联网技术构建一个社会共治、信用监管的平台。

第一步：首先要"全面社会共治"，给企业一个全面展示的平台，企业可以将自己的经营过程通过"现场直播、资质公开、品质内控关键行为公开、评价公开"等，全面地展示给社会大众。社会大众通过一部手机就可以随时随地地查看自己关心的食品企业，并对其有清晰、全面、实时的掌握，可以对其产品和服务以及经营过程进行评价及问题上报互动。通过社会共治平台，优质的企业可以与社会大众形成公开交互的方式，全面地展示自己的品质，取得大众的信任。

通过社会共治模式，社会大众拥有了更多的知情权，提升了对食品安全的整体认知，相信事实，不信谣不造谣；平台给社会大众提供上报问题的渠道，让其可以积极参与反馈问题、传播社会正能量，并获取相关的正能量积分激励，可以到品质店消费。

通过以上模式我们为品质店不断导流，企业只要用心做好品质提升、增强内部管理、做到公开透明，就可以获得更多的曝光和推荐，以及社会大众的关注，从而获得更多收益。

由于实现全面的公开，企业被千万人监督，自然也就建立了以客户为中心的企业管理模式，通过不断提升安全品质，增加自我的收益。

第二步：我们构建信用监管体系，平台全面采用了数字化管理手段，我们就可以采集到丰富真实实时的主体实际经营数据、政府人员的监管信息、社会大众的参与数据、企业的基础信息等，这些数据实时、真实、全面，全方位地对每个市场主体形成有效实时画像，形成一个企业安康指数，这个指数可以反映企业的真实情况，形成一个公平的信用评分。形成的信用评分，既可以在平台上引导权益合理分布，信用高的企业可以获取更多的曝光、获取更优质的供应链、获取更多的政策优惠等等，同时该信用评分可以供其他任何平台参考，从而有效地给优质企业降低运营成本、加大劣质企业的运营成本。

通过采用市场化的机制、引入信用体系、实现社会共治，我们对食品企业进行不同区域、不同业态的各种排名推荐，给优质企业带来更多的益处，从而营造出一个良币驱劣币的市场环境，企业为了自己的品质形象，会主动进行食品安全品质提升，真正变"要他干"变为"他要干"。

这种情况下，我们就能真正地实现市场环境自治，从机制和技术上全面夯实市场主体的责任。

五 智慧监管大数据，重塑监管职责，提升监管效率

基于以上模式，我们形成了有效的"主体自律"和"社会共治"，让每个市场主体都在互联网上安了一个家，采集到每个市场主体丰富的运营数据，同时让社会大众都能全面参与监督，形成丰富的多维度的实时数据。

对于政府监管部门监管，我们要改变以往以业务管理为主的信息系统，以往的信息化系统主要围绕监管部门监管业务需要进行设计，不同商户需要使用不同的账户登录不同的系统，形成了很多孤立、非实时的数据，这样的管理手段下，监管人员无法通过系统及时掌握市场主体全面、实时的信息，所以仅限于孤立的检查业务支撑，很难真正实现智慧管理。

新型的大数据智慧监管模型，有效地实现了数据汇集，商户只需要在自己的企业平台做好自己的事情即可，可形成一套统一、全面、实时更新的商户数据，监管部门在自己的监管平台根据自己的监管需求获取对应的数据。政府的智慧监管平台给监管人员提供了基于数据思路的企业数据、问题企业靶向监管数据，基于风险控制的风险分析数据，以及基于各类分析决策形成决策分析数据，监管人员根据数据决策，就可以开展靶向线上线下检查业务、问题整改追踪业务、执法业务等。监管人员每次基于主体的检查、抽查、督查、执法数据又会被补充到市场主体画像上，从而全面丰富市场主体

信息。基于丰富的主体信息，对主体形成准确的风险分级，进一步实现更精准的靶向监管，全面提升监管的效率。

各个区域或领域的监管部门可以通过 App 生成聚合平台，根据自己的监管业务特点，将所有的数据和监督检查业务按自己的需要进行全面组合，构建出便捷的给监管人员使用的移动平台，监管人员只需要一部手机，即可实现对属地企业的全面掌控、线上指导、重点风险控制。

机构改革职能合并、产业的快速发展给监管人员增加了很大的监管难度，很多人员很难及时地掌握到相应的专业知识，但又需要去管理更多的市场主体，平台必须能够高效地协助监管人员完成有效的检查。在检查时，平台根据检查对象，实时推送检查知识列表和碎片化的检查知识指导，监管人员到了现场就可以根据列表进行对应的检查，这样就能实现监督检查专业知识的迅速提升。

至于政府监管的组织管理，通过大数据的分析排名，不同层级可以及时发现自己所管辖下级的问题分布情况，从而可以发现哪些区域干得好，哪些区域干得差，哪些业态干得好，哪些业态干得差，及时地对下级工作做出线上指导和部署调整，提升了工作协同的效率和准确性。

基于大数据的政府管理业务，能更好地让监管人员实现靶向监管，让法制管理有效落实；通过数据分析及时发现区域重点风险，持续优化管理规则；通过线上实现高效率的协同，有效地提升政府监督的工作效率。食品产业的管理者定出优质的规则，实现公正、公开的法制管理，可大大提升产业的运作效率，提升政府监管的品质和效率。

六 智慧监管对食品安全创新的效能

基于上述智慧监管模式，我们利用技术手段将食品安全的监管模式实现重塑，充分调动了所有市场主体、社会大众参与食品安全问题预防，强化了监管部门的地位，从而形成了食品行业更有效率的运转、更高品质的智慧监管。

我们能够实现对食品安全从生产、流通到经营（餐饮和食堂）的全面有效管理，对每个食品经营主体每个环节的风险问题都能够全面、高频、实时覆盖，提前预防，相对以往每年 1～3 次监督检查，覆盖面更大，检查更精准、预防更及时。

比如食品生产从进货、投料到成品检验等，食品流通从存储管理、冷藏管理、散装管理到制售管理等，食品餐饮从进货、存储、加工卫生到清洗消毒等环节，每个经营主体平均存在 30 个左右的风险点，平均 6～7 个重要风险点，通过现在的智慧监管模式能够确保这些风险点在运营进行中得到有效的检查和控制，可以做到天天检查甚至时时检查一个风险点。通过社会大众参与、增加智能设备，丰富了问题的发现手段，对于每个食品安全问题都有成千上万双群众眼睛和电子眼睛在时时关注，这些风险点都得到持续的监控，而实现这一步无须任何政府监管力量参与。这种有效夯实主体责任、有效引入科技手段的监管方式，大大地提升了食品安全监管品质，从根本上有效地规避了食品安全问题隐患。

同时通过新型智慧监管的运作，大家积极参与，碎片化的知识传播整体提升了食品行业的知识水平和法制水平，这种碎片化、参与化的学习模式，日积月累之下，可快速提升行业的整体水平和意识，既可提升主体的能力，也可提升大众的认知，为食品行业的安全发展建立了有效知识保障体系。

基于对市场主体大数据的全面掌握，监管人员监管可以实现分级精准监管，可以线上实时推进问题处理，各级监管管理督办明确，大大提升了监管效率，平台大大扩大了监管人员的管理范围，提升了监管人员在群众中的形象，让政府监管更科学、效率更高。

社会大众有了便捷的手段参与食品安全治理，有效地促进了市场主体自治，同时大大提升了社会大众的知情权、参与权，有效地提升了大众的满意感、幸福感，给食品行业的发展营造了良好的社会环境。

智慧监管基于现有的社会氛围和现代技术，对于食品安全管理创新实现了根本提升，真正将"市场运作和法制运作"高效协同运作，实现了"发展和安全"并行的食品安全现代化治理创新。

坚持科学合理、安全有效的原则，
研究制定更加严谨的食品安全标准

张志强*

为了提高我国食品安全水平，充分保障人民群众健康，中共中央总书记习近平同志强调指出"要牢固树立安全发展理念，努力为人民安居乐业、社会安定有序、国家长治久安编织全方位、立体化的公共安全网。用最严谨的标准、最严格的监管、最严厉的处罚、最严肃的问责，加快建立科学完善的食品药品安全治理体系"。《中共中央　国务院关于深化改革加强食品安全工作的意见》要求"建立最严谨的标准"，提出"加快制修订标准。立足国情、对接国际，加快制修订农药残留、兽药残留、重金属、食品污染物、致病性微生物等食品安全通用标准，基本与国际食品法典标准接轨"，并要求"创新标准工作机制。借鉴和转化国际食品安全标准，简化优化食品安全国家标准制修订流程，加快制修订进度"。

《食品安全法》第二十四条规定"制定食品安全标准，应当以保障公众身体健康为宗旨，做到科学合理、安全可靠"。所以，总书记提出的"最严谨的标准"应当在食品安全标准的"科学合理""安全可靠"方面得到具体的体现。

---

* 张志强，硕士研究生，国家卫健委食品司原副司长，主要研究方向为食品安全与营养标准以及 HACCP 应用研究。

首先，食品安全标准在"科学性"方面应当做到最严谨。食品安全标准的"科学性"主要体现在三个方面，一是制定食品安全标准的科学依据是否准确和充分；二是食品安全标准技术内容的表述是否符合相关学科的要求，包括图表、数据、公式、符号、单位、专业术语等；三是不同的食品安全标准之间的配套是否完善，如食品安全限量标准与食品安全检验方法标准的配套，食品安全限量标准与食品生产经营行为规范标准的配套。制定食品安全标准必须要有充足而准确的科学依据，科学依据是制定食品安全标准的重要前提。《食品安全法》规定，"食品安全风险评估结果是制定、修订食品安全标准的科学依据"。所以，食品安全标准在"科学性"方面最严谨，就意味着食品安全风险评估过程应当最严谨。食品安全风险评估是对食品中有毒有害物质的健康危害进行科学研究与分析的过程，食品安全风险评估涉及多个学科，包括食品中有毒有害物质健康危害的食品安全性毒理学评价、人群流行病学调查、食品理化或微生物学检验等。由于食品安全风险评估是一个多学科交叉应用的复杂过程，所以，食品安全风险评估过程从研究分析方法的选择、试验设计、调查研究、数据分析、结果判定等多个环节都必须力求严谨，任何环节或方法的失当都会导致评估结论的偏离，都不能准确识别和评估食品安全风险，从而不能制定正确有效的食品安全标准。食品安全风险评估过程最严谨主要体现在如下几点：一是评估方法的系统性和完整性，食品中有毒有害物质的健康危害可能有多种损害，或者某种损害具有多个风险识别（毒理学）终点，所以，为了更加敏感、更加准确地发现食品安全风险，需要对食品安全风险评价方法进行最严谨的设计；二是对食品安全风险评估结果的确定需要从多个维度进行最严谨的研判，特别要充分考虑食品安全性毒理学试验结果在人与动物之间、不同试验动物的种属之间的差异性；三是对食品安全风险评估结果要达成更加广泛、更加严谨的科学共识，除了有专门的专家委员会对食品安全风险评估结果进行评议，有的国家如欧盟还采用同行评议的方式获取更多专家或专业机构的评价意见，由此保证和提高食品安全风险评估结果的严谨性和准确性。为了指导各国的食品安全风险评估工作，国际食品法典委员会（CAC）专门制定发布了《供各国政府应用的食品安全危险性分析工作原则（CAC/GL 62 – 2007）》《微生物危险性评估的一般原则（CAC/GL 30 – 1999）》。我国也制定了《食品安全风险评估管理规定》《食品安全性毒理学评价程序（GB 15193.1）》以及各种食品安全性毒理学评价方法等有关技术规定。严格按照食品安全风险评估的有关规定，并参考国际通行做法，开展食品安全风险评估，是保证食品安全标准科学严谨的重要措施。食品安全标准科学的严谨性是至关重要的，而食品安全标准技术内容表述的准确与严谨性也是非常重要的。食品安全标准是一类技术文件，文件中的图表、数据、公式、符号、单位、专业术语等的表述是否符合相应学科的要求，直接反映出食品安全标准的严谨程度。所以，必须要以制定"最严谨的标准"的要求，更加严格、认真地做好食品安全标准技术内容的正确表述。食品安全标准之间的配套性也应当最严谨，食品安全标准确定的限量指标都应该有与之相配套的检验方法，但是仅有食品安全限量标准及其检验方法标准是不能有效防控食品污染的，防控食品污染需要对食品生产经营行为进行监督和指导，还应有规范食品生产经营行为的标准。所以，应当按照"最严谨标准"的思想，建立一套内容更加完整、配套更加完善的食品安全标准体系。

其次，食品安全标准的"合理性"应当做到"最严谨"。所谓，食品安全标准的"合理性"是指食品安全标准与我国食品生产经营的实际状况相适应，另外，与政府食品安全监管的能力条件相符合。换句话讲，如果食品安全标准的技术水平与实际状况不相适应或超越现有能力条件，食品安全标准将难以施行。食品安全标准是强制性标准，是政府开展食品安全监管的法定技术依据，标准的合理性直接关系标准能否实际实施。所以，《食品安全标准》规定"制定食品安全国家标准，应当将食品安全国家标准草案向社会公布，广泛听取食品生产经营者、消费者、有关部门等方面的意见"，食品安全标准制定过程广泛征求意见，就是为了保证食品安全标准的合理性。食品安全标准征求意见应当做到"最严谨"，一是征求意见的对象要有充分的代表性，包括不同地域、不同行业、不同规模、不同食品品种及其生产经营方式等；二是征求意见的方式要多样化，包括验证方法、补充数据等；三是征求意见的环节要多阶段，包括标准立项、标准起草、标准发布前等多个阶段都应广泛征求意见。

最后，就是食品安全标准的"安全可靠"应当最严谨。所谓食品安全标准的"安全可靠"是指食品安全标准确实能有效保障消费者健康，即食品安全标准的健康保护有效性。所以，食品安全标准的"安全可靠"是制定和实施食品安全标准的根本目的。应该说，制定食品安全标准所开展的食品安全风险评估已经确定了食品安全标准健康保护的有效性，但是随着科学进步，食品中有毒有害物质造成健康危害的新问题将会不断出现，食品安全标准保障健康的有效性也会因此发生变化，所以，应该以"最严谨"的态度随时对食品安全标准的"安全可靠"即健康保护有效性进行再评估，及时做出修订完善，确保人民群众健康。

所以，按照习近平同志提出的制定食品安全"最严谨标准"的重要思想，认真抓好食品安全标准制定的各项工作，食品安全标准才能做到"科学合理，安全可靠"，食品安全水平才能得到有力提高，人民群众健康才能得到有效保障。

行业篇

中国功能食品行业发展现状及趋势

罗云波*

摘　要：随着社会的进步和人民生活水平的提高，饮食健康越来越受到重视。同时，随着生活结构的改变和环境的恶化等因素的影响，慢性疾病的发生率逐渐上升，影响了人民身体健康，降低了人民生活质量，从而为调节机体健康的功能食品的开发提供了契机。本文通过阐述功能食品行业、市场、企业和研发的概况，功能食品政策法规状况，从存在的问题、机遇及挑战和发展趋势等几个方面介绍了功能食品的未来发展方向。

关键词：功能食品　保健食品　食品安全

一　功能食品行业概况

（一）功能食品和保健食品

功能食品在国际上没有严格的定义，这个名称最早出现在1982年日本厚生省的文件中，1989年功能食品被定义为"具有与生物防御、生物节律调整、防治疾病和恢复健康等有关的功能因素，经设计加工，对生物体有明

---

* 罗云波，中国农业大学教授，博士，研究方向为食品生物技术及食品安全。

显的调整功能的食品"①。

现在功能食品主要是欧美、日本对能够改善身体健康状况或减少患病的食品的一种称谓，国内更多的是对保健食品的定义，GB16740—2014《食品安全国家标准　保健食品》中对保健食品的定义：声称并具有特定保健功能或者以补充维生素、矿物质为目的的食品。即适用于特定人群食用，具有调节机体功能，不以治疗疾病为目的，并且对人体不产生任何急性、亚急性或慢性危害的食品。

功能食品和保健食品的本质相同，均属于食品，但适用人群范围和摄取量有微小的差异。功能食品是普通人可以日常适量摄取的食品，而保健食品更倾向于特殊人群定量摄取，前者包含后者。

图1　功能食品与保健食品的关系

（二）功能食品行业主要产品分类

功能食品可以按照消费群体和食物形态两种不同方式进行分类，按照消费群体可以分为营养功能食品、专用功能食品、预防功能食品；按照食物形态可以分为功能饮料类和功能食品类。

功能食品按功效可划分为两大类，一类是为提高身体某项机能，如补充能量；一类是降低患病风险，如改善肠道消化、降低胆固醇、强化骨骼等。功能食品之所以具有一定功效是因为食品本身具有或加工过程

_____

① 李朝霞主编《保健食品研发原理与应用》，东南大学出版社，2010。

中加入了特定营养成分。功能食品中含有的成分很多，潜在功效也不尽相同。

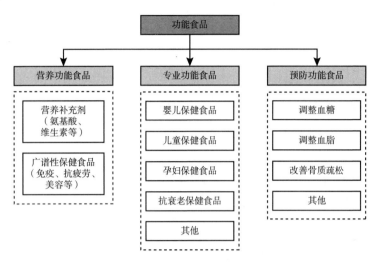

图 2　功能食品按消费群体分类

按照保健食品的功能进行划分，可以将食品划分为 27 类。2020 年 11 月 24 日，国家市场监督管理总局网站发布《允许保健食品声称的保健功能目录　非营养素补充剂（2020 年版）（征求意见稿）》，允许功能性保健食品声称的保健功能拟从原来的 27 种变为 24 种，取消促进泌乳、改善生长发育、改善皮肤油分 3 个与保健功能定位不符的旧功能。

表 1　拟调整的保健食品功能目录

序号	旧保健功能	拟定的新保健功能（2020 版）
1	增强免疫力	有助于增强免疫力
2	抗氧化	有助于抗氧化
3	辅助改善记忆	辅助改善记忆功能
4	缓解视疲劳	缓解视觉疲劳功能
5	清咽	清咽润喉功能
6	改善睡眠	有助于改善睡眠功能
7	缓解体力疲劳	缓解体力疲劳功能
8	提高缺氧耐受力	耐缺氧功能

续表

序号	旧保健功能	拟定的新保健功能（2020 版）
9	减肥	有助于调节体内脂肪
10	增加骨密度	有助于改善骨密度
11	改善营养性贫血	改善缺铁性贫血功能
12	祛痤疮	有助于改善痤疮
13	祛黄褐斑	有助于改善黄褐斑
14	改善皮肤水分	有助于改善皮肤水分状况
15	调节肠道菌群	有助于调节肠道菌群
16	促进消化	有助于消化
17	通便	有助于润肠通便
18	对胃黏膜损伤有辅助保护功能	辅助保护胃黏膜
19	辅助降血脂	有助于维持血脂健康水平（胆固醇/甘油三酯）
20	辅助降血糖	有助于维持血糖健康水平
21	辅助降血压	有助于维持血压健康水平
22	对化学性肝损伤的辅助保护作用	对化学性肝损伤有辅助保护功能
23	对辐射危害有辅助保护功能	对电离辐射危害有辅助保护功能
24	促进排铅	有助于排铅
25	促进泌乳	拟取消
26	改善生长发育	拟取消
27	改善皮肤油分	拟取消

二 功能食品的市场概况

（一）市场规模和产量

保健品企业数量在减少，但是规模以上企业在增多。根据国家食品药品监督管理总局的数据，2017 年中国保健品生产企业数量达到 2317 家，较 2013 年减少 300 余家。但保健品规模以上企业数量增长至近 600 家。

2014～2019 年保健品行业产量呈增长趋势，增速在 2012 年小幅下滑后 2013 年有所回升，但是在 2014 年保健品产量增速大幅下跌后呈小幅波动趋势，2019 年中国保健品产量约为 62.7 万吨，同比增长 6.72%。

2014～2020 年中国保健品市场规模也持续增长，2017 年，中国保健品市场规模增速加快。2020 年，对于保健品行业来说，是不平凡的一年。新冠肺炎疫情的突然暴发让消费者深刻意识到健康的重要性，这大大推动了保健品行业的发展，保健品市场规模高达 2503 亿元，同比增长 12%。中国消费者在保健食品消费理念和消费意愿上都发生了根本性的转变，保健食品在消费属性上将逐渐从可选消费品向必选消费品转变，保健食品也正逐步从高端消费品、礼品转变为膳食营养补充的必选品。这些因素都将推动中国保健品整体市场规模的壮大。

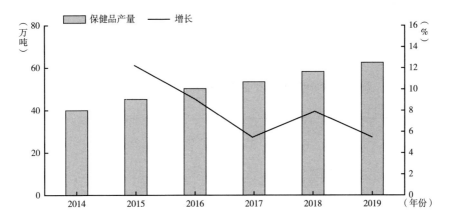

图 3　2014～2019 年中国保健品行业产量及增长

（二）消费市场产品结构

截至 2021 年 2 月，中国保健食品用户常选择的保健品功效主要集中在营养补充、改善睡眠和传统滋补三大方面。疫情期间，中国消费者对健康和免疫的意识都有所提高，因而对增强免疫力的保健食品需求持续增长。此外，随着保健品消费群体年轻化、消费场景多元化，一些抗疲劳等功能性保健品的需求也在逐渐增长①。

---

① 华经情报网：《2020 年我国保健品行业发展现状及趋势，市场监管将更加严格》，https：//www. sohu. com/a/468242301_ 120113054。

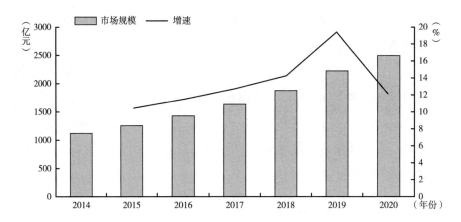

图 4　2014～2020 年中国保健品行业市场规模及增速

表 2　截至 2021 年 2 月中国保健品消费市场细分产品结构

单位：%

产品功能	占比
营养补充	41.61
改善睡眠	32.62
传统滋补	24.82
明目减压	21.04
美颜塑形	19.62
疾病养护	17.97
内分泌失调	15.60
备孕	6.86
其他	1.89

目前，我国市面上比较热门的保健品的保健功能主要集中在调节免疫、辅助降血糖、抗疲劳和补充维生素等几个方面，占保健品总数的 50% 以上。调节免疫类产品数量在国产保健品和进口保健品类别中最大①。

---

① 智研咨询：《2019 年中国保健品行业供需平衡、产品市场结构及未来发展趋势预测》，https：//www.sohu.com/a/327397799_775892。

表 3　2019 年 5 月我国保健品细分产品数量

单位：种

产品	国产保健品	进口保健品
免疫	5172	189
降血脂	608	15
抗疲劳	1130	44
减肥	392	10
降血糖	322	14
睡眠	543	48
补钙	1657	57
维生素	2367	139
记忆力	274	3
抗氧化	252	5
其他	4015	256
合计	16732	780

（三）产品注册和备案情况

《保健食品注册与备案管理办法》于 2016 年 7 月 1 日正式实施，我国保健食品正式进入了注册与备案双轨制时代。但是 2016、2017、2018 年仅有 10 款保健食品注册获批。从 2019 年开始，保健食品的审批速度呈现加快趋势，2019 年共有 342 款保健食品注册获批，2020 年有 715 款保健食品获得了新产品注册批件。

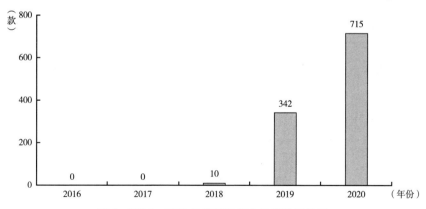

图 5　2016～2020 年我国保健食品新注册数量

2020 年在获得新产品注册批件的 715 款保健食品中，北京市获得注册批件的产品最多，共 131 款；其次为广东省，获批产品为 121 款（见图 6）。

2020 年获得注册批件的 715 款产品中增强免疫力类产品最多。

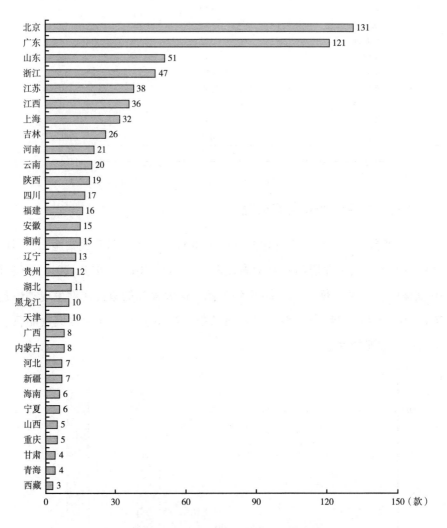

图 6　2020 年不同地区保健食品注册数量

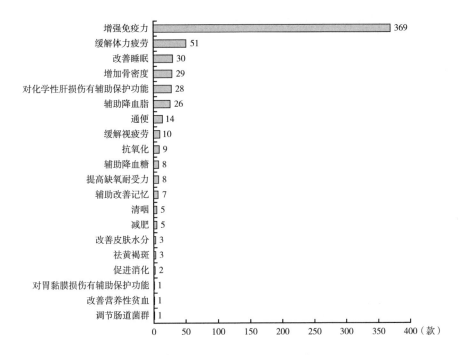

图7 2020 年注册通过的具有一种保健功能的产品功能分布

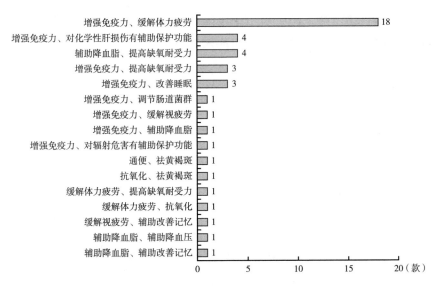

图8 2020 年注册通过的具有两种保健功能的产品功能分布

2020 年保健食品备案总数为 1357 款，备案制保健食品目前主要是营养素类产品，其中进口保健食品备案产品有 40 款，国产保健食品备案产品有 1317 款。备案的进口保健食品中来自美国的为 26 款，占比达到了 65%。

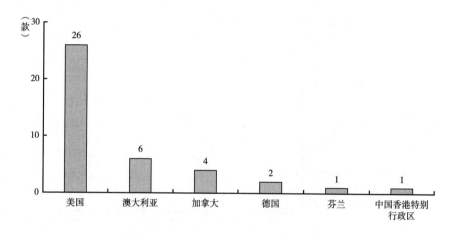

图 9　2020 年备案通过的进口保健食品国家/地区分布

备案的国产保健食品中山东、安徽、江西备案的数量分别为 318 款，203 款和 190 款，占据了总备案数量的 52.39%。

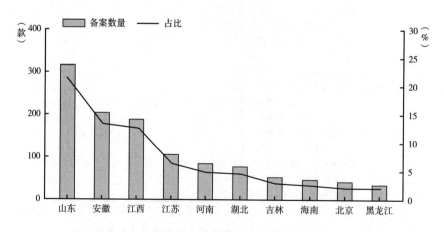

图 10　2020 年备案通过的国产保健食品省份分布（前十）

（四）保健食品消费情况

1. 消费群体：从以老年为主向全年龄段发展

过去，消费群体以老年为主，且多为以滋补性保健品代替药物。如今年轻女性皮肤护理、经期调节，孕妇预防产期妊娠高血糖、补充营养，青年白领舒缓工作焦虑、助睡眠，中年男性护肝，青少年儿童智力发展、提升免疫力等，均希望通过保健品来满足预防性需求，保健品的消费群体向年轻化发展。

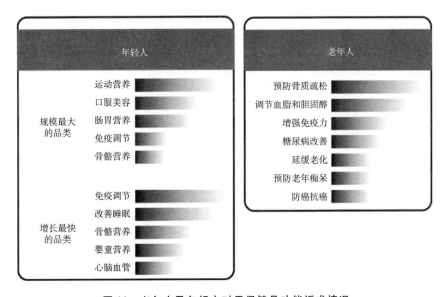

图 11　老年人及年轻人对于保健品功能诉求情况

我国消费者对于保健品的功能并不满足于维生素、蛋白粉等大类基础功能，更希望针对性地调节健康问题。根据调查，针对免疫调节、改善睡眠和骨骼营养的产品增速最高，而肠胃营养、口服美容和运动营养等产品是大多数年轻人的偏好。而在产品定位上，发达国家如日本，其市场对于保健品的需求挖掘精准到年龄区间、性别、职业、生理特征等。

2. 消费理念：对保健品认知更加科学与理性

随着获取信息的渠道扩大和教育程度的提高，新一代消费者接受了国外更加成熟的保健品理念，更注重科学性与专业性，在选择保健品时更关注原材料与功效。早期夸大宣传引发的信任危机被逐渐消除，消费者对保健品的认知误区也得到纠正，从"能治病"到"重预防"，从只有纯天然的食品才是健康的到保健品实质为膳食营养补充品而非"添加剂"等，人们对保健品消费更加理性。

3. 消费习惯：月均消费支出在300~500元

近3成的受访用户保健食品月均消费支出在 300~500 元，8.04% 的在 1000 元以上。此外，近 4 成的用户表示未来会增加保健品方面的消费支出，这表示目前国民对于自身健康投资的意愿更为强烈，同时也体现出国民对免疫力提升与自身健康程度的重视度日益提高。

表4　2021 年 2 月中国保健品用户月消费支出占比

消费支出	占比（%）
100 元以下	16.31
100~300 元	29.08
300~500 元	29.79
500~1000 元	16.78
1000~1500 元	5.91
1500 元以上	2.13

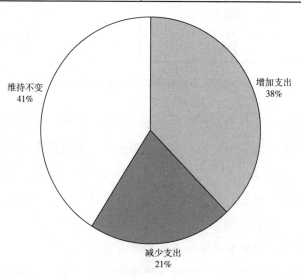

图 12　2021 年 2 月中国受访用户未来保健品支出变化

从人均角度来看，2019 年我国保健品人均消费额仅 191 元，同年美国、澳大利亚、日本的人均消费金额分别高达 1119 元、956 元、919 元，约 5 倍于我国水平。罗兰贝格调查显示，2015 年美国市场渗透率为 50%，粘性用户占 60%，而我国仅有 20% 的市场渗透率和 10% 的粘性用户。发达国家人民生活富裕，消费观念先进，愿意在保健品上花费更多，进行身体调节和健康保养。这个消费差距意味着如果中国的市场渗透率提升 20%，就会新增一个全球第二大保健品市场。

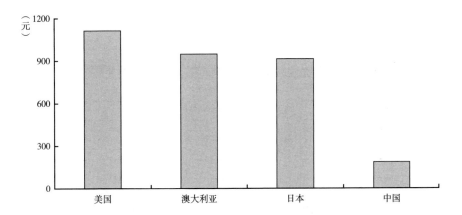

图 13　2019 年四国保健品人均消费额

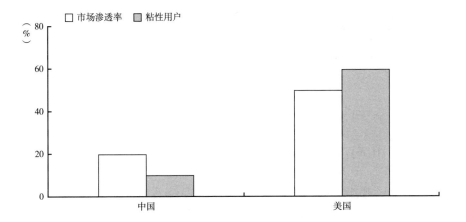

图 14　2015 年中国与美国保健品市场渗透率和粘性用户

三　功能食品企业概况

（一）保健品产业链

保健食品上游主要是中药材、生物制药、化学药品及相关的设备制作等行业，中游主要是研发、生产、加工和销售的保健食品企业，下游主要是流向消费者的销售终端，以药店等为主。

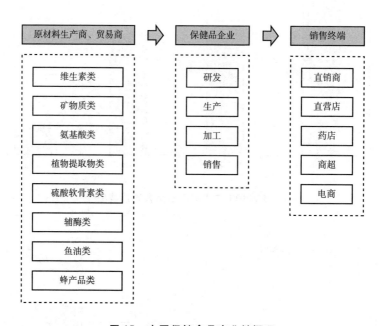

图 15　中国保健食品产业链概况

（二）中国保健品行业企业分布

据统计，截至 2021 年 2 月，中国存续保健品企业总数为 220 多万家（包含生产、销售等各类保健食品相关企业），其中山东、广东两个省份保健品企业较多，均超过 20 万家。中国保健品企业集聚的地域与保健品消费用户分布基本一致，多集中在东部沿海地区，以及中部新一线城市所在省份①。

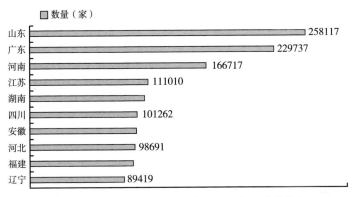

图16　2021年2月中国保健食品行业企业地域分布

（三）保健品上市公司经营情况

随着居民生活水平的提高，对于保健品的需求也日渐增长。近年，中国保健品行业集中度将进一步提升，上市企业也逐渐增长，目前，保健品行业上市企业有交大昂立、健康元、江中药业、海南椰岛、天坛生物、通化东宝、天士力、海王生物、哈药股份及汤臣倍健等。

2020年三季度交大昂立、健康元、江中药业、海南椰岛、天坛生物、通化东宝、天士力、海王生物、哈药股份及汤臣倍健的营业总收入分别为2.52亿元、101.03亿元、17.35亿元、4.87亿元、26.36亿元、21.86亿元、113.91亿元、287.45亿元、76.49亿元、50.33亿元。

2020年三季度交大昂立、健康元、江中药业、海南椰岛、天坛生物、通化东宝、天士力、海王生物、哈药股份及汤臣倍健的利润总额分别为0.64亿元、25.34亿元、4.87亿元、-0.33亿元、8.70亿元、8.88亿元、14.53亿元、6.26亿元、-2.59亿元、18.5亿元。

---

① 艾媒咨询：《保健品及NMN市场研究报告：新场景、新需求、线上化成行业趋势》，https：//copyfuture.com/blogs-details/20210315133613151z。

表5　2014～2020年三季度部分保健品上市公司营业总收入情况

单位：亿元

年份	交大昂立	健康元	江中药业	海南椰岛	天坛生物	通化东宝	天士力	海王生物	哈药股份	汤臣倍健
2014	3.88	74.18	28.34	4.92	18.27	14.51	125.78	98.02	165.09	17.05
2015	2.68	86.42	25.97	4.39	16.18	16.69	132.28	111.18	158.56	22.66
2016	2.69	97.22	15.62	8.46	20.96	20.40	139.45	136.06	141.27	23.09
2017	2.82	107.79	17.47	11.43	17.65	25.45	160.94	249.40	120.18	31.11
2018	2.60	112.04	17.55	7.06	29.31	26.93	179.90	383.81	108.14	43.51
2019	3.42	119.80	24.49	6.25	32.82	27.77	189.98	414.93	118.25	52.62
2020年Q3	2.52	101.03	17.35	4.87	26.36	21.86	113.91	287.45	76.49	50.33

表6　2014～2020年三季度部分保健品上市公司利润总额情况

单位：亿元

年份	交大昂立	健康元	江中药业	海南椰岛	天坛生物	通化东宝	天士力	海王生物	哈药股份	汤臣倍健
2014年	1.11	8.01	3.34	0.57	3.04	3.24	17.33	1.57	3.66	5.92
2015年	1.40	9.81	4.40	0.13	1.98	5.71	17.95	6.29	7.86	7.40
2016年	1.37	11.81	4.44	(0.22)	3.78	7.59	14.96	6.54	10.53	6.54
2017年	2.18	59.40	4.72	(1.14)	13.63	9.73	17.36	11.53	6.59	8.85
2018年	(5.13)	17.33	5.48	0.78	8.68	9.78	19.56	10.06	5.88	11.29
2019年	(0.88)	21.78	5.66	(2.88)	10.43	9.52	13.31	9.27	3.07	(4.25)
2020年Q3	0.64	25.34	4.87	(0.33)	8.70	8.88	14.53	6.26	(2.59)	18.58

注：（　）表示负值。

四　功能食品研发概况

（一）研发基础

目前，国内多所知名高校开展功能食品研发工作，如中国农业大学、江南大学等。中国农业大学食品科学与工程专业设有14个教授实验室，内容涉及本专业科研及教学的各个领域，另外还设有果蔬加工、功能食品、肉品加工、乳品加工、现代分离技术、食品工程装备等专业实验室，承担了大量纵向及横向科研课题。江南大学等国内一大批知名高校拥有食品科学与技术国家重点实验室、国家功能食品工程技术研究中心等高水平平台，科研基础雄厚，发表科研论文数量居相关专业院校前列。

（二）保健食品专利申请情况

2008～2011年保健食品专利申请量增速缓慢，经2012～2016年申请量高速增长之后，2017～2018年申请量增速有所放缓。从2011年到2018年保健食品企业规模不断壮大，总产值稳步提高，市场份额不断扩大，可以看出保健食品专利申请的增长与市场规模发展状况相吻合，具有较大的研发前景和市场潜力①。

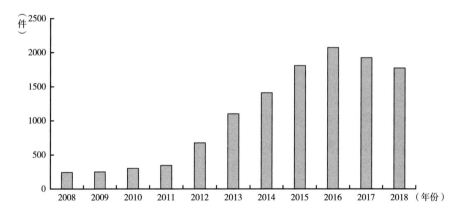

图17　2008～2018年我国保健食品专利申请数量

其中，调节血脂、减肥、调节血糖、调节免疫、调节血压等方面的专利申请占保健食品专利总量的65%，可以看出上述五种功能调节是现阶段保健食品领域的研发热点和市场关注的焦点。但这也同时反映出，现阶段国内研发部分保健食品功能过于集中，同类产品仿效跟风现象严重，有不少申请往往仅是针对同一种功能对原料进行简单替换，这实质上不利于保健食品的

① 陈勇、徐寅：《保健食品专利申请现状》，《中国科技信息》2019年第13期。

创新发展，且易产生恶性竞争①。

高校申请人在国内保健食品专利申请人中占较大比例，其次是企业申请人，但高校与企业合作，或企业之间合作的专利申请相对较少；同时，各申请人所申请的主题也较分散，以内蒙古伊利为例，其所申请的专利包括改善睡眠、抗氧化、增强免疫力、降血脂、降血糖等多个方面，可以看出其具有较好的创新能力，且舍得投入并研发新产品、新技术，但缺乏对某类功能成分的深入研发和专利布局，而国外的企业则更注重专利布局保护，如荷兰联合利华公司，从1996年至今，仅以植物甾醇降低胆固醇方面相关的专利申请就多达42件，其对于植物甾醇之于乳制品、油脂、剂型选择、与其他组分配伍等方面进行了深入研发以及全面的专利申请布局。可见，随着保健食品竞争的不断升级，国内保健食品研发的申请人在深入技术研发的同时，也要注重专利申请的合理布局，使得所申请的专利能够获得切实有效的保护。

表7　各种功能保健食品专利申请比例

单位：%

产品	占比
调节血脂	14
减肥	14
调节血糖	13
调节免疫	12
调节血压	12
抗氧化	8
抗疲劳	6
改善睡眠	3
助消化	2
改善记忆	2
清咽	2
其他	8

① 前瞻产业研究院：《2020年中国保健品行业进出口现状分析　进出口贸易总额突破50亿美元》，https：//bg. qianzhan. com/trends/detail/506/200716 - 660e6fcb. html。

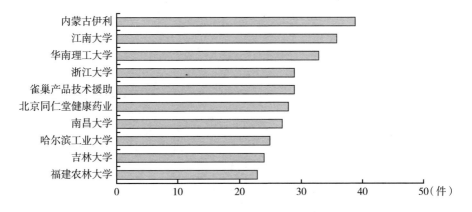

图18 国内保健食品专利重要申请单位专利数

五 中国保健品进口分析

过去的一年，受新冠肺炎疫情影响，中国营养健康产业在产业链、供应链遭遇重创的情况下，依然呈现高质量发展的好势头，进出口两旺。据医保商会统计，2020年，中国共进口营养保健食品48.1亿美元，同比增长23.9%，出口达到21.8亿美元，同比增长11%，进出口均创历史新高。

消费认知（对于健康的诉求）、渠道变化（从代购转向跨境电商正规渠道），以及跨境电商领域的相关政策支撑是保健食品进口额快速增长的原因。

根据2019年的数据，按出口市场来看，我国对美国的营养保健食品出口金额排名首位，我国对其出口的营养保健食品金额达3亿美元，占总出口金额的16%；其次是内地对香港销售营养保健食品达2.9亿美元。总体来看，我国营养保健食品的出口市场主要集中于北美和亚洲地区[1]。

① 前瞻产业研究院：《2020年中国保健品行业进出口现状分析 进出口贸易总额突破50亿美元》，https：//bg. qianzhan. com/trends/detail/506/200716－660e6fcb. html。

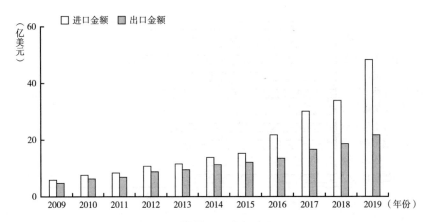

图 19　2009～2020 年中国营养保健品进出口规模

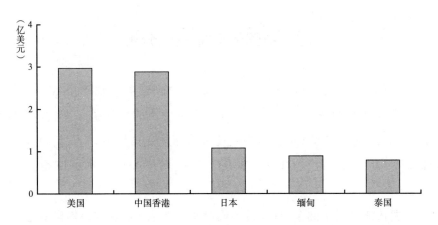

图 20　2019 年中国营养保健食品出口国家/地区金额排名情况

在我国营养保健食品出口市场的竞争格局上，中国医药保健品进出口商会统计信息显示，目前，我国华东地区的营养保健食品企业出口实力增强，占"十强名单"中的 7 席。

表 8　2019 年中国营养保健食品企业出口前 10 位

排名	企业名称	企业注册地
1	江苏艾兰得营养品有限公司	江苏
2	仙乐健康科技股份有限公司	广东

续表

排名	企业名称	企业注册地
3	四川欣美加生物医药有限公司	四川
4	耶赛明(南通)保健有限公司	江苏
5	上海大塚食品有限公司	上海
6	山东禹王制药有限公司	山东
7	惠氏制药有限公司	江苏
8	奥德美生物科技(中山)有限公司	广东
9	江西仙客来生物科技有限公司	江西
10	荣成百合生物技术有限公司	山东

2019 年，营养保健食品的进口金额按出口市场来看，进口金额排名首位的国家是澳大利亚，我国对其进口的营养保健食品金额达 7.3 亿美元，占总进口金额的 21%；进口金额排名第二的国家是美国，达 6.8 亿美元。总体来看，我国营养保健食品的进口市场主要集中于欧美和澳洲地区。

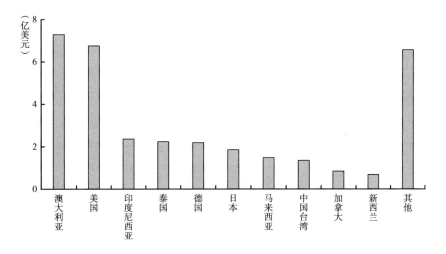

图 21　2019 年中国营养保健食品进口国家/地区金额排名情况

表9　2019年中国营养保健食品进口国家/地区进口金额占比

单位：%

国家/地区	占比
澳大利亚	21
美国	20
印度尼西亚	7
泰国	7
德国	6
日本	6
马来西亚	4
中国台湾	4
加拿大	2
新西兰	2
其他	19

进口保健品以片剂为主，功能集中于补充多种营养素。从产品剂型来看，2020年进口保健食品备案产品中片剂有28款（包括8款咀嚼片、20款普通口服片剂），胶囊剂有10款（其中软胶囊5款），口服液有2款。从产品补充营养素种类来看，补充多种营养素的产品占多数，有28款，其次是补充单一营养素的产品，有6款。

表10　2020年中国备案进口保健食品剂型

剂型	款数
片剂	28
胶囊剂	10
口服液	2

六　功能食品的政策法规状况

（一）保健食品的注册管理制度

按照2015年新修订的《食品安全法》，保健食品从单一注册制调整为注册与备案双轨制，自 2016 年以来国家食品药品监督管理总局出台了一系列保健食品注册和备案相关政策。

《保健食品注册与备案管理办法》——为规范保健食品的注册与备案，根据《食品安全法》，2016 年 2 月 26 日国家食品药品监督管理总局第 22 号令发布了《保健食品注册与备案管理办法》，自 2016 年 7 月 1 日起施行。该办法给出了保健食品注册和备案的定义①。

保健食品注册是指食品药品监督管理部门根据注册申请人申请，依照法定程序、条件和要求，对申请注册的保健食品的安全性、保健功能和质量可控性等相关申请材料进行系统评价和审评，并决定是否准予其注册的审批过程；保健食品备案是指保健食品生产企业依照法定程序、条件和要求，将表明产品安全性、保健功能和质量可控性的材料提交食品药品监督管理部门进行存档、公开、备查的过程。

国家食品药品监督管理总局负责保健食品注册管理，以及首次进口的属于补充维生素、矿物质等营养物质的保健食品备案管理，并指导监督省、自治区、直辖市食品药品监督管理部门承担的保健食品注册与备案相关工作。

省、自治区、直辖市食品药品监督管理部门负责本行政区域内保健食品备案管理，并配合国家食品药品监督管理总局开展保健食品注册现场核查等工作。

使用保健食品原料目录以外原料（以下简称"目录外原料"）的保健食品及首次进口的保健食品（属于补充维生素、矿物质等营养物质的保健食品除外）应当申请保健食品注册。

《保健食品注册审评审批工作细则》——2016 年 11 月 14 日国家食品药品监督管理总局发布了《保健食品注册审评审批工作细则（2016 年版）》，在《保健食品注册与备案管理办法》的基础上对注册受理（包括材料审查、材料补正、材料受理、材料移交）、技术审评（包括组织专家审查组、组织

---

① 孙桂菊：《我国保健食品产业发展历程及管理政策概述》，《食品科学技术学报》2018 年第 2 期，第 12~20 页。

合组讨论会、组织专家论证会、安全性审评、保健功能审评、生产工艺审评、产品技术要求审评、专家审查组审评报告审核及异议处理、现场核查和复核检验、补充材料、延续注册、转让技术、变更注册、证书补发等申请的审评、技术审评结论及建议、技术审评建议判定原则、审评时限、沟通交流、行政审查、证书制作及信息公开等做了详细的规定。

《保健食品注册申请服务指南》——2016 年 12 月 19 日国家食品药品监督管理总局发布了《保健食品注册申请服务指南（2016 年版）》，该指南对保健食品申请材料形式要求、内容要求及术语和定义做了更详细的说明，详细给出了国产新产品注册申请材料项目及要求，属于补充维生素、矿物质等营养物质的国产产品注册申请材料项目及要求，国产延续注册申请材料项目及要求，变更注册申请材料项目及要求，转让技术注册申请材料项目及要求，证书补发申请材料要求，以提取物为原料的产品申请材料要求和进口产品注册申请材料要求，并给出了相关表格的模板。

（二）保健食品的备案管理制度

2016 年 12 月 27 日国家食品药品监督管理总局发布了《保健食品原料目录（一）》和《允许保健食品声称的保健功能目录（一）》的公告。《保健食品原料目录（一）》实际为营养素补充剂原料目录，对营养素补充剂允许应用的原料名称（含化合物名称、标准依据、适用范围）、每日用量（含功效成分、适宜人群、最低值、最高值）和功效做了规定。《允许保健食品声称的保健功能目录（一）》也只含"补充维生素、矿物质"一项功能。所以按照《食品安全法》目前备案的保健食品仅包括旨在补充维生素和矿物质的营养素补充剂类的保健食品。

国家食品药品监督管理总局 2017 年 4 月发布《保健食品备案产品可用辅料及其使用规定（试行）》和《保健食品备案产品主要生产工艺（试行）》，给出了保健食品备案产品可用辅料名单及最大使用量，以及片剂、硬胶囊、软胶囊、口服液、颗粒的主要工艺。

2017 年 5 月 2 日国家食药监总局发布了《保健食品备案工作指南（试

行)》，明确国产保健食品备案人应当是保健食品生产企业，对备案流程及要求、国产保健食品备案材料项目及要求、进口保健食品备案材料项目及要求、备案变更均做出了详细规定。

（三）保健食品功能声称管理制度

按照《食品安全法》，保健食品声称保健功能，应当具有科学依据，不得对人体产生急性、亚急性或者慢性危害。保健食品原料目录和允许保健食品声称的保健功能目录，由国务院食品药品监督管理部门会同国务院卫生行政部门、国家中医药管理部门制定、调整并公布。

2020 年 11 月 24 日，国家市场监督管理总局网站发布《允许保健食品声称的保健功能目录非营养素补充剂（2020 年版）（征求意见稿）》，拟将功能性保健食品允许声称的保健功能由原来的 27 种变为 24 种，取消促进泌乳、改善生长发育、改善皮肤油分 3 个与保健功能定位不符的旧功能。截至目前 CFDA 仍然按以前的 27 项功能声称进行受理。

（四）保健食品原料目录管理制度

由于《保健食品原料目录（一）》仅限于营养素补充剂，整个保健食品行业及社会都在期待新的目录公布。2017 年 9 月 30 日，国家食品药品监督管理总局保健食品审评中心发布《保健食品原料目录研究专项课题招标公告》，对 26 种（系列）原料研究进行了招标：沙棘（油）、人参（红参）、西洋参、天麻、三七、灵芝、灵芝孢子粉、枸杞子、螺旋藻、银杏叶（银杏叶提取物）、红花、黄芪、石斛、红景天、鱼油、海豹油、鳕鱼肝油、大蒜油、牛初乳、蜂王浆、角鲨烯、肉苁蓉等。研究课题需要针对这些（系列）原料，开展原料来源研究、原料质量一致性研究、产品质量一致性研究，并建立产品质量一致性的评价方法。本次纳入公开招标的（系列）原料，都具有国内或国外食用历史，且安全性确切，如人参、枸杞等；功效成分相对明确，如鱼油、大蒜油；量效关系相对清晰，如番茄红素、辅酶 Q10、植物甾醇等。这些原料大多数在已批准的保健食品中有比较广泛的应用；有些则能带动地方经济发展，比如天麻、肉苁蓉；有些则已打入国际市场，比如三七。这预示着以上部分原料有望进入《保健食品原料目录（二）》。

（五）保健食品的经营许可制度

保健食品生产经营许可制度是指省级食品药品监管部门按照食品卫生法、食品安全法的相关规定，根据保健食品生产经营企业申请，依照法定程序、条件和要求，对申请生产经营保健食品企业的人员、场所、原料、生产过程、成品储存与运输以及管理制度进行审查，并决定是否准予其生产经营的行政管理措施①。实质上这是对企业主体生产经营条件的许可，而非产品许可。由于此前保健食品生产经营许可相关法规不完善，各地生产经营许可管理模式不统一、审查标准不一致、审查内容也存在差异，2015 年新修订的《食品安全法》出台后，国家食品药品监督管理总局出台了《食品生产许可管理办法》和《食品经营许可管理办法》，已明确将保健食品生产经营纳入整个食品生产经营许可的管理范畴。

（六）GMP 审查制度

《保健食品良好生产规范》（GMP）审查制度是指监管部门为规范保健食品生产行为，对保健食品生产企业的从业人员、厂房设计与生产设施、原料、生产过程、成品储存与运输以及品质和卫生管理等七大方面约 90 个项目是否符合 GMP 要求进行审核查验的强制性行政管理措施。2003 年，原卫生部颁布《关于印发保健食品良好生产规范审查方法与评价准则的通知》，通知要求将 GMP 审查作为保健食品生产企业食品卫生许可的前置条件。

（七）保健食品标识管理制度

保健食品标识管理制度是指监管部门对保健食品标签、说明书以及标志

---

① 刘静、刘伟、张学博：《我国保健食品现状，监管历史沿革及主要管理措施》，《中国食物与营养》2018 年第 7 期，第 5～8 页。

使用的行政管理措施。1996 年，原卫生部颁布的《保健食品管理办法》和《保健食品标识规定》明确对保健食品的标识管理提出了具体要求。规定的主要内容包括产品名称、标志、批准文号、包装标签说明书、生产企业信息、执行标准、特殊标识内容等。关于保健食品名称中明示或者暗示保健功能的问题一直存在争议：有的认为保健功能声称是政府主管部门主导制定并评价批准的，不涉及夸大宣传功效和误导消费者问题，应当允许在名称中使用；也有的认为部分保健功能名称与药品的功能主治表述有较强的关联性，容易引起消费者混淆或被不法厂商利用。为进一步规范保健食品命名，避免误导消费者，保护公众健康，国家食品药品监督管理总局于 2015年 8 月 25 日发布《关于进一步规范保健食品命名有关事项的公告》，公告中明确规定了"不再批准以含有表述产品功能相关文字命名的保健食品"。2018 年，国家市场监督管理总局发布了《总局关于规范保健食品功能声称标识的公告》，2019 年发布了《保健食品标注警示用语指南》对保健食品标签做了进一步明确和要求。

（八）广告审查制度

2005 年，国家食品药品监督管理局根据《国务院对确需保留的行政审评项目设定行政许可的决定》制定了《保健食品广告审查暂行规定》。此规定与新修订的食品安全法从法规层面进一步明确了保健食品广告在发布前必须经过审查批准。2015 年，国家食品药品监督管理总局印发了《关于进一步加强药品医疗器械保健食品广告审查监管工作的通知》，对严格保健食品广告审批提出了明确要求。

2019 年 12 月国家市场监督管理总局发布《药品、医疗器械、保健食品、特殊医学用途配方食品广告审查管理暂行办法》，对保健食品广告做了进一步规范。

（九）保健食品的监管部门

1995 年的《食品卫生法》和 1996 年的《保健食品管理办法》规定卫生

部负责保健食品的监管和审批①。2003年4月，国务院为加强食品安全体制建设，组建食品药品监督管理局，将卫生部保健食品的审批权划给食品药品监督管理局，但仍由卫生部主管。2008年，为强化食品药品安全监管，国务院将食品药品监督管理局调整为卫生部主管的副部级单位，同时将保健食品的监管职责划给食品药品监督管理局。2013年，国务院组建食品药品监督管理总局，它成为国务院直属的正部级单位，负责保健食品的审批与监管。2018年3月，国务院机构改革方案出台，将CFDA职责与其他相关部门职责整合，组建国家市场监督管理总局，保健食品由国家市场监督管理总局主管。随着国务院机构改革，在国家层面保健食品主管部门演变的同时，省级、市县级保健食品监管部门也相应变化。

表11　保健食品的主管部门

时间	审批与监管部门
1995～2003年	卫生部审批、主管
2003～2008年	食品药品监督管理局审批、卫生部主管
2008～2013年	卫生部食品药品监督管理局审批、主管
2013～2018年	食品药品监督管理总局审批、主管
2018年	国家市场监督管理总局主管

（十）我国保健食品监管历史沿革

我国保健食品监管工作的历史沿革大致可划分为三个阶段：原卫生部时期、原国家食品药品监督管理局时期和国家食品药品监督管理总局时期。

第一阶段（1987～2003年），保健食品审批制度初步建立。

1987年，原卫生部出台了《禁止食品加药卫生管理办法》和《中药保健药品的管理规定》，明确"特殊营养食品""传统加药食品"以及"中药保健药品"由省级卫生行政部门负责审批，首次确定了我国保健食品监管

---

① 张雪艳、王素珍：《我国保健食品监管制度发展沿革及思考》，《中国食品药品监管》2018年第4期。

的法律地位。1995 年 10 月，我国颁布了《中华人民共和国食品卫生法》（中华人民共和国主席令第 59 号），该法规定了国家对保健食品实行上市前的注册管理制度。1996 年 3 月，原卫生部颁布了《保健食品管理办法》，开始对保健食品实行注册许可和生产许可管理，并在中药序列中取消了中药保健药品类别，停止审批中药保健药品。

1996 年 7 月颁布了《保健食品标识规定》（卫监发〔1996〕38 号）和《保健食品功能学评价程序和检验方法》（卫监发〔1996〕38 号），明确了保健食品标识和保健功能声称的管理①。1997 年 2 月，国家技术监督局发布了《保健（功能）食品通用标准（GB16740—1997）》。1998 年 5 月，卫生部颁布《保健食品良好生产规范（GMP）（GB 17405—1998）》。2002 年 2 月，卫生部发布了《关于进一步规范保健食品原料管理的通知》（卫法监发〔2002〕51 号）②。据不完全统计，截至 2003 年，原卫生部共批准保健食品 5100 余个。

这一阶段的监管工作呈现以下三个特点：一是由原卫生部一个部门独立负责保健食品监管工作；二是明确了保健食品需按照食品类别管理，不含中药保健药品；三是初步建立了保健食品注册审评、GMP 生产管理、生产许可、原料名单分类管理、功能声称管理、检验管理和标识管理制度。

第二阶段（2003～2009 年），机构改革背景下保健食品审批制度的进一步完善。

根据《国务院办公厅关于印发国家食品药品监督管理局主要职责内设机构和人员编制规定的通知》（国办发〔2003〕31 号），原卫生部承担的保健食品审评职责划给国家食品药品监督管理局。国家食品药品监督管理局于 2003 年 10 月起开展保健食品申报受理审批工作。同年，《中华人民共和国

---

① 田明、元延芳：《"互联网＋"背景下完善保健食品注册备案工作的探索》，《中国食物与营养》2018 年第 7 期，第 9～12 页。

② 李玥、李文林、曾莉等：《国内保健食品原料信息规范化应用现状与思考》，《食品工业》2019 年第 4 期。

行政许可法》（中华人民共和国主席令第 7 号）于 8 月 27 日公布，自 2004 年 7 月 1 日起施行①。

表 12　第一阶段保健食品监管的相关法律法规

颁布时间	法律名称	颁布机关
1987 年	《禁止食品加药卫生管理办法》	卫生部
1987 年	《中药保健药品的管理规定》	卫生部
1995 年	《中华人民共和国食品卫生法》（中华人民共和国主席令第 59 号）	全国人民代表大会常务委员会
1996 年	《保健食品管理办法》	卫生部
1996 年	《保健食品标识规定》（卫监发〔1996〕第 38 号）	卫生部
1996 年	《保健食品功能学评价程序和检验方法》（卫监发〔1996〕38）	卫生部
1997 年	《保健（功能）食品通用标准（GB16740—1997）》	国家技术监督局
1998 年	《保健食品良好生产规范（GB17405—1998）》	卫生部
2002 年	《关于进一步规范保健食品原料管理的通知》（卫法监发〔2002〕51 号）	卫生部

为规范保健食品的注册行为、保证保健食品的质量、保障人体食用安全，根据《中华人民共和国食品卫生法》《中华人民共和国行政许可法》，原国家食品药品监督管理局起草了《保健食品注册管理办法（试行）》，广泛征求社会各界意见，并于 2005 年 4 月 30 日发布，自 2005 年 7 月 1 日起施行。该办法对保健食品的申请与审批、原料与辅料、标签与说明书、试验与检验、再注册、复审、法律责任等作出了具体规定。根据《保健食品注册管理办法（试行）》，为指导、规范保健食品申报与审评工作，原国家食品药品监督管理局随后又制定了《保健食品注册申报资料项目要求（试行）》（国食药监注〔2005〕203 号），并制定了《保健食品注册申请表式样》《保健食品批准证书式样》以及《保健食品通知书式样》，自 2005 年 7

---

① 王海燕：《新中国成立 70 周年我国特殊食品监管法规体系演变历程》，《中国食品药品监管》2019 年第 5 期。

月 1 日起施行；制定了《保健食品命名规定（试行）》，规范了保健食品的命名，确保保健食品名称的科学、准确，自 2007 年 5 月 28 日起施行。此外，根据财政部《关于公布取消和停止征收 100 项行政事业性收费项目的通知》（财综〔2008〕78 号），自 2009 年 1 月 1 日起，国家食品药品监督管理局取消了新资源食品（保健品）申请的审评费用。

表 13　第二阶段保健食品监管的相关法律法规

颁布时间	法律名称	颁布机关
2005 年	《保健食品注册管理办法（试行）》（局令第 19 号）	国家食品药品监督管理局
2005 年	《保健食品广告审查暂行规定》（局令第 412 号）	国家食品药品监督管理局
2009 年	《中华人民共和国食品安全法》（中华人民共和国主席令第 9 号）	全国人民代表大会常务委员会

第三阶段（2009～2015 年），食品安全监管理念下形成的保健食品严格监管制度体系。

在 1995 制定的《食品卫生法》的基础上，2009 年 2 月中华人民共和国第十一届全国人民代表大会常务委员会第七次会议通过《中华人民共和国食品安全法》，自 2009 年 6 月 1 日起施行。第七十四条规定，国家对声称具有特定保健功能的食品实行严格监管。有关监督管理部门应当依法履职，承担责任，具体管理办法由国务院规定。2009 年 7 月国务院第 73 次常务会议通过《中华人民共和国食品安全法实施条例》。第六十三条规定，食品药品监督管理部门对声称具有特定保健功能的食品实行严格监管，具体办法由国务院另行制定，确定了保健食品的监管部门。

为贯彻落实《食品安全法》及其实施条例对保健食品实行严格监管的要求，原国家食品药品监督管理局发布《关于进一步加强保健食品人体试食试验有关工作的通知》（食药监许函〔2009〕131 号）、《关于保健食品申请人变更有关问题的通知》（国食药监许〔2010〕4 号）、《关于进一步加强保健食品注册有关工作的通知》（国食药监许〔2010〕100 号）；组织制定了《保健食品产品技术要求规范》（国食药监许〔2010〕423 号）、

《保健食品注册申报资料项目要求补充规定》（国食药监许〔2011〕24号）、《关于印发完善保健食品审评审批机制的意见》（国食药监许〔2011〕93号）、《保健食品技术审评要点》（国食药监许〔2011〕210号）、《保健食品行政许可受理审查要点》（食药监办保化〔2011〕194号），修订了《保健食品命名规定》，制定了《保健食品命名指南》（国食药监保化〔2012〕78号）等。

为进一步完善功能评价方法、提高判断标准、规范功能声称、严格准入门槛，原国家食品药品监督管理局两次发文征求《保健食品功能范围调整方案（征求意见稿）》的意见（食药监保化函〔2011〕322号）和（食药监保化函〔2012〕268号）。

面对保健食品行业多年来频现夸大疗效、虚假宣传、违法添加等乱象，以及部分保健食品违法添加药品、套牌、委托生产、虚假违法广告屡禁不止等对消费者健康构成了一定威胁的违规行为，原国家食药监管总局出台了《关于进一步规范保健食品监督管理严厉打击违法违规行为有关事项的公告（征求意见稿）》，规定保健食品名称不得擅自添加其他商标或者商品名；同一批准文号的保健食品标签应当使用相同的商标；自2014年1月1日起，不得生产、经营和进口贴牌保健食品。

此外，根据《中华人民共和国食品安全法》和《食品安全国家标准管理办法》的规定，2014年原国家卫计委发布《关于发布〈食品安全国家标准　食品添加剂使用标准〉（GB2760—2014）等37项食品安全国家标准的公告》（2014年第21号）。

其中包括《食品安全国家标准保健食品》（GB16740—2014）。为完成新标准实施后的监管衔接工作，原国家食品药品监督管理总局于2015年7月发布了《国家食品药品监督管理总局关于实施〈食品安全国家标准　保健食品〉有关问题的公告》（2015年第104号），规定了过渡期执行产品标准的具体要求，并要求各级食药管理部门督促企业做好新标准的执行工作。

表 14　第三阶段保健食品监管的相关法律法规

颁布时间	法律法规名称	颁布机关
2009 年	《关于进一步加强保健食品人体试食试验有关工作的通知》	国家食品药品监督管理总局
2010 年	《关于保健食品申请人变更有关问题的通知》	国家食品药品监督管理总局
2010 年	《关于进一步加强保健食品注册有关工作的通知》	国家食品药品监督管理总局
2010 年	《保健食品产品技术要求规范》	国家食品药品监督管理总局
2011 年	《保健食品注册申报资料项目要求补充规定》	国家食品药品监督管理总局
2011 年	《关于印发完善保健食品审评审批机制的意见的通知》	国家食品药品监督管理总局
2011 年	《保健食品技术审评要点》	国家食品药品监督管理总局
2011 年	《保健食品行政许可受理审查要点》	国家食品药品监督管理总局
2012 年	《保健食品命名规定》修订	国家食品药品监督管理总局
2012 年	《保健食品命名指南》	国家食品药品监督管理总局
2012 年	《保健食品功能范围调整方案（征求意见稿）》	国家食品药品监督管理总局
2014 年	《关于进一步规范保健食品监督管理严厉打击违法违规行为有关事项的公告（征求意见稿）》	国家食品药品监督管理总局
2014 年	《关于发布〈食品安全国家标准　食品添加剂使用标准〉（GB2760—2014）等 37 项食品安全国家标准的公告》	国家卫计委
2015 年	《国家食品药品监督管理总局关于实施〈食品安全国家标准　保健食品〉有关问题的公告》	国家食品药品监督管理总局

第四阶段（2015 年至今）——新《中华人民共和国食品安全法》确立了保健食品实行注册和备案双轨制管理、原料目录和保健功能目录管理两种管理模式。

表 15　第四阶段保健食品监管的相关法律法规

颁布时间	法律法规名称	颁布机关
2015 年	新《食品安全法》	全国人大
2016 年	《保健食品注册与备案管理办法》	国家食品药品监督管理总局
2016 年	《保健食品注册审评审批工作细则》	国家食品药品监督管理总局
2016 年	《保健食品生产许可审查细则》	国家食品药品监督管理总局
2016 年	《保健食品注册申请服务指南》	国家食品药品监督管理总局
2017 年	《保健食品原料目录（一）》	国家食品药品监督管理总局

续表

颁布时间	法律法规名称	颁布机关
2017 年	《允许保健食品声称的保健功能目录（一）》	国家食品药品监督管理总局
2017 年	《保健食品备案产品可用辅料及其使用规定（试行）》	国家食品药品监督管理总局
2017 年	《保健食品备案产品主要生产工艺（试行）》	国家食品药品监督管理总局
2017 年	《保健食品备案工作指南（试行）》	国家食品药品监督管理总局
2017 年	《保健食品注册与备案管理办法（修订）》	国家食品药品监督管理总局
2018 年	《总局关于规范保健食品功能声称标识的公告》	国家食品药品监督管理总局
2019 年	《保健食品毒理学评价程序（征求意见稿）》	国家市场监督管理总局
2019 年	市场监管总局征求调整保健食品保健功能意见的公告	国家市场监督管理总局
2019 年	《关于公开征求〈保健食品备案产品可用辅料增补名单（一）〉意见的公告》	国家市场监督管理总局
2019 年	《保健食品标注警示用语指南》	国家市场监督管理总局
2019 年	《保健食品原料目录与保健功能目录管理办法》	国家市场监督管理总局
2019 年	《保健食品备案产品可用辅料及其使用规定(2019 年版)》	国家市场监督管理总局
2019 年	《市场监管总局关于进一步加强保健食品生产经营企业电话营销行为管理的公告》	国家市场监督管理总局
2019 年	《保健食品命名指南（2019 年版）》	国家市场监督管理总局
2019 年	《保健食品备案工作指南（试行）》	国家市场监督管理总局
2019 年	《保健食品及其原料安全性毒理学检验与评价技术指导原则（2020 年版）》	国家市场监督管理总局
2019 年	《药品、医疗器械、保健食品、特殊医学用途配方食品广告审查管理暂行办法》	国家市场监督管理总局
2020 年	《保健食品原料用菌种安全性检验与评价技术指导原则（2020 年版）》	国家市场监督管理总局
2020 年	《保健食品理化及卫生指标检验与评价技术指导原则（2020 年版）》	国家市场监督管理总局
2020 年	《保健食品原料目录 营养素补充剂(2020 年版)》	国家市场监督管理总局
2020 年	《允许保健食品声称的保健功能目录 营养素补充剂（2020 年版）》	国家市场监督管理总局
2020 年	《市场监管总局关于保健食品有关注册变更申请分类办理的公告》	国家市场监督管理总局
2020 年	《保健食品注册与备案管理办法(2020 修订版)》	国家市场监督管理总局
2020 年	《允许保健食品声称的保健功能目录 非营养素补充剂（2020 年版）（征求意见稿）》	国家市场监督管理总局
2021 年	《保健食品备案产品可用辅料及其使用规定(2021 年版)》	国家市场监督管理总局
2021 年	《保健食品备案产品剂型及技术要求(2021 年版)》	国家市场监督管理总局

七 功能食品存在的问题

（一）企业数量多、规模小

目前，我国经营范围含"保健品、保健食品"，且状态为在业、存续、迁入、迁出的企业超过 269 万家。其中超 8 成的保健品相关企业均分布于批发和零售业中，且有 70% 的相关企业注册资本在 100 万元以下。

2017 年中国保健品生产企业数量达到了 2317 家，较 2013 年减少 300 余家。但保健品规模以上企业数量增长至近 600 家。规模以上企业（业务收入为 2000 万元及以上）占比仅 1/4。保健食品企业数量多但规模小是我国面临的一个问题。

（二）市场分配不均匀

虽然我国功能食品市场已初步形成，但存在地域性差异，东部发达的地区消费人群多而中西部地区偏少，尤其是北京、上海、广州等发达城市占据了我国保健品市场的半壁江山；基于人群年龄差异，在功能食品领域以儿童、老年对功能食品的消费为主。功能食品的消费人群少，与发达国家比较还有一定的差距。

（三）产品技术含量不高，许多产品都是在低水平上重复

从目前我国功能食品的水平来看，多数属于第二代产品，功能雷同的较多。大多数集中在免疫调节、抗疲劳和调节血脂等方面，普及产品多，专用产品少，与发达国家相比尚存在不小的差距。

（四）国民对功能食品的认识尚存在偏差

国民对功能食品的认识存在两个极端：一方面，部分消费者缺乏营养与食品保健知识，不能科学地选择功能食品，盲目追求时髦，"保健跟着广告

走"，听信不实事求是的广告宣传。另一方面，由于少数假冒伪劣产品混入市场，加之一些虚假广告充斥于各种媒体，导致部分消费者对功能产品产生了怀疑，以至于对其一律拒绝。

（五）重生产轻监管，监管制度有待完善

产品上市前，审批程序严格，产品上市后，行业监管松懈。产品鱼目混珠现象严重，因为缺少规范，保健食品大多只能"各领风骚"一两年。由于保健品行业法律制度不完善，以至违法违规现象增多。

（六）保健食品市场秩序不够规范

市场产品质量参差不齐，各种违法违规销售五花八门，严重侵害了消费者的合法权益。因此，必须规范广告市场，严禁夸大功能食品的功效，对于假冒伪劣产品要依法取缔。有关部门要对功能食品市场进行有效的监督，规范功能食品市场，保障消费者的健康权益。

八　疫情防控常态化时代功能食品的机遇与挑战

（一）功能食品发展的机遇

1. "提高免疫力"为特殊食品行业创造新的增长点

新冠肺炎疫情的影响使公众对提高自身免疫力有更深刻的认识和产品需求。特殊食品在维持消费者正常的免疫功能方面具有重要作用。防控常态化背景下，"提高免疫力"产品将成为特殊食品行业新的增长点，也将带来稳定和长期的消费群体。

2. 关注老年人健康成为产业创新发展的重要方面

此次疫情期间，65岁以上老年人群的免疫问题是最突出的问题。我国是人口大国，且已进入老龄化社会，慢性非传染性疾病、退行性疾病和伤残等各类伤病高发，人们对于特医食品和保健食品的潜在需求巨大。

3. 三孩政策全面落实带动中国婴幼儿市场增长

随着中国三孩政策的全面落实，中国的新生儿数量将稳步上升，能极大地推动婴幼儿产业的发展。三孩政策对生育率有明显提升的区域主要为三、四、五线城市。目前，三、四、五线城市婴幼儿功能食品的市场还有极大的开发潜力。

4. 特殊食品注册监管法规体系逐步完善推动行业正向发展

中国特殊食品法律法规和监管体系经历了从无序到有序、从单一到系统、从盲从到规范、从被动到科学的进程，不断完善。保健食品备案双轨制，婴幼儿配方乳粉严格注册及监管，特殊医学配方食品参照药品管理等等，都在推动特殊食品行业提质增效，为消费者提供更加安全的营养产品，激励市场正向发展。

5. 大健康政策利好保健品产业发展

《"健康中国2030"规划纲要》提出，到2030年，人民健康水平持续提升，健康服务能力大幅提升，健康产业规模显著扩大，健康服务业总规模达到16万亿元，成为国民经济支柱性产业。同时，《"健康中国2030"规划纲要》还强调，推进健康中国建设，要坚持预防为主，强化早诊断、早治疗、早康复。而保健品的主要作用是增强免疫力、促进细胞再生、促进病体康复等，不仅可以改善亚健康状态，提升慢性病患者的治愈程度，也有助于健康居民预防疾病和保健。大健康政策的利好将有利于保健品产业发展。

（二）功能食品发展的挑战

1. 中药泛食品化

中医药养生保健是中医理论和实践的重要组成部分，我国保健食品与中医药有着千丝万缕的联系，所以之前有把保健食品称为保健药品的说法。由于我国深受中医传统理论的影响，注重对症下药和配合用药的综合诊治，常常采用多原料混合配方。

同时，混合配方也体现在保健食品的原料和功能上。保健食品中药材原料的使用，是我国保健食品的特色，但也是保健食品监管的难题。2018年8

月，国家中医药管理局与科技部发布《关于加强中医药健康服务科技创新的指导意见》，鼓励四类功能保健食品加速研发申报。随着保健食品批准数量不断增加、现代科学研究水平不断提高，对保健食品中药材原料使用的安全性如何科学评价，使用中药材的保健食品保健功能如何科学验证、科学的标准如何建立，保健食品中药材使用数量如何限定等问题，都是监管层面需要面对的难题①。

2. 中药类保健品功效成分不明确

中药类保健食品是指具有特定保健功能的产品，必须具有明确的功效成分。目前已经明确的成分主要有多糖类、皂甙类、酶类、低聚糖类等，查明中药类保健食品功能因子结构、含量及作用，明确产品的功效成分，是科学研发中药类保健食品的趋势和发展方向。我国市场上的中药类保健食品有很多功效成分是不能检测出来的，这也给监管部门带来了工作上的难题。

3. 中药类保健食品行业缺乏统一有效的标准

我国大多数中药类保健食品的原材料、生产工艺等均不同于传统意义上的食品。从目前市场形势来看，我国现行的中药类保健食品生产和检测标准均为企业标准，与国家规定的中药类保健食品标准还相差甚远②。

自1997年第一个保健食品标准《保健（功能）食品通用标准（GB16740—1997）》颁布以来，近20年来陆续颁布了《保健食品中免疫球蛋白IgG的测定》等19个功效成分检测的国标方法，涵盖了26种功效成分。但是，以上标准体系远远满足不了快速发展的保健食品种类需求。部分功效成分检测标准缺失或标准不统一的现象仍然存在。

近年来陆续出现的胶原蛋白风波、"问题阿胶"、螺旋藻标准之争等问题，暴露了保健食品现有检测标准体系不完善，检测标准或不统一或缺失或滞后，以致监管执法时缺少法定依据，给不法分子以可乘之机，同时引起了

---

① 李美英、姜雨、余超：《我国保健食品功能与原料管理的一点思考》，《营养学报》2018年第3期，第215~221页。
② 张方平：《白涛煤矿井下作业工人膳食营养调查报告》，《预防医学情报杂志》2003年第2期，第161~162页。

媒体和公众对保健食品质量安全的质疑。

以胶原蛋白保健食品为例，目前没有统一的胶原蛋白产品检测的国家标准。各企业分别参照《海洋鱼低聚肽粉（GB/T22729—2008）》、《水解胶原蛋白（QB2732—2005）》和《淡水鱼蛋白肽（QB/T4588—2013）》等标准检测。由于产品检测标准不统一，无法判定产品质量，从而导致舆论危机①。

4. 保健食品的虚假宣传问题

保健食品的虚假宣传问题是当前监管工作中的又一难题，虽然监察力度不断加大，但是各种保健食品的假冒伪劣现象依然屡见不鲜，这些假冒伪劣产品还伴随着虚假宣传和虚假标识一同存在。这些问题集中表现在：保健食品的外包装、标签、标识、说明书及相关宣传网页等材料上，都在以明示或暗示的方式，宣传保健食品的治病功效。

甚至不少保健食品生产者还夸大保健食品的功效，使消费者产生保健食品优于药品的错觉，从而影响消费者的消费决策，这不仅带来了恶劣的社会影响，也严重阻碍了保健食品行业的健康发展。

5. 新食品原料的安全评价

新食品原料的安全性评价必须遵循"科学公认、风险控制、安全评估、实质等同、个案分析"等进行综合判断。需要从成分分析报告、卫生学报告、毒理学评价报告、微生物耐药性试验报告和产毒能力试验报告、安全性评估意见等方面提供安全性依据。新食品原料的开发和管理是非常复杂的工作。

随着科技的不断创新和人类认知程度的不断提升，利用新资源、开发新的保健品以满足人们的需要，将是 21 世纪保健品的一大发展趋势。目前已有许多中药材原料申请开发为新食品原料，对此，既不能一概拒绝，也不能放任不管，在确保新食品原料的食品定位基础上，如何保障消费者食品安全、兼顾资源的可持续利用，是一个监管难题。

---

① 吴琎、徐雨情、王永久等：《胶原蛋白发展进程中的 3 个问题》，《食品研究与开发》2018 年第 2 期，第 200～204 页。

6. 功能食品的安全性和功能性评价

功能食品具有特殊的健康营养价值，在某些疾病预防和健康促进上有着重要的作用；其组分多种多样，这使得安全性的评价复杂化[①]。在安全性评价过程中要明确不同组分的产品面对不同的人群时，安全性也会因人而异；同时要明确功能性，使得各类产品有明确针对的对象，从而促进各人群的身体健康。

7. 保健食品科技体系不够完整

功能食品的科技人才培养体系的建立和完善是我国功能食品科技发展的关键因素。建立开放性的科研开发体系是未来国际化发展的必然要求[②]。加强人才的培养，积极创新，将现有的高新技术运用到功能食品的开发生产过程中。如生物工程技术、分离纯化技术、超微粉碎技术、冷冻干燥技术、微胶囊技术、冷杀菌技术等，并在此基础上大力创新，发展第三代产品，积极地推动产品的更新换代[③]。

8. 装备智能化与信息化将成为特殊食品产业应对风险挑战的关键

智能化的制造、无人配送、在线消费等针对疫情展开的运营模式，也为食品行业创造了防控常态化背景下的新发展机遇和空间。装备智能化、信息化程度高的生产企业的"抗击打能力"更强。疫情还促使那些以互联网、电商平台为主要销售渠道的企业产品迅速占领市场。这轮行业重组后，幸存下来的食品企业将对市场需求和行业新技术更加敏感，拥有人工智能技术和有互联网加持的企业将在竞争中极具优势。

9. "重审批、轻监管"问题依然存在

保健品审批比较严格，但生产与销售环节的监管如同牛栏关猫，且涉及多部门利益。相关部门如何形成合力、加强打击处罚力度，让造假者付出高昂代价，是当下应该思考的问题。

---

① 白新鹏主编《功能性食品设计与评价》，中国计量出版社，2009。
② 白超：《探讨我国功能食品科技发展面临的问题及解决措施》，《华章》2007年第9期。
③ 刘静波、林松毅主编《功能食品学》，化学工业出版社，2008。

10. 注册备案分类管理制度还不够细化完善

形成根据产品创新程度合理分配检验检测和审评审批资源的管理机制，减少对类似产品的重复试验和审查，既利于提高注册检验检测和审评审批效能，也利于推动研发创新。科学的注册分类模式还需进一步探索。

九　功能食品的发展趋势

（一）营养保健品市场规模持续扩大，市场监管力度加大

1. 行业监管力度加大，行业集中度提升

近年来，中国药监局逐渐减少保健食品生产许可证的发放数量，营养保健品行业准入门槛提高，营养保健品行业负面舆情暴发促使我国政府开展一系列专项整治，颁布相关法律法规，行业监管力度加大。此外，中国营养保健品企业数量逐年递减，规模以上保健品企业数量却保持稳定增长，中国保健品行业集中度将进一步提升。

2. 营养保健品行业市场规模持续扩大

随着中国经济的稳定发展，国民收入水平有所提高，国民消费需求和消费水平逐渐升级，中国的营养保健品人均支出将大幅增长；另外，国家政策对大健康产业扶持力度较大，营养保健品行业作为大健康产业的重要支柱逐渐被重视；2019 年，我国 60 周岁及以上人口有 21242 万人，老龄人口基数较大，再加上保健品消费日益年轻化，营养保健品行业有望继续保持高速增长，市场规模持续扩大。

3. 全国统一的保健食品监管工作信息平台将形成

监管部门将进一步健全保健食品注册备案信息系统的建设，加快保健品注册信息系统重构，强化产品注册信息公开，保健食品电子档案管理制度将形成。注册备案、生产许可、日常监管及企业法人库将会被整合为统一的保健食品监管工作信息平台，产品监管信息的可及性和时效性将会进一步提升。

（二）消费群体转变，推动营养保健品消费升级

1. 保健品产品多样化、消费日常化、功能专业化

目前，中国营养保健品行业正在向专业化的方向发展，产业内部和企业之间的分工协作更加细化。营养保健品日益被大众消费群体重视，消费群体多样化，消费者更加关注与自身健康需求更匹配的个性化产品，在功效、休闲、美味、使用便利等功能上要求更加严格，所以营养保健品产品多样化、消费日常化、功能专业化是行业必然的发展趋势。同时在功能食品领域内"个性化生产"和"个性化服务"也将会是企业成功的策略之一。

2. 消费群体年轻化，品牌发展时尚化、国际化

2019年，中国40~60岁的营养保健品消费者占比增长至35.0%，而60岁以上的营养保健品消费者占比则下降至42.0%，中国营养保健品消费群体呈现年轻化趋势。为了适应消费群体的转变，众多营养保健品牌计划打造时尚化、国际化的品牌形象，开拓针对中年群体和青年群体的产品。

3. "提高免疫力"产品将成为功能食品行业新的增长点

新冠肺炎疫情的影响使公众对提高自身免疫力有更深刻的认识和更大的产品需求。特殊食品在维持消费者正常的免疫功能方面具有重要作用。疫情防控常态化背景下，"提高免疫力"产品将成为功能食品行业新的增长点，也将带来稳定和长期的消费群体。

（三）电商渠道成为营养保健品行业增长新引擎

1. 电商渠道成行业增长新引擎

目前，营养保健品在药店终端的销售增长日渐乏力，而对行业逐渐严格的管控，以及近期"百日行动"对违规直销的打击和整治都将使得线下的营养保健品市场份额进一步下降。随着新生代消费力量的崛起，电商成为年轻人满足养生需求的重要渠道，而《电子商务法》等众多政策的出台，对电商及跨境电商行业的健康发展起到助推作用。

2. 营养保健品跨境电商发展向好

对于大多数境外营养健康产品来说，以一般贸易形式进入中国市场依然面临挑战，而跨境电子商务则进入门槛较低，中国政府也推出了众多利好政策以鼓励跨境电商的发展。此外，中国消费者对于国外知名品牌的信任度较高，且对营养保健品的需求多样化，跨境电商平台受到中国消费者的欢迎。

（四）老人、婴童、孕妇功能食品需求充满潜力

婴童、孕妇产品逐渐形成一个庞大且潜力巨大的需求市场，以每年17%的速度递增。目前在家庭总支出中，婴童消费占30%；而在婴幼儿的消费支出中，约50%用于食品，20%～30%用于日用品，玩具消费约占5%。2011年中国0～12岁的婴童市场总规模约为11500亿元。近几年，婴童市场保持15%左右的高速增长，2018年母婴市场规模约为3万亿元，之后三年复合增速约为14.5%。

到2050年，我国的老龄人口将激增到4亿人左右，约占我国总人口的25%，大约每四个人中就有一个老年人。老年消费群体正在不断壮大，老年人消费品市场的规模和增长潜力巨大，从2014年到2050年，老年人口消费潜力会从4万亿元左右增长到106万亿元左右。我国已逐步进入老年化社会，开拓老年消费市场前景广阔。

（五）中医药在保健食品市场大有可为

保健食品是21世纪食品行业中最具前景也最具挑战性的充满发展机遇的行业，中医药在保健食品市场中是大有可为的，我国在中药保健食品研发方面具有世界其他国家不具备的优势：中草药植物资源丰富；风味独特：中药保健食品多食药结合，如保健酒、饮料、糕点等等；安全性强、疗效可靠；遗产众多：多年的临床实践中前人为我们留下众多的食疗验方，为开发保健食品提供了宝贵资料。

我国保健食品的研发应坚持以中医药理论为指导，同时借鉴世界各国保健食品研发经验，充分利用现代科学的先进方法和科研成果，加强发展创

新，提高研制水平，同时要建立统一的质量评定标准、严格的管理规范，要有准确的市场定位，实事求是地宣传功效，积极与国际市场接轨，使以中药为原料的保健食品尽快走向世界，打造我国保健食品的精品，为人类健康事业和我国的国民经济发展做出更大的贡献。

（六）从天然资源中寻找开发新功能材料是未来功能食品发展的重要课题

由于从天然食物资源中提取的功能材料具有安全性，因而以天然食物材料为原料生产的功能食品深受人们的喜爱而赢得了大量的消费人群。目前，国外较为流行的功能成分如下。

一是抗氧化剂，它的使用率占各项功能材料之首，早年使用较多的是一些抗氧化的维生素和矿物质。近年来，从天然动植物中提取的活性成分如番茄红素、叶黄素备受人们关注，发展迅速。

二是益生菌、益生元和合生元。目前，欧美和日本各国特别重视开发这类产品，日本厚生省批准的 FOSHU 产品中有 40% 的产品是利用这一原料制成的，并具有改善胃肠道功能的"声明"。如欧美和日本将益生元如寡聚糖加入许多产品中，如糖果、蜜饯、饼干、面包、午餐肉、早餐饮料等。全球有 40 亿美元销售额。我国这类产品较少，应加以重视。

三是草药，近年来，草药在欧美各国发展迅速，它们是美国膳食补充剂的主要原材料。由于草药有一些奇特的功效，有些常规医药不能解决的问题，而用草药（非常规医学）却可迎刃而解。故一些欧美草药商纷纷到中国、印度、南美等地采购草药①。

中草药是我国特有的天然资源，是开发具有中国特色的功能食品的好材料。但由于我们的基础研究不够，加之生产工艺落后，目前在开发利用上不仅落后于日本，还不及韩国。这是一个很有发展潜力、我国应奋起直追的领域。

---

① 郑玉萍：《唐代土特产研究的现状与展望》，《农产品加工》（学刊）2006 年第 12 期，第 70 ~ 72 页。

浅谈食品产业链各环节的食品安全问题

王思元[*]

摘　要： 在食品行业链条中，从农产品的种植养殖，到生产加工环节，再到食品的储藏运输，商品的经营销售，最后到消费者的体验反馈，甚至包括相关部门的监管，其中的每一个环节都是食品安全生态链中的重要组成部分，任何一个细节的失控，都会威胁到食品安全。食品企业是食品安全的第一责任人，也是食品安全事业的重要推动者。中国既有大量食品加工技术相对落后的劳动密集型小作坊，也有集约化、规模化作业的现代食品生产、加工企业，还有具有顶尖科技水平的食品创新科技企业。本文从企业角度，阐述了如何整合食品生产链上的每一个环节，联合食品行业全产业链的各方利益相关者，共同推动我国的食品安全事业，建立良好的食品安全生态系统。

关键词： 食品安全　食品产业链　从农田到餐桌

一　国内外食品安全现状

（一）国际食品安全现状

食品是人类生存最基本的保障，中国一直都有"国以民为本，民以食

* 王思元，食品科学博士，主要从事功能性饮料的研发、果蔬加工及其副产物的综合利用以及食品质量与安全的管理。

为天"的说法，而随着食品安全事件的频繁发生，"食以安为先"显得尤为重要，也说明了食品安全的保障已经成为食品生产经营的底线要求。从国内外对食品安全的定义可见（见表1），食品安全包括数量安全（Food Security）、质量安全（Food Safety）和营养安全（Nutrition Safety）三个层次，数量安全解决的是吃得饱的问题，质量安全解决的是吃得放心的问题，而营养安全解决的是健康提升的问题。

表1 国内外食品安全定义

出处	定义
国际食品卫生法典委员会（Codex Alimentarius Commission，CAC）	食品中不含有有害物质，不存在引起急性中毒、不良反应或潜在疾病的危险性
联合国粮农组织（Food and Agriculture Organization of the United Nations，FAO）	食品安全就是要确保任何人在任何时候、任何地方都能得到能够满足生存和健康所需要的食品
世界卫生组织（World Health Organization，WHO）	对食品按其原定用途进行制作和食用时不会使消费者受害的一种担保
《中华人民共和国食品安全法》	食品无毒、无害，符合应当有的营养要求，对人体健康不造成任何急性、亚急性或者慢性危害

确保食品安全是一项永不停止的任务，世界各国都对此做出了不懈的努力，但食品安全事件仍时有发生。世卫组织在《全球食源性疾病负担的估算报告》中报道全球每年有近1/10的人因食用受到污染的食品而生病。其中造成死亡的多达42万人，包括五岁以下儿童12.5万人，占全球食源性疾病死亡人数的近1/3[1]。世界银行统计，在中低等收入国家，每年由不安全食品造成的生产力和医疗费用损失多达1100亿美元[2]。国际食品安全当局

---

[1] *Estimating the Burden of Foodborne Diseases：A Practical Handbook for Countries：A Guide for Planning，Implementing and Reporting Country-level Burden of Foodborne Disease*（Geneva：World Health Organization，2021）.

[2] Jaffee S.，Henson S.，Unnevehr L.，et al.，*The Safe Food Imperative：Accelerating Progress in Low-and middle-income Countries*（Washington，D. C.：World Bank Publications，2018）.

网络（International Food Safety Authorities Network，INFOSAN）统计过去 5 年（2016～2020 年）共发生 373 起食品安全事件，且呈逐年增长的趋势（见图1）。其中美国位居常发生食品安全事件的成员国之首，而我国紧随其后位居第二（见表 2）。从危害类别来看，生物污染是引起食品安全事件的最主要因素，分别占当年食品安全事件总数的 53%～75% 之多①。

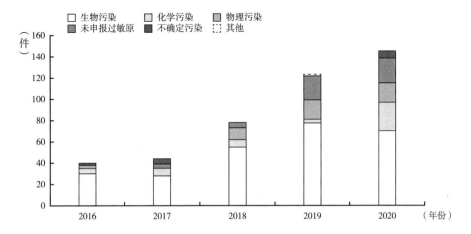

图 1　2016～2020 年国际食品安全当局网络通报的食品安全事件（按危害类别划分）

表 2　2011～2017 年通过国际食品安全当局网络通报的最常发生食品安全事件成员国前十位

单位：件

序号	成员国	食品安全事件数
1	美国	91
2	中国（包括香港和澳门）	64
3	加拿大	60
4	澳大利亚	48
4	英国	48
6	法国	40
6	德国	40

① *INFOSAN Activity Report 2018/2019*（Geneva：World Health Organization and Food & Agriculture Org.，2020）.

续表

序号	成员国	食品安全事件数
8	荷兰	36
9	新西兰	25
10	意大利	22
10	新加坡	22

随着世界人口的增长，人们对于食品的需求不断增加，同时城市化的发展和生活节奏的加快改变了人们的消费习惯，更多的消费者愿意购买和食用方便快捷的加工食品，因此对农业和畜牧业生产集约化和产业化的要求也越来越高，这既带来了机会也给食品安全带来了挑战。这些挑战使食品生产者在确保食品安全方面承担了更大的责任。全球化和国际贸易的快速发展提高了食物产品的流通速度、扩大了范围，因此局部的食品安全事件可能会迅速演变为国际突发事件。例如 2017/2018 年南非即食肉类被单核细胞增生李斯特菌污染，导致 1060 例感染李斯特菌病和 216 例死亡，并且受污染的产品出口到了非洲其他 15 个国家。因此，食品安全问题已不再是一个地区一个国家的问题，而是世界性的问题，需要国际协作快速反应来落实风险管理措施①。

（二）中国食品安全现状

党中央、国务院高度重视食品安全工作，《关于深化改革加强食品安全工作的意见》中提出了食品安全关系人民群众身体健康和生命安全，关系中华民族未来。习近平总书记也多次做出重要指示：用最严谨的标准、最严格的监管、最严厉的处罚、最严肃的问责，确保广大人民群众"舌尖上的安全"②。

2020 年，国家市场监督管理总局共完成食品安全监督抽检 638.7 万批次，

---

① World Health Organization, "Food Safety," *World Health Organization*, https://www.who.int/news-room/fact-sheets/detail/food-safety.

② 中共中央国务院：《中共中央国务院关于深化改革加强食品安全工作的意见》，2019 年 5 月 20 日。

覆盖 33 大类食品，总体合格率为 97.69%，与 2019 年持平①。从检出的不合格项目类别看，农兽药残留超标、微生物污染、超范围超限量使用食品添加剂问题，分别占不合格样品总量的 35.31%、23.03% 和 16.17%；质量指标不达标问题，占不合格样品总量的 7.02%；有机物污染问题，占不合格样品总量的 6.88%；重金属等元素污染问题，占不合格样品总量的 6.62%。这是现阶段最主要的六类食品安全风险。数据反映了我国食品企业的添加剂使用逐渐规范，而食品农药残留问题愈加突出。

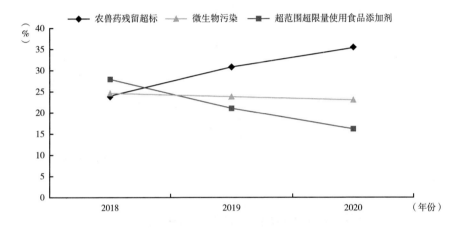

图 2　2018～2020 年食品安全监督抽检的三大问题占比

2008 年的三聚氰胺"毒奶粉"事件在食品安全发展历史上具有重要意义，此事件影响范围广且危害性大，对我国的食品安全事业造成重创，但另一方面，事件也加速了我国《食品安全法》的出台，提升了全国的食品安全监管力度，同时也加重了对食品安全事件责任企业的处罚力度。企查查数据显示，近五年我国食品企业在食品安全方面的行政处罚案件数量逐年增多，2016 年约有 1.62 万件行政处罚案件，2017 年增长至 2.95 万件，2018 年约有 4.64 万件，2019 年约有 5.17 万件，2020 年约有 3.72 万件，同比下

---

① 国家市场监督管理总局食品安全抽检检测司：市场监管总局关于 2020 年市场监管部门食品安全监督抽检情况的通告〔2021 年第 20 号〕，2021 年 5 月 7 日。

降 28% 。另一方面，近两年食品企业受到食品安全行政处罚的占比有所减少。企查查数据显示，2016 年有 0.884% 的食品企业因食品安全问题受到行政处罚；2017 年这一比例增长到 1.263% ；2018 年受到食品安全行政处罚的食品企业占比 1.645% ；2019 年占比有所下降，为 1.467% ；2020 年占比进一步下降到 0.821% ，为历年最低①。

总体而言，我国的食品安全处于稳中向好的趋势，但食品安全的风险永远存在，我国的食品安全事业仍存在很多问题：（1）政府监管与食品市场之间的规模差异较大，无法按照统一的程度、方式和程序来监管不同规模的食品企业。（2）食品安全法律及标准体系不完善，法律本身制定和完善的滞后性导致相关法律体系和食品安全标准只能在发生食品安全问题之后才能建立。（3）政府部门监管不力，食品监管部门执法力量（包括检测等辅助力量）严重不足。（4）消费者缺乏食品安全意识及维权意识，为一些不法企业创造了生存空间。（5）环境污染问题严重，水资源、土壤环境等受到严重的重金属、农药污染，这些污染物被植物吸收，进而间接导致食品原料被污染②。

（三）新冠肺炎疫情给食品行业带来的挑战

2020 年初暴发的全球性新型冠状病毒肺炎（COVID－19）疫情，目前已涉及超过 200 个国家和地区，累计超 2 亿确诊病例，死亡人数近 500 万人③。新冠肺炎疫情的快速蔓延已严重地影响了全球的经济发展，也威胁到了全球的食品数量、质量以及营养安全。首先，贸易、市场和供应链受到波及，全球食物供给面临挑战。边境关闭、严格的隔离及检疫措施，导致交通运输中断、劳动力减少，增加了食品运输和贸易成本，同时也阻碍了食品加

---

① 《数据 3·15：2020 年食品安全行政处罚 3.72 万件》，《齐鲁晚报·齐鲁壹点》，https：//baijiahao. baidu. com/s？id=1694010417161708840&wfr=spider&for=pc，2021 年 3 月 12 日。

② 华杰鸿、孙娟娟：《建立中国食品安全治理体系》，https：//op. europa. eu/s/s22N，2018 年 6 月 18 日。

③ WHO Coronavirus （COVID－19） Dashboard，*World Health Organization*，https：//covid19. who. int/，October 14，2021.

工商开展生产①。其次，新冠肺炎疫情带来的经济损失和购买力下降将导致人们膳食质量急剧下降②。疫情期间，新鲜蔬菜水果和肉类等供应更加困难，而且价格更加昂贵，导致居民饮食结构更加倾向于以便宜的大米、玉米、小麦和木薯等主食为主要能量来源，而减少蛋奶、蔬果等富含微量营养元素的食物摄取③。

当前，我国新冠肺炎疫情防控形势趋于稳定，防控工作已从应急状态转为常态化，人民生活生产基本恢复，国民经济也快速复苏，但境外疫情的蔓延导致国内"外防输入、内防反弹"的防疫形势依然严峻。在疫情防控常态化背景下，食品安全仍面临极大的挑战。首先，消费模式被改变，家庭消费成为重心，网购食品成为重要的消费渠道。疫情影响了很多食品中小企业，一部分被淘汰，一部分被疫情催化，激发了企业创新意识，催生了很多的网红食品企业和网红产品，但同时伴随的是品牌企业对这些代加工企业生产链安全的把控还不到位，有重大风险和漏洞。对网购食品安全的管理，对半成品、餐饮外卖产品、休闲食品的标准制定和安全体系建设等都亟待完善。另外，新冠肺炎疫情不是食品安全问题，新冠肺炎不是食源性疾病，新型冠状病毒一般不会通过食品传播，但是在疫情发生地区新冠病毒污染食品是可能的，在冷冻潮湿的环境下有可能长时间存在，由此带来的对冷链食品与新冠病毒的关联性受到高度关注，我国在冷链物流环节上的疫情防控面临巨大挑战。冷链食品的安全管控与完善的可追溯体系需要加强。④

《食品安全法》明确规定，在中华人民共和国境内从事食品生产和加工；食品流通和餐饮服务；食品添加剂的生产经营；用于食品的包装材料、

① 陈志钢、詹悦、张玉梅等：《新冠肺炎疫情对全球食物安全的影响及对策》，《中国农村经济》2020 年第 5 期。
② Headey D. D. , Ruel M T. , "The COVID‐19 Nutrition Crisis: What to Expect and How to Protect," *IFPRI Book Chapters* (2020).
③ 中共中央国务院：《中共中央国务院关于深化改革加强食品安全工作的意见》，2019 年 5 月 20 日。
④ 张聪：《陈君石院士权威解读新型冠状病毒与食品安全》，《食品安全导刊》2020 年第 13 期，第 3 页。

容器、洗涤剂、消毒剂；用于食品生产经营的工具、设备的生产经营；食品生产经营者使用食品添加剂、食品相关产品；以及对食品、食品添加剂和食品相关产品的安全管理等，都应被纳入食品安全监督的范围。此外，供食用的初级农产品的质量安全管理，同样也应被纳入食品安全监督的范围。因此，食品安全是一个从田间到餐桌的生态系统，解决这条生态链每个环节的问题，迫切需要大型食品加工龙头企业向上下游拓展，通过对上游供应商的高标准筛选和严格监管，对生产加工环节的科学管理和技术升级，对下游物流、储藏，以及直到消费者端的可追溯管控，建立覆盖全产业链的食品安全生态系统。本文将从食品产业链的上、中、下游各个环节分析食品安全现状和存在问题，并阐述企业解决食品安全问题的对策。

二　从农田到餐桌——食品安全生态链

（一）食品安全从源头做起

1. 食品原料的污染

植物性食品原料的种植和动物性食品原料的养殖是食品安全生态链上的源头，也是最重要的一个环节。人们熟知的三聚氰胺和瘦肉精食品安全事件，都是食品原料供应商的违规添加造成的。食品原料的污染包括生物性污染，如有害病毒、细菌、真菌和寄生虫；化学性污染，如农兽药、化肥、重金属污染；物理性污染，如异物、昆虫的带入等；转基因污染，主要是大豆、玉米、棉花等，有可能对人体和环境带来潜在危害。2020 年市场监督管理总局的抽检结果显示，农兽药残留超标是我国当前最突出的食品安全问题。

2. 保障食品原料安全的方法

如何才能加强源头污染治理？目前，我国食品原料的种植和养殖主要还是农民分散经营居多，因此对源头的管控很难落实。很多农民在种植农产品的时候追求天然，尽量不施或者少施化肥农药，而农产品的外观却不尽如人意，很难卖出好价钱。这样的市场机制，导致了"劣币驱逐良币"的现象。因此，解决问题的根本，除了立法和监管，还必须让农民联合起来，推广农村合作社和企业承包等模式，规范农民的种植或养殖。同时，加强农用地流转、规模化的土地耕作、科学的农业技术以及现代化的农业设备，这些措施都有助于降低生产安全食品原料的成本，有利于对食品安全源头的管理。

科学技术的进步及创新是保障食品原料安全的有效手段。近些年，食品安全相关创新技术也在飞速发展，覆盖了食品的各个领域。其中，食品原料端控制的手段有很多。食品检测方面包括农药、兽药、微生物检测技术的进步，快速检测技术的发展，有利于现场发现问题，及时处理和检测。高新技术的移植和应用也促进了农产品的安全管理，如农业遥感卫星和无人机遥感的使用，探索出了集"空天地"一体化的新模式，在屏幕前即可知道农作物长势和病虫害情况。5G 植保无人机也发展成为一种常见的农业生产机械，目前已突破 10 亿亩次的作业面积，精准高效的农药化肥的施用方式，大大降低了农药化肥使用量及其对环境的污染[1]。生物技术的介入，也使得管控食品安全更加高效[2]。以水产品养殖的状况为例，由于中国的水产品养殖密度是国外的 10 倍，高密度的养殖会提高感染疾病的风险，为降低病死率，就需要使用抗生素，从而带来抗生素超标的问题。农业部、科技部认为研发疫苗是解决这个问题的方法，中国目前只有 4 种疫苗，其中 2 种还来自美国（世界总共有 144 种水产品疫苗），而疫苗的使用在国内也存在困难。因此，科技部已经在调整食品安全的科技方向，通过多开发农药替代品、生物制品，甚至启动土壤基因组计划，从水土环境、农业生产与养殖方面进行源头控制。

食品原料安全的源头管理，离不开法律法规的控制和行业的自律。以乳品行业为例，2005 年的光明乳业回收奶事件、阜阳假奶粉事件、三鹿三

---

① 佚名：《食品安全贯穿整个链条管控要从源头抓起》，《农经》2017 年第 6 期，第 16 ~ 17 页。

② Headey D. D., Ruel M T., "The COVID – 19 Nutrition Crisis: What to Expect and How to Protect," *IFPRI Book Chapters* (2020).

聚氰胺事件等，不仅严重威胁消费者的身体健康，而且极大地损害了中国乳品行业的形象和发展。种种乳品安全事件的发生，促使国家加大了对乳品行业的整顿力度，2008～2017 年，国家各部门共颁布了 126 项乳业安全规制措施，其中在奶源方面，对奶畜养殖者、奶畜养殖场、畜牧兽医人员、生鲜乳收购站成立条件乃生鲜乳的检测、收购、运输都已进行了规制①。政府在不断完善乳业安全规制的同时，鼓励行业协会协调企业和科研机构，实现乳品企业自我约束、自我规制，形成良性循环，实现乳品行业的持续健康发展。

（二）严控生产加工核心环节

1. 生产加工环节的食品安全问题

食品加工过程是食品工业的关键环节，也是企业在食品生态链中的最主要贡献部分，是影响食品安全的最主要因素之一。食品生产加工环节的食品安全问题主要有四个方面。

（1）食品生产加工中控制不当引发的微生物污染。一部分食品企业生产环境不卫生，加工人员操作不规范，生产设备清洗不彻底，食品原料或半成品的储藏条件不合规，生产用水、生产工具、包装材料等因素都可能将有害微生物引入食品中。另外，生产工艺技术也会影响食品的微生物安全，例如杀菌方法不适宜，不能有效杀死有害微生物达到国家微生物安全标准；食品生产工艺流程不合理，未能做到生熟分开，造成交叉污染，使食品中已存在或污染的有害微生物大量繁殖生长等等。

（2）食品添加剂和非食品用原料非法使用问题严重。食品添加剂是改善食品质量所必需的，在国家标准规定下使用是完全合理且安全的。然而部分企业仍然存在违规使用添加剂的情况，引起食品的化学污染。例如：使用未经国家批准使用或禁用的添加剂品种：比如三聚氰胺、苏丹红、孔雀石绿

---

① 郝晓燕、魏文奇：《我国乳业发展政府激励性规制的主要实践及启示》，《中国乳品工业》2019 年第 5 期。

等。再例如，添加剂的使用超出规定范围：有些不法商贩在辣椒加工中添加胭脂红，在馒头制作过程中滥用硫黄熏蒸等，均是对食品行业信誉的极大损害。此外，食品添加剂使用剂量超标：如亚硝酸钠是肉品加工常用的发色剂，按规定用量使用是安全的，但有些商家过分追求产品外观效果而超量使用，造成食品安全问题。另外，工业添加剂冒充食品添加剂：为了降低成本，某些不法商家将工业化工品替代食品添加剂用于食品生产加工中，造成严重的食品安全问题，威胁人们的生命安全。

（3）包装类食品标签使用不规范。食品包装是消费者接收信息的最直接途径，但我国的食品标签使用不规范情况仍较为常见。主要体现在：标签信息不全，如缺少食品名称、生产日期等；标签内容失真，如产品名称与配料表不符、配料表不全等；标签信息误导消费者，如生产日期和出厂日期混淆等。此外，还有食品标识模糊、破裂等现象。

（4）新原料、新技术、新工艺所带来的食品安全问题。食品新原料的发现、食品科技的创新是好事，但如果未经科学验证就投入生产有可能造成严重的食品安全后果。中国科学院微生物研究所曾对生产酱油所用菌种进行了黄曲霉毒素产毒能力的研究，结果发现 4 种能产生黄曲霉毒素的菌种。研究表明，食品工业用的黑曲霉、米曲霉等也会产生霉菌毒素而对人身健康造成危害。另外，保健食品原料的安全性问题、转基因食品的安全性问题、辐照食品的安全性问题等也已引起学术界的普遍关注。[①]

2. 食品生产加工环节安全问题出现的原因

总结我国食品生产加工环节安全问题的原因主要有以下几个方面。

（1）食品生产和监管人员素质水平不高。与西方国家相比，我国目前的食品加工企业仍以劳动力密集型居多，机械化程度低，从业人员文化水平普遍不高，食品加工安全意识薄弱。很多企业未能对员工进行全面的岗前培训，使得员工在食品生产加工中不能严格按照生产规范进行操作，无法做到

---

① 王强、商五一、张雨：《食品安全问题与对策》，《农产品加工》2003 年第 4 期，第 6 ～ 7 页。

对高风险的生产加工关键环节进行有效控制，很容易引起食品安全问题。此外，食品安全监管人员的整体水平不高、政府部门监管不到位，也是影响食品安全的重要因素。

（2）食品质量管理体系不健全。很多中小企业或者食品小作坊并没有健全的食品质量管理体系，也没有足够的自我检测能力，很难规范员工按照卫生标准操作规程进行操作，也无法对所有生产环节进行记录、追溯和监控，对中间产品和最终成品的品质也不能做到准确的评定。

（3）消费者食品安全意识和自我保护意识薄弱。我国部分消费者，尤其是农村低收入者缺乏基本的食品安全意识和自我保护意识，常常主观上认为"吃得饱"就好，并不关注"吃得好""吃得卫生"等食品安全问题。另外，社会金钱至上的风气也助长了一些不道德行为，企业追求利益造假，而消费者又缺乏投诉举报的意识，往往是在发生了严重的安全事件后才开始重视。

3. 食品生产加工环节安全问题的解决对策

（1）提升企业食品安全责任意识。想要有效解决食品生产加工安全问题，企业需要提升自身的主体意识，因为企业属于第一责任人。首先，要注重企业员工，尤其是一线操作人员的食品安全教育，对企业负责人、关键岗位人员加强培训与考核力度，提升其食品安全意识与科学管理能力，进而有效规范企业生产加工行为①。其次，政府相关部门应加大对食品企业的监管力度，对失信企业从严处理，让其无法在食品行业继续从业。整合或淘汰不规范的中小企业和食品小作坊，信誉良好的大型食品企业起到引领作用，集约整条食品安全生态链条，促进我国食品安全事业的发展。

（2）建立科学的食品安全管理体系。对于企业来说，保障食品安全的最有效工具就是科学的食品安全管理体系。虽然我国的《食品安全法》已经确立了以食品安全风险监测和评估为基础的科学管理制度，明确食品安全风险评估结果是制定、修订食品安全标准和实施食品安全监督管理的科

---

① 尹锋：《食品生产加工环节安全问题研究》，《现代食品》2020年第6期，第124～126页。

学依据①，但在企业执行层面上仍然存在落地难的问题。而西方国家已经逐渐形成了许多易执行、可复制、效果好的食品安全管理体系。以美国为例，针对每个细化的食品行业分类都有一套完善的食品操作指南，例如"A"级巴氏杀菌奶条例（The Grade "A" Pasteurized Milk Ordinance）中对巴氏杀菌奶生产中涉及的每一个细节都有明确的指导。与此同时，危害分析的关键控制点（Hazard Analysis Critical Control Point，HACCP）、良好农业规范（Good Agricultural Practices，GAP）以及近几年美国食品药品管理局（Food and Drug Administration，FDA）推广实施的《食品安全现代化法案》（Food Safety Modernization Act，FSMA）等一系列食品安全管理体系，已经在现代化和更好地保障美国食品供应链方面取得了巨大进展。我国的食品企业需要借鉴国外成熟的方法基础上，创新出更适合我国国情的食品安全管理体系。近年来，我国的一些大型食品企业逐渐与国际接轨，开始实施HACCP质量管理体系，用科学的方法对生产中的每个环节进行风险评估，制定关键控制点和相应的评价指标，建立完善的监控程序和质量控制系统。

（3）食品科技的保障是食品安全的前提。先进的食品科学技术是食品安全的保障。没有科技创新就没有食品安全水平的提升，也就难以应对越来越复杂的食品安全问题和消费者对食品安全提出的新要求。近几年，随着科研的深入及新业态的出现，食品创新科学技术不断涌现，针对生产环节，由于传统热加工对食品品质和营养影响大，新的加工技术不断涌现并产业化应用，如食品超高压加工技术、辐照杀菌技术、真空包装技术、无菌灌装技术以及区块链技术等。这些食品科技的创新，不但有助于解决食品安全问题，同时提高了产品品质，满足消费者更多的新需求。近年来，食品企业也加大

---

① 陈志钢、詹悦、张玉梅等：《新冠肺炎疫情对全球食物安全的影响及对策》，《中国农村经济》2020 年第 5 期。中国食品科学技术学会、沃尔玛食品安全协作中心：《食品安全创新白皮书》，https：//www.myfoodsafety.com/media - library/document/food - safety - innovation - white - paper - chinese/_ proxyDocument? id = 00000177 - 7b08 - d0dc - af7f - 7fafbbb80000，最后检索日期：2021 年 10 月 14 日。

了在食品加工技术与设备改进方面的投入。例如，确保在不添加防腐剂的前提下有效保障碳酸饮料产品更干净、更绿色、更安全。

（三）食品行业下游产业

食品行业的下游产业包括产品出厂后的运输、储藏、经销、消费者的体验及售后反馈。食品一旦离开生产厂商，进入后续下游环节，制造商对食品安全性的可控力就越发减弱。提升食品在其出厂后的持续安全是对行业的巨大挑战，特别在当前的疫情和全球国际化大趋势下。但挑战和机遇并存，当今人类社会拥有比任何时候都先进的信息化技术，这些飞速发展的新型科技对食品行业和食品安全的提升有巨大的潜在影响力。目前全球食品行业都在积极配合政府部门、行业协会、科研单位等，致力于建立完善的食品风险监督平台、有效的食品农产品溯源技术、新型食品储藏技术和食品安全信息的普及教育。

1. 信息技术提升食品安全的可追溯性

物联网、大数据、人工智能等科技手段可以有效提升食品安全的可追溯性。从生产、包装、储藏、运输到消费等各环节，可以搜集包括生产环境、包装材料、储藏环境、运输环境和距离、货架时长等数据信息。通过对这些数据的分析和整合，可以建立风险评估系统并优化其可靠性，这为食品安全决策提供了指导性作用。虽然不同地区和国家有各自的食品管理系统，但对整个食品链各环节信息的采集可有效干预风险危害，并及时止损已发生的食品安全问题。目前，我国食品产业的物流与供应链管理行业同欧美国家相比仍处于初级发展阶段。因此，使用物联网优化管理，对整个供应链各环节进行及时、有效的监控与追踪，是解决食品产业当前存在的各种问题的最佳途径。[①]

区块链技术是实现物联网管理的重要措施，这种分布式账本技术可通过全新的信息和信任管理，给供应链安全性提供了升级的新机。《"物联网 +

① 申俊龙、曾智：《基于物联网技术的食品药品安全供应链管理研究》，《中国卫生事业管理》2011 年第 7 期，第 4 页。

区块链"应用与发展白皮书》中阐述：通过区块链技术与物联网的结合，使整个食品链都有据可查，每一个环节都能追根溯源，从而加强食品的可追溯性和安全性，提升食品供应链的透明度，保障食品安全[①]。FDA 在其最新的"更智慧的食品安全新时代"未来蓝图报告中提到发展的前两项核心要素为：以技术为支持的可追溯性；更智能的预防和暴发应对工具及方法[②]。大力提倡行业采用新技术，特别是借助数字化进行转型。这就包括例如实施一套基于区块链的内部的数字技术系统，以便接收来自行业和监管机构的关键跟踪事件和核心数据元素。

2. 多方协同推动食品安全教育

作为食品供应链的终端，消费者的食品安全意识是食品安全管理最后但也是极为重要的一个环节。消费者获取食品安全信息的渠道有很多，如亲朋好友、新闻媒体、相关标准等，然而一些不良媒体为了哗众取宠获取点击流量而散布虚假信息，这极易误导消费者并造成负面社会影响，由此带来的危害性甚至比食品自身的不安全因素更大，因此很多食品安全信息需要消费者拥有较高的认知水平来判断真伪。科学有效地对消费者进行正确的食品安全教育并提升消费者对安全食品的鉴别能力已成为亟待解决的问题。此外，政府监管部门、食品质量检测机构和供应商应采取相应措施，通过多种渠道向消费者系统地普及与食品安全相关的信息，包括食物中毒的避免办法、有害微生物及其来源、食品召回信息等。另外，引导消费者掌握自我保护相关知识也是很重要的一环，例如读懂产品包装上标明的可能不安全因素（使用量、是否适宜儿童或老人摄入、是否有过敏原等等）、辨别质量认证标志的真伪等[③]。

同时，政府和全食品产业链的各参与者应该采取措施来重获消费者对食

---

① 中国通信标准化协会：《"物联网 + 区块链"应用与发展白皮书》，https：//res - www.zte.com.cn/bigmediafiles/zte/Files/PDF/white_ book/201911071548.pdf，最后检索日期：2021 年 10 月 14 日。

② U.S. Food and Drug Administration, *New Era of Smarter Food Safety Blueprint*, https：// www.fda.gov/food/new - era - smarter - food - safety/new - era - smarter - food - safety - blueprint, accessed October 14，2021.

③ 熊天歌：《食品安全消费者信任影响因素综述》，《中国集体经济》2021 年第 26 期，第 2 页。

品行业的信任。政府不仅要加强对食品产业链的监管力度，还应增加各环节对消费者的信息透明度，做到真实严谨①。目前比较有效的是以行业协会或其他非营利组织为中心的科普教育活动，同时一些企业也积极参与合作。例如企业联合行业会举办食品安全教育论坛等。然而，从全球范围来看，企业在安全教育方面的作用还有比较大的提升空间。除了塑造企业内部的食品安全文化，企业还应在推广自身产品的同时，尽可能地传授科学性知识，建立消费者对产品的信心，缓解公众舆论和误解。

三　建立食品安全生态链

随着人民生活水平的提高，人们对于食品的要求已不仅限于"吃得饱"，而且追求更高水平的"吃得好"和"吃得营养健康"。因此，对食品安全的需求也逐渐从数量安全、食品安全转变到了第三个层次——营养安全。目前，我国居民的营养健康状况已显著得到改善，但营养不足、营养过剩，以及肥胖、糖尿病、高血压、心脑血管疾病等与营养相关疾病的多发问题依然存在，成为制约我国居民健康状况、提高预期寿命的重要因素。2019年，国家卫健委发布的《健康中国行动（2019 – 2030 年）》中提出合理膳食行动，提倡人均每日食盐摄入量不高于 5g，成人人均每日食用油摄入量25 ~ 30g，人均每日添加糖摄入量不高于 25g，蔬菜和水果每日摄入量不低于 500g。鼓励企业生产"低糖、低盐、低脂"食品②。2021 年首届中国饮品健康消费论坛发布的《健康中国饮料食品减糖行动白皮书》也重点指出，糖类摄取过量容易得肥胖、糖尿病等多种慢性病，经常食糖，特别是空腹食糖的儿童，更容易导致其营养不均衡，影响身体健康发育和发展③。《健康中国行动（2019 – 2030 年）》提倡城市高糖摄入人群减少食用含蔗糖饮料和

---

① 姚燕燕、范颖：《消费者自我保护意识对食品安全消费行为影响实证研究》，《河南工程学院学报》（社会科学版）2021 年 2 期，第 37 ~ 41 页。

② 健康中国行动推进委员会：《健康中国行动（2019 – 2030 年）》，2019 年 7 月 9 日。

③ 中国饮品健康消费论坛：《健康中国饮料食品减糖行动白皮书（2021）》，2021 年 9 月 5 日。

甜食，选择天然甜味物质和甜味剂替代蔗糖生产的饮料和食品①。在国家政策和媒体宣传的影响下，食品行业掀起了"减糖"热潮，各大企业纷纷推出低糖或无糖产品。而减糖不减甜也催生了以赤藓糖醇、三聚蔗糖为代表的新一代甜味剂产业的崛起。代糖、低钠盐、膳食纤维、益生菌、益生元等健康食品原料成为食品企业打造新产品新品牌的主要元素，与此同时，新技术也帮助食品行业打破技术壁垒，开发出无防腐剂、减少不必要添加剂的更安全、更健康的产品。

近年来，一批主打"零糖"或"低糖"的食品企业迅速崛起。这些企业遵循以消费者需求为导向的原则，经过无数次的研发和产品迭代，开发出既健康又美味，深受消费者喜爱的产品。与此同时，类似赤藓糖醇的新一代更安全、更健康的食品原料的发现与应用，给消费者提供了更多的健康食品的选择，也从原料上提高了产品的安全营养品质。此外，很多企业不以成本为导向，选择优质原料，主动提高原料成本，提升准入标准，也增加了原料供应商的利润，使得供应商有更大的动力和更高的要求来保证原料的安全和品质，这也在一定程度上提高了食品安全的门槛，最终保障了消费者能够购买到优质放心的产品。

新兴健康食品品牌的崛起，不仅创造了巨大的经济价值，更带动了食品行业的良性竞争。赤藓糖醇等新一代健康甜味剂已在低糖食品中推广开来，国内很多饮料头部企业逐渐升级无菌碳酸生产线。在这种良性竞争中，一些生产技术落后、安全体系不健全、无法负荷高成本优质原料的中小企业和小作坊将逐渐被淘汰，取而代之的是一部分有规模、有担当、有科学技术支撑、有健全食品质量安全体系的大型食品科技企业的诞生。

更重要的是，这些知名大型食品企业有责任也有义务将整个食品行业全产业链的利益相关者组织起来，形成更广泛的食品领域全产业链利益相关者联盟，加强交流与合作。从食品原材料生产者、加工者、运输和储存者、零售商，到食品创业技术孵化者、投资者和监管者在信息交流、资源互通和创

---

① 健康中国行动推进委员会：《健康中国行动（2019 - 2030 年）》，2019 年 7 月 9 日。

意共享等方面增强协作，多角度、全方位推动食品安全解决方案的完善和落地，从而与所有利益相关方共同推进食品安全的发展和全产业链共赢，进而形成一个全行业优良的食品安全生态系统。

参考文献

南农：《2020 年度植保无人机行业发展报告》，《南方农机》2021 年第 8 期。

基于高质量科普需求的食品安全科学传播新模式

朱长学[*]

摘　要：高质量的科学普及是一项伟大的战略任务，是科技工作者、媒体工作者、社会运维者的历史责任。科普的意义与价值需要进一步认识和挖掘，从而实现高质量科普与高效能科普。伴随经济和科技的高速发展，互联网时代为科普事业进步提供了更新的平台机制、更广的传播载体、更多的触达路径和更强的资本力量。当前科普工作焦点是科普的信息化，是媒体的融合化。本文将以新媒体变革为支点，以食品安全领域科普为着力点，探讨实现高质量科普的意义与方法，为大力加强科普工作、着力构建社会化科普工作新格局、提高全民科学素质服务。

关键词：食品安全科学普及　媒体融合　科学传播

新时期，国家将科普工作的作用和意义提高到了前所未有的战略高度。早在 2016 年召开的"科技三会"上，习近平总书记就曾强调："科技创新、科学普及是实现创新发展的两翼，要把科学普及放在与科技创新同等重要的

---

* 朱长学，商业经济学研究生，中国食品工业协会副会长，中国食品安全报社社长、总编辑，研究方向为食品安全传播报道与媒体管理。

位置。"

高质量的科普工作，即是以通俗易懂的方式对科学知识进行普及和传播，让公众容易接受、理解与吸收，并在此过程中弘扬科学精神、提升公民科学素质、提高国家科技创新能力。具体来说，在各行各业，尤其在与人民日常生活息息相关的食品安全领域，通过有计划、有重点地开展食品安全科普宣传教育活动，推进食品安全普法教育和科学知识宣讲，将有助于政府机构把握正确舆论导向，向公众传递正确的食品安全观念，提高人民群众食品安全科学意识，对解决食品安全问题、提升公众生命质量具有重要的意义。

一 我国食品安全科普工作现状

（一）公众对食品安全的认知现状

伴随社会经济发展和新媒体强势传播，我国的食品行业和食品安全问题越发受到广泛关注，其中不乏一些食品安全谣言随着网络传播甚嚣尘上，引起消费者对食品安全的误解，也从侧面折射出食品安全科普的缺位或者不到位。偏信谣言等不理智行为，一方面会影响食品行业健康良性发展，扰乱市场经济秩序和社会和谐稳定，另一方面也妨害消费者自身营养健康与饮食安全。

谣言的广泛传播，是公众在食品安全方面认知比较匮乏、获取食品安全知识渠道有限，对食品安全认知有待提升，以及食品安全科普主体力量不够强势的一大例证。可见，加强食品安全科普工作力度、提升食品安全科普覆盖面和影响力、推动食品安全科普工作深入群众高质量发展，势在必行。

（二）我国食品安全科普工作政策支持

近年来，我国政府和相关部门对于食品安全科普工作的重视程度日益提高，也采取了一系列措施推动和保障科普工作的开展。

2017 年，国家食品药品监督管理总局高质量科普宣传中心发布了《全国食品药品科普状况调查（2017）》，深入全面地就食品药品安全意识，安全知识的关注度、关注的重点和遇到的问题等内容进行调研分析，并与百度合作建立了食品药品权威科普网络平台，上线首批食品药品相关科普视频供全社会参考学习。

同年，国务院食品安全委员会办公室、中央宣传部等10个部门联合发布了《关于加强食品安全谣言防控和治理工作的通知》，对各级食品安全监管部门、高质量科普媒体、网站等组织的食品安全科普工作开展做出明确指示，要求主动公开政务信息、加强动态监测、及时组织辟谣、落实媒体抵制谣言的主体责任、积极稳妥开展舆论监督、加强食品安全信息发布管理、严惩谣言制造者、建立部门间协调机制。

2020年，国家市场监督管理总局推出"市场监管科普信息平台"，发布《保健食品防骗指南》科普视频等科普作品，以深入浅出和老百姓喜闻乐见的方式推行科普工作探索，进一步发挥互联网和新媒体作用，并组织下属各单位积极参与科普工作，取得了良好的成效。

（三）目前我国食品安全科普工作短板

1. 食品安全科普人才不足

俗话说"民以食为天，食以安为先"。食品安全是一个相对专业的领域，且与每个人的日常生活息息相关。每年市场监管部门都会进行大量的食品、商品抽查检查，同时在线上线下、街道学校等场景、场所举办形式多样的科普活动，但鉴于人力有限，水平有限、日常科普活动常常因为缺少专业人才而只能限时限次开展，无法满足民众更为广泛和有深度、有连续性的科普需求。

2. 食品安全科普专业机构不足

食品安全的日常属性十分贴近生活，科普知识也通常以生活化的形式展开，这就在一定程度上让大家认为人人都能做，其实并非如此。食品安全监管与研究涉及方方面面的专业知识，需要具备科普资质的专业机构或者单位来科学有序开展，目前社会上此类专业机构数量严重不足，运营形式也不够专业化。而课堂作为另一种易于进行科普宣传的场所，囿于受众有限且课程内容有限，即便是开放的课外社会实践，与食品安全相关的内容和频次也不足以满足实际需要。

3. 食品安全科普活动体系不全

相比过去，食品安全科普活动的数量已然逐年增加，内容也不断优化，但大部分活动往往是根据时事热点、监管行动等特殊时间节点举办，缺少常规性、系统性。因此，内容丰富、形式多样、常规有序的食品安全科普有必要提上日程，拓展食品安全科普主题，形成特色食品安全科普常态机制。

（四）食品安全科普工作开展趋势

目前，传统意义上的公众科普主要是通过科普图书、媒体宣教、展览讲座、实验演示等形式来完成，而随着网络信息技术的迅猛发展，互联网成为公认的继报纸、广播、电视之后，满足公众获取信息和知识的第四媒体，甚至最强媒体，并逐渐成为集各媒体优势的大众传播手段，直接引导科普工作形式发生显著变化。

第46次《中国互联网络发展状况统计报告》指出，截至2020年6月，我国网民规模已达9.40亿，互联网普及率达到67.0%；在线教育用户规模达3.81亿，占网民整体的29.4%；短视频用户规模达8.18亿，占网民整体的87.0%。丰富的信息知识、生动的表现形式、平等的社交互动、便捷的检索引导，让新媒体和互联网作为科普信息传播媒介的作用日益凸显，也让公众号、短视频等传播形式的价值与效果越来越获得广泛认可。

尤其受2020年新冠肺炎疫情影响，在线教育形式被大众更为广泛地接受，成为新趋势下引领潮流的科普教育新模式，也为食品安全科普打开了新路径。如今，人民网、新华网、新浪网、中国食品安全网等相关网络信息主流平台都相继加大了对食品安全信息的科普力度，开辟了系列科普专栏，将制作精良的科普产品广而告之，全面覆盖食品添加剂、转基因食品、食品安全标准、营养健康等"从农田到餐桌"的方方面面，并持续探索更好效果。

同时，国内各级政府、专业机构、社会组织、企业单位等也积极开通了微信公众号、微博、头条、抖音账号，并利用平台发布各类食品安全科普信息，借助官方账号，向社会群众传递食品领域最权威、最专业的知识，消除食品安全谣言，净化网络空间。面对新形势、新挑战，借助新媒体短视频等手段推动科普工作发展。

二 食品安全科普形式探索

在以往食品安全科普工作中，受观念和形式等的制约，时常会出现科普手段相对单一、内容形式呆板守旧、互动趣味性缺乏、效率和服务能力不足等问题，难以吸引公众广泛关注和参与。而当下日趋成熟的数字化技术和新媒体运营方式为科普工作模式打开了新的思路，支撑我们有条件从以下几个方面展开探索。

（一）大家关心的就是要科普的

食品安全科普工作是一项民生工程，受众是广大百姓和普通消费者。虽然人人都在讨论食品安全，但并不代表人人都能懂得食品安全。食品安全涉及非常宏观和专业的概念，普通消费者接触和了解到的信息相对比较单一浅显。进行具体科普工作时，需要把握好选择的主题和切入的角度，在内容上做到满足公众兴趣、适应公众需要、回应公众关切。目前国内许多科普内容都存在选题同质化的问题，在设定科普主题时，也可以打通互动渠道，充分调研公众需求，让公众参与到科普材料选题中。从业者可关注公众不同喜好，在科普主题的选择上细分考虑不同年龄、性别、群体受众的特性需求，有针对性地制作科普项目，让科普工作更好地为公众服务。

（二）通俗易懂讲解食品安全知识

食品安全科普活动旨在为群众答疑解惑，而不是增加大家的疑惑。所以相关单位在进行食品安全科普活动时，在做到宣传资料科学性、准确性、全面性的同时，也要十分注意科普的内容和措辞与专业学科研讨会区分开来，尽量做到通俗易懂，简洁明了，便于理解。食品安全科普活动要接地气，紧扣当下消费者关注的焦点，不要偏离公众生活，并在策划方面充分考虑到不同对象、不同层次、不同地区等的实际情况，优化食品安全科普的受众面和接受度。

（三）培养专业的人做专业的事

人才是食品安全科普事业当下发展的重要力量，也是未来发展的重要发力点。科普人才作为从事该项工作并具有食品安全各角度专业知识的专业型业务人员，对于食品安全科普事业发展具有重要的推动作用。科普人才不仅要有丰富的食品安全有关领域专业知识，还要有能够整合科普知识并通过一定的方法、方式传播给公众的互动交流和组织策划能力。有必要通过举办活动、举办培训、举办选拔等方式，吸纳食品安全科普人才，建设一支规模宏大、结构合理、素质优良的科普人才队伍。也可以积极调动社会力量，加强食品安全科普志愿者队伍建设，并探索建立包括认证、考核、监督、评价、奖励的人才管理机制，吸引更多人关注科普，加入科普，成为职业科普人。

（四）以团队项目模式做高效科普

食品安全谣言五花八门、层出不穷，极其考验科普工作者的识别速度和应对能力，若谣言没有得到及时的解决和回应，将非常容易给公众生活和行业市场带来负面影响。因此，政府相关机构、食品安全行业协会、食品生产企业、食品安全专业媒体等组织需进一步建设专职科普工作团队，时刻关注食品安全舆情，营造健康和谐的食品安全舆论环境，保障科普效率和质量。可以通过强化人才管理、加强人才培养、创新科普机制、完善科普团队组织架构，促使专业的人才在合适的岗位中发光发热，提升食品安全科普响应速度，在消解食品安全类谣言的同时，帮助群众理解食品专业知识，提高辨别能力，培养消费者用科学思维进行判断与思考，推动科普事业专业化发展。

（五）打造稳定科普平台实现高效信息交流

对食品安全科普的普通受众来说，一个内容优质、持续更新、互动友好的科普平台是必不可少的，且具有权威性的科普平台更容易得到大众认可和信任，也能够源源不断地吸引更多公众在平台上检索食品安全资讯，了解食品安全知识。

相关政府部门和科普机构应借助新媒体手段在信息保存和无线传播方面的优势，重点关注此类平台的建设和维护工作，加强主流舆论引导，用心回答好群众关心的食品安全关键问题。在平台架构上，也有必要强化互动交流模块，引入大量经过认证的食品安全领域官方机构账号和专业学者，鼓励消费者提出对于食品安全、营养健康等方面的疑惑，邀请专家就相关问题进行答疑解惑，逐步形成科普工作的良性问答互动机制，让各类食品安全科学信息能够更流畅、更快速地在受众中传播，同时也能够帮助平台积累话题资源。

（六）线上线下互动让科普走进生活

在打通新媒体路径、持续开展线上科普工作的过程中，也需要兼顾线下科普互动的同步推进，尤其面对老年人、相对欠发达地区、大型居住社区等，更有必要将食品安全科普知识送到"眼前"。在条件允许的情况下，科普单位应当持续探究线上、线下互动科普形式，如组织成立科普讲师团，面向社区居民、中小学生、中老年群体、外来务工人员等特定科普对象，更有针对性地策划和开展线下食品安全科普宣讲活动，输出现场咨询、专家讲座等科普服务，通过面对面的交流，让食品安全科普成果进社区、进乡镇，最大限度地深入群众中，确保科普工作能够取得实效，满足不同群体的需求。

（七）融合新媒体手段拓宽传播渠道

科普信息化是应用现代信息技术带动科普转型升级的必然趋势，也是对传统科普的全面创新，能够完全打通时间与空间的限制，实现食品安全信息资源公平共享。新媒体是新时代科技型信息传播的载体，更易于满足人们日常对于信息的需求量，更易于成为科普工作传播的有效工具。此外，新媒体有着极其庞大的用户群体，通过网络直播、短视频等线上推广方式，能够令食品知识科普的受众成几何倍数增长，最大限度拓宽食品安全科普内容覆盖面和扩大影响力，让科普工作真正落到实处、深入群众。

同时，随着自媒体时代的到来以及互联网、视频剪辑、电影拍摄技术的进步，科普微电影正受到更多网络用户的关注和喜爱，能够为公众带来全新的科普体验。由是，食品安全科普微电影也可以与新媒体渠道互为内容与方法，相辅相成，组成群众喜闻乐见的科普节目，潜移默化影响大家的食品安全认知。通过科普微电影，将理性的食品安全科学知识化转为直观的故事场景或人物台词进行展现，在剧情推动中实现食品安全科普知识的软性宣传，在紧凑精练的剧情里，给观众留下深刻印象。

总之，所谓高质量的科普，就是让公众从被动的"被科普"地位转变成主动的"要科普"状态，需要引入把公众作为科学技术的使用者、消费者、利益相关者以及政策参与者等新的维度，建立起以公众为中心的科普模式，让内容与平台为公众关切服务。

三　传统科普向新媒体路径转变的策略探索

面向社会大众的食品安全科普宣传离不开媒体的鼓与呼，媒体发展，尤其是传统媒体良性发展迭代，离不开向新媒体转型。这将是高质量科普真正触达受众更加高效、更加全面的一个方式，也是最值得我们关注和研究的一个领域。

习近平总书记多次表达对媒体发展的要求与期待，比如，他在中共中央政治局第十二次集体学习时强调，推动媒体融合向纵深发展，做大做强主流舆论，要坚持一体化发展方向，通过流程优化、平台再造，实现各种媒体资源、生产要素有效整合，实现信息内容、技术应用、平台终端、管理手段共融互通，催化融合质变，放大一体化效能，打造一批具有强大影响力、竞争力的新型主流媒体。中央全面深化改革委员会第十四次会议审议通过了《关于加快推进媒体深度融合发展的指导意见》，并强调："推动媒体融合向纵深发展，要深化体制机制改革，加大全媒体人才培养力度，打造一批具有强大影响力和竞争力的新型主流媒体，加快构建网上网下一体、内宣外宣联动的主流舆论格局，建立以内容建设为根本、先进技术为支撑、创新管理为保障的全媒体传播体系，牢牢占据舆论引导、思想引领、文化传承、服务人民的传播制高点。"

可见，推动媒体融合发展是传统媒体转型的必由之路，也是主流媒体巩固和扩大舆论阵地、强化和普及科学传播的政治需要。进入新媒体时代，传播环境和传播模式的深刻变革使得包括报纸、广播、电视在内的各种传统媒体都开始重视新媒体传播。与此同时，政府、社会机构、企业以及其他组织也开始利用新媒体渠道进行自主的信息发布，不断探索发声方式和渠道。

因此，政府机构有必要大力加强对于线上新媒体科普传播工作的引导和支持，科普工作者有必要积极探索将传统科普手段与新兴技术紧密融合的有效方式，充分利用新媒体平台、数字动画、科普微电影等各方资源和多种形式，展现科普工作更多可能性，提升科普工作效能和受众接受度及满意度。

在构建专业新媒体科普平台的原则方面，有以下几点需要注意。

1. 确保科普信息的准确性

科学准确是每一条科普信息的核心原则，无论是传统的科普方式，还是新媒体平台的科普传播，都需要将科普的准确性放在首位。

随着经济发展和社会多元文化的成熟与活跃，在商业化驱使下，传媒行业会面临商业利益的诱惑甚至挑战，一些媒体平台尤其是有商业背景的自媒体平台，难免片面地强调经济效益，甚至为了增加流量和点击率，追求"博眼球""十万加"的轰动效应，而忽略科学准确原则，将没有根据实际情况科学解读，或者经过商业包装语义含混、夹带私活的科普内容传播给大众，造成恶劣的影响。所以，科普应该按照客观事实进行讲解，每一位科普工作者在传播科学之前，都要经过认真地查证和校验，确保科普内容的准确性。同时也要建立有效的科普监督管理机制，没有准确就没有科普。

2. 优化科普认读的阅读模式

科技的发展及互联网技术在传播媒介中的普及，为大众提供了越来越多的阅读渠道。现代人的生活节奏和阅读习惯导致了他们往往不会花很长的时间去阅读长篇幅的科普报道，对此，新型主流媒体的高质量科普平台或者科普工作者应该优化内容和阅读传播模式，使大众能够在短时间内阅读更多的信息。阅读模式是否创新决定传统媒体向新媒体转型的成败，把单一的阅读模式变为多元模式非常重要。

自媒体时代读者可根据自身的兴趣爱好订阅与自己价值观一致的内容，传统媒体尤其主流媒体在向新媒体转型中也应按照大众不同的爱好进行内容创作，让大众在短时间内找到自己喜欢阅读的内容，同时开发创新的触达模式，让受众在不方便视觉浏览的情况下也可以获取信息。

3. 培养跨界融合传统科普和新媒体技术的专业人才

加强科普传播人才的培养是新时代新媒体环境对科普行业的要求，也是推动新媒体科普传播模式创新的强大动力。

新媒体形态下的高质量科普传播模式改变了传统科普原有的传播方式，使得传播渠道变得更多元，范围变得更宽广，影响力也变得更显著。媒体的变革，需要创新型的人才，做好新时代传统科普报道和新媒体技术的有机融合，加速媒体融合转型至为重要。新媒体的高速发展最先刺激的是"Y世代"和"Z世代"，他们成长在网络时代里，比较容易接受新媒体。而对于相对年长的读者，可能对从新媒体渠道获取科普信息的接受程度有限，要想获得这一部分读者，完成新旧媒体的融合转型，需要科普工作者做到在从思想上改变他们认知的同时，还要在方法上为他们提供便利。这就要求我们科普工作单位积极培养人才，要求科普工作者加强对新媒体业务的培训和学习，充分了解科普媒体行业的现状和新媒体高质量科普传播技术的特点，从而激发媒体融合的传播活力，促进传统媒体进一步向新型主流媒体发展，提升高质量科普传播能力。

四 食品安全行业媒体构建高质量科普网络的新媒体尝试

食品安全是专业领域，食品安全行业媒体的高质量科普就是新媒体和产业的同心圆，在媒体属性与产业属性的基础上又具有一定的特殊性。

建立知识系统是传统食品安全行业媒体实现新媒体融合的基础和起点。在食品安全科普内容方面，传统媒体长期积累了大量优质信息资源，具有不可替代的内容优势。如何激活这部分内容资源，并把它转化为可以产生价值、更好服务读者的食品安全科普知识系统，是一个值得思考和研究的课题。

相较于大众媒体，食品安全的行业类媒体在布局新媒体过程中难免因为更加聚焦而更难实现大样本转型。反观传统媒体的经营模式，我们发现传统媒体的衰落不是偶然，也并非完全来自互联网的挑战，而是源于自身对受众的理解。传统媒体的受众，其实就是我们常说的"读者"。但读者在哪里，读者是谁，读者的年龄、爱好、需求等等信息，传统的食品安全媒体很难获知。本身极其接地气的属性，与读者的隔离，以及经营思路的局限性，使得食品安全类传统媒体很难把读者牢牢地抓在自己手中，甚至在读者需求已发生趋势性变化的时候，无法站在高质量科普真实和读者需要的立场上实现不断的革新和进步。

简而言之，食品安全领域的传统媒体需要为自己植入互联网时代所强调的用户思维的基因，把媒体的科普功能与用户的科普需求对应起来，与用户建立一体化的深入关系，在严格尊重事实、遵守职业操守的基础上，生产读者喜欢的食品安全科普内容，为他们提供食品安全服务，引领他们的健康生活方式。与之相配套的，就是传统媒体，比如报社，尝试把读者转化为"会员"，通过设立读者标签，深挖读者需求，加强读者互动，在利用互联网优势补传统媒体短板的同时，以"中央厨房"模式流程再造，优化高质量科普生产传播机制的方式，与读者建立起依赖与信任。

在食品安全领域进行科普，尤其是传统媒体转型通过新媒体形式传达高质量科普，或有以下关注点。

（一）内容为王

任何一个媒体平台，都是围绕相关知识领域进行内容的生产与传播，尤其专业型行业媒体，其细分属性更加明确具体。从这一意义上说，食品安全类媒体平台应充分建立食品安全科学传播的主体性，发挥好自身影响力对于行业相关环节和广大受众之间的沟通桥梁作用，以建构专业特色鲜明、知识话语权威、受众喜闻乐见的食品安全科普内容作为内涵建设的出发点与落脚点。

创新是发展的基础，想要传统的食品安全行业媒体借势新媒体发展，就必须有所创新，但不仅仅是形式的变革，而且是科普内容创作能力、创作思路、创作风格的变革，是主动打破次元壁实现媒体的真正融合，而非借壳托生。所以，传统媒体想要发展就必须突围以往的创作内容和创作思维，根据市场的发展不断提升科普内容选择与创作能力，一手抓高质量科普真实，一手抓高质量科普读者，两手都要硬。

（二）提升服务

食品安全传统媒体做平台化科普和媒体融合，离不开信息技术加持，应该结合自身信息技术方面的需求，增加新媒体的技术应用。新媒体技术作为新兴产物，应该保持开放态度，加快完善步伐，实现用户的全新体验。

同时，传统媒体需要抓住食品安全与每个老百姓息息相关的特殊性，强化各种交流平台渠道的建设，打通服务功能，及时了解读者真实需要，反馈读者真实诉求，形成良性科普互动。为了强化竞争力，食品安全类传统媒体需要从内部找方法，为发展提供广阔思路，并正视自身在媒体融合过程中所遇到的各种问题，主动迎接挑战，认真研究、分析、借鉴新媒体发展的经验办法，通过多角度提升媒体服务能力和读者黏度，顺利推动媒体融合发展，增强核心竞争力，提高科普公信力和服务能力。

（三）创建品牌

食品安全类媒体要接地气，但不能泯然众人丢失辨识度，为此，树立品牌意识，推进食品安全科普运营的内涵建设和品牌影响力非常重要。

在食品安全科普传播领域，传统媒体平台的发展不仅面临来自新媒体传播的技术挑战，也面临内容挑战、服务挑战和"伪科学"传播的挑战。要想消灭"伪科学"传播，提高权威性、公信力和辨识度必不可少。食品安全类传统媒体不仅需要尽快适应融媒体时代的技术变革要求，同时还要秉持"内容为王"的品牌战略原则，强化内容建设的知识性、权威性、及时性以及趣味性，培育自身平台在社会公众中的公信力、传播力、美誉度。

食品安全传统媒体的品牌建设是一个系统性的过程，不能脱离读者用户的参与，不能脱离传播技术的应用，更不能脱离自身既有渠道与新拓平台的营销与推广。在当前强调分众化传播、个性化传播以及精准化传播的形势下，通过内容创新带动品牌建设并赢得受众，是每一个食品安全科普媒体、科普工作者在互联网环境中赢得科学传播竞争优势、实现高质量发展的唯一出路。

（四）高端智库

建设高端科普智库对食品安全科普发展意义重大，传统媒体在多年长期积累的基础上，在沟通权威专家、建立高端智库方面有天然优势，通过新媒体手段运营高端智库资源，传播精准食品安全理念，是实现食品安全高质量科普的一大捷径。

目前是知识爆炸、多学科交叉、跨学科研究的时代，科普对象不仅是广大公众，还包括其他学科的专家学者，包括管理者、决策者等社会各界人士，科普已经成为知识创造体系、国家创新体系中至关重要的组成部分，需要通过高端智库的建设来实现高效传播和分层传播，在普及科学知识的同时培养科学思想，实现习近平总书记要求的："要按照立足中国、借鉴国外，挖掘历史、把握当代，关怀人类、面向未来的思路，着力构建中国特色哲学社会科学，在指导思想、学科体系、学术体系、话语体系等方面充分体现中国特色、中国风格、中国气派。"

（五）开放合作

食品安全话题的特殊性恰恰在于它的普适性，不论什么时间、什么国别，都可以成为大家的共同关切，引出大量思考与探讨。因此，食品安全类的行业媒体可以充分挖掘自身资源和潜力，发挥媒体号召力，尝试开展更大范围、更高水平、更加紧密的食品安全地区交流、国际交流，搭建起不同情境下的统一对话平台，拓展食品安全行业与食品安全科普平台的广泛创新合作，推动经验互鉴和资源共享，共同应对全球性的食品安全挑战，推进全球食品安全可持续发展和人类命运共同体建设。从而在更广领域、更大范围、更深层次上，一方面为我国群众打开科学认知全球食品安全的大门，更加客观、理性地认知食品安全，选择安全食品；另一方面也将食品安全科学传播向国际交流方向延伸，准确、立体、全面地宣传中国食品安全科普和食品安全科学素质建设工作，让新媒体跨越时空的技术属性发挥得淋漓尽致。

综上所述，媒体作为高质量科学传播的主要力量，肩负着提升全民科学素养、助力国家科学文化发展的重要使命，食品安全行业媒体更肩负着帮助广大人民群众吃营养、吃明白、吃健康，帮助食品行业证清白、辨真伪、强监督的重要任务。食品安全高质量科普主体只有坚持用户思维，严格遵循"内容为王"的品牌意识，充分探索多模态、多元化的传播渠道，才有可能继续发挥传播食品安全科学知识、弘扬食品安全科学精神的功能和意义，助力全社会形成"讲科学、爱科学、学科学、用科学"的良好氛围，为推进建设科技强国、实现中华民族伟大复兴的中国梦做出贡献。

构建中国特色食育体系的探索

李 涛[*]

摘 要：食育，即良好饮食习惯的培养教育，是树立健康生活方式的重要途径，可以加强人们对食物营养和饮食安全的认知与习惯养成。党的十九大报告提出，实施健康中国战略，倡导健康文明生活方式。2020年8月，习近平总书记强调，要加强立法，强化监管，采取有效措施，建立长效机制，坚决制止餐饮浪费行为；要进一步加强宣传教育，切实培养节约习惯，在全社会营造浪费可耻、节约为荣的氛围。本文将以政策引导与发展状况为基础，讨论将食育纳入国策，构建中国特色食育体系的路径探索。

关键词：食育 食育体系 食育培养 食育宣传

食育，即良好饮食习惯的培养教育，是树立健康生活方式的重要途径，可以加强人们对食物营养和饮食安全的认知与习惯养成。食育的核心大致包含五方面内容，即：提高民众对饮食的关心和了解程度、养成营养均衡的健康饮食习惯、努力预防与饮食相关的慢性疾病，提高饮食的营养与安全性，

---

* 李涛，法学理论研究生，中国食品安全报社执行总编辑、常务副社长，研究方向为食品安全新闻报道、食品安全媒体经营管理。

继承和弘扬优秀的传统饮食文化。倡导食育、践行食育、构建中国特色食育体系将对人民健康与国家发展产生重大战略和历史意义。

一　食育的重要意义与作用

食育是人类生存和发展的基础，通过知识培养与能力训练，能够提升全社会学习饮食相关知识、选择营养健康食品的能力，以及培养国人健康饮食生活的能力和文化传承力，对我国新时期稳定发展与伟大复兴具有重大意义。

（一）促进饮食营养健康

改革开放以来，我国居民的饮食结构发生了巨大变化，从原来的"吃饱"逐渐转变为"吃得营养""吃得健康"。饮食的搭配选择要符合自身实际需要，实现营养均衡。为此，民众需要了解各种食物和营养素的主要功能以及个人的需求量。

食育作为一个生态链条，有助于我们从食物供应链的角度认识其特性、来源、营养知识等，并通过选择与烹饪掌握自我健康管理的能力。通过针对食育课程的学习，消费者对食品的选择更有针对性和客观性，可正确解读食品标签标识，辨识食品安全性及功能作用，从而改善饮食结构，促进营养均衡，缓解肥胖、偏食等健康问题。

（二）客观理解食品安全

近年来，随着社会发展和媒体作用不断显现，我国的食品安全问题得到了前所未有的曝光与重视，居民也越发开始关注每日一餐一饭的质量情况。食育的重要性越发凸显。

食育不是单方面宣传、说教有关食品安全的知识，而是更侧重鼓励人们亲自接触、亲身体验、辩证思考，从食物自源头到餐桌的本质属性产生认知。食育有助于孩子从小树立正确的饮食观念，有助于成人矫正非科学的饮食偏见，有助于以多元的方式鼓励全社会体验食材从产地到餐桌的过程，从而客观看待食品安全，掌握选择安全食品的能力。

（三）继承发扬饮食文化

发展食育的一项重要作用在于从小开始培养国人对传统饮食文化的理解、继承和发扬。饮食文化是根植于各个族群中的最根本、最朴素的观念和态度，所谓一方水土养一方人，各地经过长时间的实践会形成各自特有的食品口味和保存与烹饪技巧，以及文化风俗习惯。

食育有助于促进多元饮食文化的形成，促进乡土人文关怀和餐饮文化的延缓。食育教育能够从孩提时代让孩子们充分了解食物、农业与土地的关系，培养下一代的文化理解力与认同感，促进学生乃至全社会各年龄段的人们透过食物这一窗口，理解世界各民族的饮食文化特色，开拓众人的饮食文化视野、提升饮食的乐趣，对饮食文化的差异性给予尊重，发扬中华民族传统美德，培养兼容并包的个性。

二 中国特色的食育文化源流

（一）历史典籍记载的食育思想

我国历史悠久，饮食文化博大精深，以饮食为对象的教育活动十分丰富并持续进行，虽然没有演化出"食育"的表述，但行为方式已无二致。诸如传承食品挑选和生产的技能、知识、经验，在饮食活动中教化人心、促进健康生活方式等等。可以说，千百年来，中华民族通过独具特色的饮食方式、内涵、习俗、礼仪，构成了完整的饮食文化体系，奠定了深厚的食育基础。

从古至今，历史文化典籍详细记录了我国饮食文化的起源和发展。《黄帝内经·素问》载有五谷、五果、五畜、五菜的合理膳食搭配理论；《礼记·曲礼》载有"烛至起，食至起，上客起"的宴客礼仪；《论语》载有"食不言，寝不语"的餐饮规矩等等。

尤其在儒家思想广泛影响下，"孔孟食道"在饮食文化发展中被国人奉为圭臬——孔子提出："鱼馁而肉败，不食。色恶，不食。臭恶，不食。失饪，不食。不时，不食。割不正，不食。不得其酱，不食。肉虽多，不使胜食气。唯酒无量，不及乱。沽酒市脯，不食。不撤姜食，不多食。祭于公，不宿肉。祭肉不出三日，出三日，不食之矣。"孟子要求在饮食活动中体现"食志""食功""食德"，也就是说劳动者以自己有益于人的创造性劳动去换取养生之食是正大光明的，不劳而获白吃闲饭是不道德的，吃饭必须心安理得、符合饮食礼仪。此番饮食思想和饮食观念构建起了我国历史上饮食生活的理论基础，甚至也可以说是中国特色食育的基本内容。

此外，我国不仅历史悠久而且幅员辽阔，所谓"一方水土养一方人"，在不同地区、不同民族、不同时期的独特背景下，各处饮食文化也各有千秋。不仅形成了八大菜系、民族食品、风味小吃，还形成了节日饮食、二十四节气民俗饮食，甚至口口相传的食补智慧等等。其中一方面包含着和食育有关的饮食习惯与活动，另一方面也蕴含着深刻的文化寓意与伦理感情。比如立春春饼、冬至饺子、清明寒食、端午粽子；又比如"春茶苦，夏茶涩，要喝茶，秋白露""立冬补冬、补嘴空"等等。

（二）近现代食育文化的发展

近代，孙中山先生在《建国方略》中说道："烹调之术本于文明而生，非深孕乎文明之种族，则辨味不精；辨味不精，则烹调之术不妙。中国烹调之妙，亦足表文明进化之深也。"也就是说中国的饮食文化与烹调之术的发展关乎整个民族经济文化的发展，是文明程度的重要标志。著名文学家林语堂先生撰写了《我们怎样吃》向西方介绍中国传统饮食文化，一大批文人墨客也有许多与饮食相关的文章和食育理念渐次出版，"科学""营养"等词语开始出现在大众视野，影响着人们对饮食文化和饮食教育的认知与进步。

尤其20世纪80年代后，我国大部分地区逐步解决了温饱问题，人们将日常生活的关注点渐渐从"吃饱"向营养和健康方面转变。这也为食育理念迅速发展提供了物质基础。

1989年10月，中国营养学会常务理事会制定并发布了《我国居民膳食指南》。膳食指南共八条，即食物要多样，饥饱要适当，油脂要适量，粗细要搭配，食盐要限量，甜食要少吃，饮酒要节制，三餐要合理。该指南力求促进居民健康的生活方式，改善居民的健康状况，预防与营养有关的慢性病，倡导平衡膳食和合理营养以促进健康。虽未提及"食育"二字，却已然是中国近代食育理论的重要标识。

受国际食育发展的影响，2000年以后，我国学者开始对食育进行专门研究，并共识"食育应当是全民的教育，有效的食育应该从儿童甚至婴幼儿开始"。

日本对"食育"的立法也引发了我国学者的关注，研究人员结合具体情况，开始探索我国的特色食育。2003年创刊的期刊《素质教育大参考》介绍了日本的儿童食育，2006年李里特教授首先呼吁重视中国食育，他也因此成为我国食育研究的开拓者。2007年以来，中国的食育研究成果枝繁叶茂，出现了多位权威专家和一大批专业学者，研究国外食育教育方式对中国的启示和借鉴，研究我国古代饮食文化与食育发源，研究我国食育发展历程等方面著书立说。

由上可见，食育不是舶来品，我国古代、近代的食育理论虽然较为零散，但已初显端倪。随着我国综合国力的提升、经济实力的增强、科技手段的革新，与食育有关的研究方法和成果将可以继续完善，并在既有理论基础上不断发展，逐步形成专门化、系统化、规范化且科学有效、与时俱进，适应于当代中国人的食育制度。

三　中国特色食育体系的现状与场景

食育既是一种饮食教育，又是通过饮食相关过程进行的全方面教育，包括食物生产、食物营养、食品安全、食品加工与烹饪、膳食平衡、饮食文化、节约爱惜食物等方面的知识和技能，其不仅仅是一项教育类目，更是关系国家、企业、社会组织、家庭的一项系统工程。

食育对传承中华民族传统美德、建设现代餐桌文明、保障饮食安全、增强国民体质、构建和谐社会、实现人民对美好生活的向往具有巨大的作用。目前我国食育仍处于起步探索阶段，在政策制定以及食育工作开展等方面取得了一定的成效，但仍有很大发展空间。

（一）政策支持

1989 年我国制定了第一部《中国居民膳食指南》，又分别于 1997、2007、2011 年进行了修订，2016 年版的《中国居民膳食指南》为目前最新版本。

我国的《食品安全法》于 2009 年全国人大第七次会议通过，第一次以法律的形式规定了开展食品安全教育。《食品安全法》于 2015 年又做了相关修订，其中专门就关于食品安全教育宣传、食品企业以及相关政府职能部门所需负责的宣教工作做了更详尽的要求。

国务院办公厅 2014 年发布了《中国食物与营养发展纲要（2014—2020年)》，要求在中小学课程中纳入食物与营养相关内容，加强对学校老师、家长、学校餐厅及学生配餐单位相关人员的营养教育指导，引导学生从小养成科学膳食的习惯。

中共中央、国务院于 2016 年 10 月联合发布了《"健康中国 2030"规划纲要》，指出要建立健全有关健康行业的促进和教育体系，在国民教育体系中引入健康教育，并作为在整个教育阶段素质教育的重要组成部分，以全国中小学为重点，建立起学校健康教育的工作推进机制，以达到提高全民健康素养的目的。

2017 年 6 月，国务院办公厅印发《国民营养计划（2017—2030 年)》，要求提升营养健康科普信息供给和传播能力，推动营养健康科普宣教活动常态化，并提出创建国家食物营养教育示范基地。2018 年教育部办公厅发布了《关于开展"师生健康 中国健康"主题健康教育活动的通知》，明确提出将"师生健康 中国健康"主题活动贯穿 2018 年全年。

2019 年 4 月，由教育部、国家市场监督管理总局、国家卫生健康委员会三部门联合发布实施《学校食品安全与营养健康管理规定》，明确学校应当将食品安全与营养健康相关知识纳入健康教育教学内容，通过主题班会、课外实践等形式开展宣传教育活动。建立具有较广泛人群覆盖的食育平台，是加强食育工作的有效途径。

国家食物与营养咨询委员会于 2014 年开始探索食物营养教育示范基地的模式和运行机制，并于 2017 年启动了"国家食物营养教育示范基地"的试点创建工作，截至 2019 年，共发展了涵盖地方县市、科研院校和龙头企业的 29 家国家食物营养教育示范基地创建单位，加大了社会食育的宣传和普及力度。

更加值得关注的是，2021 年 4 月 29 日颁布的《中华人民共和国反食品浪费法》表明国家坚持多措并举、精准施策、科学管理、社会共治的原则，采取技术上可行、经济上合理的措施防止和减少食品浪费，倡导文明、健康、节约资源、保护环境的消费方式，提倡简约适度、绿色低碳的生活方式。其中食育在意识形态与实践操作方面的作用不可小觑。2021 年 9 月 8 日，国务院印发《中国儿童发展纲要（2021－2030 年）》，其中明确提出要加强食育教育，引导科学均衡饮食、吃动平衡，预防控制儿童超重和肥胖。

（二）食育场景

1. 家庭食育

父母是孩子的第一任老师，家庭是我们感知食育的最初场所。父母的言传身教对儿童饮食行为习惯的养成有着极其特殊和重要的作用，家长应当具备一定的食育知识基础，从而给予子女科学、有趣、健康的食育教育，并在食育培养的过程中帮助孩子树立起对饮食文化的兴趣，对营养搭配的认知，在潜移默化中形成好的饮食习惯和进食规律。

与此同时，在我国经济快速发展的大背景下，无论是城市还是乡村，都存在隔代抚养和留守儿童的现象，祖辈对孙辈的溺爱也常常在饮食上表现得尤为明显。比如只烹调孩子喜欢的食物，不注意营养搭配，造成营养单一和偏食挑食；或者不约束孩子均衡饮食，不规范孩子餐桌习惯，造成独食护食；或者留守儿童无依无靠，无法保证食品新鲜和足量，造成营养缺乏……这些不健康的饮食方式与生活方式严重损害了孩子的身心健康发展，是家庭食育缺失的直接反映。

要改变这一现状，就需要调动社会资源，对父母们进行食育普及和培训，帮助他们明白怎样告诉孩子吃什么、怎么吃、为什么，并在吃的过程中培养良好的生活习惯。

2. 学校食育

民以食为天，教以育为先。食育，是生存的基础，也是发展智育、德育、体育的基础。教育的普适性目的在于培养学生德、智、体、美、劳和世界观的和谐发展，而食育在本质上是涵盖德、智、体、美、劳多方面教育的一个体系。所以，食育是素质教育、综合教育、家国情怀教育的体现，是教育本质的回归。食育在健康层面可以引导少年儿童从对"一箪食一豆羹"的认知，养成受用一生的健康饮食观念和习惯；在教育层面更可以涵盖德智体美劳等方方面面，引导孩子们贴近自然，增强动手能力，培养良好品德；在文化层面可以帮助孩子们更早、更直接地了解传统文化、风俗习惯，增强民族认同感和自豪感。

师者，传道授业解惑也。开展食育教育，学校责无旁贷。科学的食育活动是学校食育的重要课题，教师通过运用饮食文化中的优秀经验和观念，结合现代教育方法，辅导学生树立科学的饮食观，继承和发扬优秀的饮食思想，能够使得学生深化对食物的认识，彰显对文化的自信，培养起良好的日常饮食习惯与生活方式。同时，食育不是一个单独的模块，而是一个完整的链条，多元化的食育教育也将帮助学生培养良好的饮食礼仪规范，提高学生的营养健康水平和综合素质能力，为未来全面发展打下坚实基础。

3. 社会食育

食育是全年龄段、全民参与的社会化活动，人人参与食育，既是食育的实施者，也是食育的受益人。

在我国开展面向全社会的食育教育寓意深远。通过正确的食育引导，能避免很多因为饮食不当和营养缺乏而造成的慢性疾病的发生，也能倡导民众发扬我国优秀的传统饮食习惯和饮食文化，节约爱惜粮食，减少食物浪费。此外，在全社会普及食育知识，能够高效强化大家对食品安全的正确认知，对促进我国食品安全进步具有重大意义。

总之，食育是对系统、科学、全面的营养健康知识和饮食习惯的引导性教育，是一项多元主体协同参与、相互协作、共同受益的活动。推进食育不仅需要法制保障、政策引导，更加需要以社会共治的思路在多场景状态下实现共同推进，逐步建立起有中国特色的食育体系。

四 国外食育发展情况概说

（一）日本食育发展现状

日本是世界上最早推行食育的国家，并且在后续的实践中进行了多方面的探索，积累了丰富的经验。

1954 年，日本政府为了普及和健全供餐制度，制定了《给食法》。2005年，又颁布了世界上第一部规定饮食行为的法律——《食育基本法》。并在此基础上，日本政府于 2006 年出台了《食育推进基本计划》和《运动基准与运动指南》两份行为指导，以国家主导的名义开展全国范围的"食育推进计划"，规定每年 6 月为"食育月"，每月 19 日为"食育日"。

此外，日本是目前践行食育思想最典型和最全面的国家。在政府和社会组织引导下，日本形成了强化立法、政府主导、全民参与、以儿童为主的全员教育模式，在饮食习惯、食品常识、营养知识、烹饪知识、环保意识、艺术想象力、农业与食品教育、食文化教育等方面均有培养涉及，从而实现了食育教育全覆盖。

从经验归纳角度来看，日本政府起引领作用，颁布实施相关法律，并提供政策保障；日本社会鼓励各年龄段人群参加农业生产体验，增强青年人在食物以及传统饮食文化方面的认知和情感，同时发挥团体组织的作用，开展多种形式的食育活动；日本学校研发了体系化的课程结构，把食育内容和方法纳入校本课程；日本家庭重视家校合作，通过家庭食育教育对中小学生产生潜移默化的影响。

（二）欧美国家食育发展现状

美国通过"校园可食计划"项目在全美开展食育。"校园可食计划"成立于 1995 年，该计划 20 多年来一直致力于在全美示范与推广可食教育（Edible Education），旨在建立和分享一套纵贯 K12，从幼儿园到高中都可适用的、全国性的食育课程。该计划将菜园和厨房视为可以和所有学科互动的"教室"，为每一位学生提供免费的、营养丰富的有机午餐，通过劳动与学习的结合达到培养学生养成合理饮食习惯的目的。此外，目前越来越多的学校开展了"从农场到学校"运动，包括动手实践、学校园艺、农场参观、创意烹饪等，强调食物和营养的配套教育活动，并将与食物相关的教育纳入学校必修课程。

英国著名美食家及食育教育家 Jamie Oliver 推行的"校园菜园计划"是英国食育的主要形式，也获得了英国政府和社会组织的支持。该计划通过提倡孩子们独立参与食育相关活动，让孩子体验种植、加工、食物制作等活动，培养他们选择健康食物和健康饮食的能力与习惯。在教材方面，英国也信奉因材施教，"校园菜园计划"针对教师和学生设置了多个不同的教育版本，并面向社会进行培训，提高食育教育的效率和效果。此外，英国教育部规定全国各公立中学必须面向 11～16 岁的中学生开设烹饪课，总学时不少于 24 小时。通过考试的学生将获得由教育部颁发的初级烹饪资格证书，同时该课程的学分将纳入个人总成绩，与毕业分数和评价直接挂钩，从而引起学生们的足够重视与积极行动。

德国政府推进食育教育的方式叫作"公共厨房"项目。简而言之，该项目就是学生在任课教师的带领下去菜市场、超市里认识食物、了解食材，然后再回到厨房，通过烹饪实践学习饮食知识和营养搭配。此外，为了让学生有更长的时间周期来了解农作物生长过程，学校还专门开辟了公共菜地，学生在农业专家的指导下能够在菜地里体验并学习到种菜技术。德国的食育课程注重亲身体验与动手能力，让孩子主动拉近与食材之间的距离，建立与食物的情感联系，自觉形成健康饮食的好习惯。

法国教育部要求学校午餐必须符合法国进餐的方法，即有前菜、主菜、甜点。要求学校要公示每个星期的菜单，菜单内容和实际烹饪的菜品必须符合教育部的实施细则，比如每一餐必须有青菜，烹饪方式不能频繁重样，油炸食物每周不得多于一次，每两餐中至少有一餐提供水果等等。在学生用餐的同时，老师会陪餐或者在旁监督，纠正学生的用餐礼仪，以从小培养孩子对法国饮食文化的认识以及良好的进餐习惯。此外，法国学校在食育教育方面会开展"食物和味道教育"的课程或活动，让孩子在亲身体验中感知食物、辨别食物、制作食物。

芬兰的料理文化比较简单，本身即非常适合融入孩子基本的食育教育中，如正在推行的"厨房教养"就是芬兰的主要食育方式。意大利食育教育最核心的思想是针对快餐文化的"慢食理念"。主导该项运动的"慢食协会"发起人认为，推动食物改革是一件听起来浪漫实际上无比政治的运动，特别是改变与食物有关的政策，会因为复杂的政治现实而困难重重。然而这些障碍不应该阻碍食育的脚步，反而更应该一起为了追求更好而努力。

五　中国特色食育体系的构建方法探索

食育是功在当代、利在千秋的伟大事业，世界上多个国家的成功经验也证明了食育的必要性和可行性。中国饮食文化源远流长，博大精深，食育自古有之，值得大力传承并发扬光大。我国食育尚处于起步探索阶段，在未来发展中，可以通过以下方面来完善食育制度、推动食育发展，建设有中国特色的食育体系。

（一）实施食育战略

1. 开展摸底调查

以国家高度制定食育战略，由相关各界专家对我国民众饮食行为状况、营养科学发展状况等进行全面摸底调查。在调研基础上，广泛组织食育链条中农业、经济、社会、科技、医学、营养、卫生、媒体等方面的专家，充分论证食育战略的必要性、紧迫性、可行性等，达成共识，呈送决策参考，甚至推动食育战略的制定与实施。

2. 推动食育立法

提升国民食育意识，立法是根本，只有将食育上升到法律高度，使其有法可依，才能全面提升全民食育素养。到目前为止，我国还没有从政策角度明确提出国民食育基本目标和指导办法，需加快出台食育法律法规步伐，对食育的概念、性质、任务、目的、要求、实施原则等进行法律界定；同时，也应当规定政府及有关部门应承担的任务和职责、民众应尽的义务和责任。在立法基础上，各地也可尽快制定食育相关政策，营造食育的法治氛围，提高全民的食育认可度，使食育工作有法可依，落到实处。

3. 强化政府管理

食育不是一个点，而是一条线、一个面，涉及全民教育与管理，如要稳步推进，必须有政府行为的介入与保障。如借鉴国外经验，由政府各有关部门负责人作为首要负责人，对贯彻实施食育战略等重大问题进行决策和领衔推进，并对结果负责。此外，在省、地、县也要增加相应管理职能，建立管理制度和体系，自上而下、充分全面地铺开食育工作和宏微观管理。

4. 设立食育试点

我国幅员辽阔，各地文化特色不一而同。故而应在全国不同条件的地区，设立食育试点，在实际条件的集中影响下探索实施食育战略的工作方法，从实践中总结出一套适合我国国情的、具有普适性和公平性的食育战略工作模式。

5. 打造食育基地

随着经济社会快速发展，建设现代化信息化、食育实践科普基地或可成为推广食育的一项抓手。食育不同于一般的学科教育，它更加注重体验式教学和场景式教学。基于此，建设现代化、信息化的食育实践科普基地是未来食育发展的重要方向，它能集中资源，发挥优势，满足全社会对食育教学的需求。

（二）食育社会共治

1. 夯实学校食育

要把食育列入我国的教育方针，食育要从娃娃抓起，需要认真加以贯彻实施。宏观来说，要从幼儿园到小学、中学、大学都设置食育课，根据不同年龄段学生状况，进行有针对性的食育教学、食育实践和营养管理；要配备专业教师，指导学生饮食行为、进行营养配餐指导、教授食育文化和课程；教育部门应组织专家编写食育课本，供全国各级学校采用，课本应该兼具专业性和趣味性，科学性和人文性，让学生通过食育更好地了解自然、社会以及自身的发展；此外，还可以把食育教育的工作情况作为考核学校校长工作的指标之一，奖惩结合推动食育工作稳步落实。

学校可建构全年龄段的食育课程体系，将食育专门学科课程、学科融合课程、实践活动课程、主题活动课程等有机结合起来，并邀请专业人士讲解，帮助学生深化认识，提升兴趣。全年龄段食育课程的搭建，要求从大局和整体来把握不同年龄阶段应学习和掌握的知识，并按不同阶段逐渐拓展、深化、细化。

搭建全年龄段食育课程。食育，应该从婴儿时期开始，且全社会都应兼容并包，敢于创新，打造多种多样不同形式的食育教育。如幼儿时期以对食物原料的初步认知为主；小学教育阶段在课堂教学中开设与食物相关的基本理论知识，并鼓励学生自己动手进行由易到难的烹饪操作；中学阶段食育教师应将食育的理论、思想渗透进学科教学中，帮助学生充分了解食育，并能够主动设计和操作食育教学实践活动；高等教育阶段，公共基础课程中应开设食育方面的专业课程，一方面为学生深入学习提供便利，另一方面也能鼓励教师多开设食育方向的选修课程，丰富学生认知。

2. 倡导家庭食育

家长的食育素养对于孩子的饮食质量和身体健康具有显著影响，决定了孩子是否能够及早了解和认识食育教育。目前我国尚未建立家庭食育工作体系，家长通常缺乏食育知识、食育意识不强，难以为孩子提供良好的食育教育。因此，建立家庭食育制度、提升家长食育素养至关重要。要提高家长的食育素养，首先需要食育专业人员为家长提供食育课程教育、食育讲座等食育知识科普活动；其次，学校以及社区也需要因地制宜，开展食育工坊等实践活动，帮助家长全面提升食育操作能力。

3. 加快人才培养

食育人才队伍建设是推进食育工作的保障和前提。目前我国食育人才稀缺，食育师资非常匮乏，需要国家出台政策，鼓励更多的人才加入食育事业，学习食育相关专业、投入食育相关工作。一方面，国家鼓励和促进专业人才持证上岗，如注册营养师、健康管理师、食育指导师等；另一方面，高校也要重视食育人才培养，开设或增设食品安全、营养学、健康管理学等食育相关专业或选修课程，培养既有专业技能又有较高食育素养的复合型人才和科技型人才。

4. 鼓励媒体传播

党和政府要号召、鼓励全国有关传统媒体和新媒体共同宣传、报道、解读国家出台的食育法规、政策、决策部署和实施进展。地方的、涉食的各种媒体，有必要开出一定的版面、频道、资源，深入具体地传播食育知识、技能，使全社会深入认识理解食育的必要性、重要性、紧迫性，了解食育的理念和方法，自觉投入贯彻执行食育战略的行列。

5. 强化社会共治

食育是生存之本，教育之本，是一个关乎民生的系统工程，食育普及不能一蹴而就，需要逐步推进，需要汇聚个人、家庭、学校、企业、社会、政府等多方力量，多主体参与，形成合力，建立有效联动、共推中国特色食育体系稳步建设。在食育普及过程中，每一个人、每一个环节，都需要转变观念，要有食育使命感，携手共进，为提高整个民族的食育素养做出自己的贡献。

综上所述，食育工作功在当代利在千秋，每个国家的国情和文化不同，只有根据自己国家独特的文化和特殊的国情，制定出符合本国实际的策略和途径，才能更好地开展食育，在全民中营造出一种良好的食育氛围，形成全民健康的饮食习惯和文化素养。

建设有中国特色的食育体系十分必要，我们既要借鉴他国食育经验，与时俱进，创新食育内容与形式；也要结合本国国情，挖掘中国传统文化内涵，古为今用，构建有中国特色的食育体系，服务国家发展，服务未来大计。

植物基肉制品行业发展趋势报告

杜昱蒙[*]

摘　要： 2020 年是植物基肉制品大发展的元年，自 2020 年以来，植物基肉制品产品发布数量、投融资事件发生率都达到了空前的高度，技术逐渐完备，相应的标准、法规也越发清晰。本文从植物基肉制品的起源与消费需求入手，从健康、均衡营养和环保等方面解读植物基肉制品的消费动机和需求痛点。同时，系统讨论植物基肉制品在工艺研究及产品开发方面的技术难点和突破点，深入分析了近 5～10 年植物基肉制品市场的发展动态、市场容量以及主要产品形式等。种种迹象表明，在未来的一段时间，人们对植物基肉制品的兴趣会处于上升趋势，其未来也将会部分替代肉类制品，但同时需要在技术和产品力上寻求新的突破。

关键词： 植物基　肉类替代品　肉制品

一　植物基肉制品行业的发展背景与需求痛点

（一）植物基肉制品的起源与发展背景

1. 以素托荤——植物基肉制品的起源

"素食"这一概念在中国由来已久，甚至可以追溯到春秋战国时代，中

---

* 杜昱蒙，中粮营养健康研究院工程师，中国农业大学硕士，研究方向为全谷物及功能食品应用与开发。

国也是历史上最早提出"素食"概念的国家。古人以植物类原料制作食物，谓之"素食"，《墨子·辞过》云："古之民未知为饮食时，素食而分处"。《诗经》中也提到了许多植物食材，如《诗经·七月》记载："六月食郁及薁，七月亨葵及菽，八月剥枣，十月获稻"，"七月食瓜，八月断壶，九月叔苴，采荼薪樗，食我农夫。九月筑场圃，十月纳禾稼。黍稷重穋，禾麻菽麦"。郁及薁指李和葡萄，葵及菽指葵花籽和黄豆。还有枣、水稻、粟、麻、豆、麦等，均是古人"素食"的良好原料来源。

在中国，以"素食"替代肉制品的历史也十分悠久。其中最早也是最普遍的肉类替代品，就是以大豆为原料的豆腐，豆腐之法，始于前汉淮南王刘安。中国素食主义的最重要的倡导者和传播者主要来自宗教戒律下的信徒和文人雅士。他们不仅将素菜烹饪得炉火纯青，还发明了"仿荤"菜，用以满足一些需要斋戒和祭祀的皇亲国戚的口腹之欲，后来也逐渐流传于民间，成为寺院菜的重要组成部分。宋元至明清，寺院素菜自成一派，成为大家推崇的饮食方式。其中的许多菜肴以荤托素，如素鸡、素鸭、素鱼、素火腿等，可谓形神兼备，外观和风味上均与真正的肉制品相似。寺院的厨师们可以用白萝卜或茄子加发面等原料制成"猪肉"，可以用豆制品、山药泥烹制出"油炸鱼"，可以用绿豆粉掺水仿制成"鸽蛋"，用胡萝卜加土豆仿制成"蟹粉"。扬州大明寺以香菇为主料的"笋炒鳝丝"，重庆慈云寺以面筋为主要原料的"回锅腊肉"都是"仿荤"菜系的顶尖之作。时至今日，我们又赋予了仿荤菜系一个新的名字——植物基肉制品。

2. 植物蛋白——引领植物基食品新风尚

植物基食品蓄力已久，从 2010 年开始，许多行业专家和市场调研机构就开始陆续预测，植物基食品必是未来食品行业发展的趋势之一。Markets and Markets 的数据显示，2019 年全球植物蛋白市场预计价值 185 亿美元，预计从 2019 年开始以 14.0% 的复合年增长率增长，到 2025 年达到 406 亿美元。植物蛋白应用范围非常广泛，主要包括蛋白饮料、乳制品替代品、肉类替代品、蛋白质棒、营养补充剂、加工肉类、家禽和海鲜、烘焙食品和运动营养产品等。Mintel 发布的数据显示，2010~2020 年含有植物蛋白原料的产品发布数（除 2017 年外）基本呈现逐年上升的趋势（见图 1），其中 2013 年和 2014 年更是呈现暴发式增长的趋势，其增长率均 > 30%。值得注意的是从 2010～2020 年含有植物蛋白原料的不同品类食品产品发布数的统计结果（见图 2）来看，2010～2020 年，植物蛋白作为原料应用于鱼、肉和蛋类加工制品的新产品发布数量最多，并且含有植物蛋白原料的鱼、肉和蛋类加工制品的产品的增长率（见图 3）在 2017 年前与含有植物蛋白原料的全品类产品发布数的增长率几乎一致，均是在 2013 和 2014 年的增长速度最快，而后呈现回落的趋势，但在 2017 年后，含有植物蛋白原料的鱼、肉和蛋类加工制品的产品的增长率呈现逐年上升的趋势，尤其是在 2020 年，其增长率更是高达 18.25%。而相比之下，含有植物蛋白原料的全品类产品发布数增长率在 2020 年仅为 2.79%，这说明，植物蛋白原料在其他品类中的应用已经出现饱和的状态，但在鱼、肉和蛋类加工制品中的应用情况依旧稳中向好，逐年上升。植物蛋白原料在鱼、肉和蛋类加工制品中的应用潜力越来越得到行业内技术人员和消费者的认可。从 2017 年以来，植物蛋白的应用趋势逐渐向"肉制品"方向倾斜，这也为"植物基肉制品"的发展开辟了道路，为"植物基肉制品"在 2020 年的全面暴发积蓄力量。

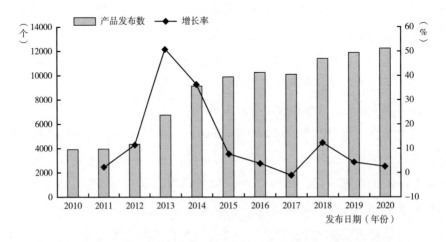

图 1 2010～2020 年含有植物蛋白原料的全品类产品发布数和增长率

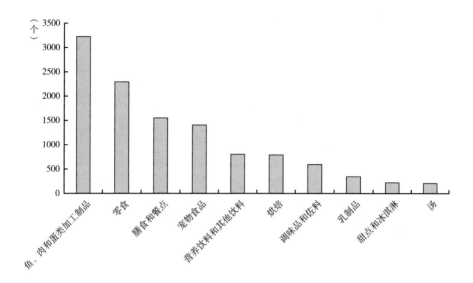

图 2　2010～2020 年含有植物蛋白原料的不同品类食品产品发布数

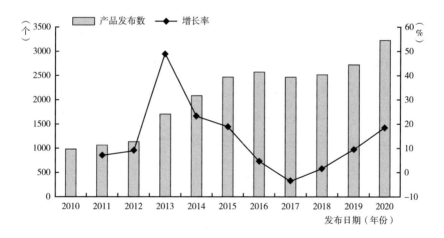

**图 3　2010～2020 年含有植物蛋白原料的鱼、肉和蛋类加工
制品的产品发布数和增长率**

资料来源：Mintel GNPD 全球新产品数据库。

（二）植物基肉制品的消费动机和需求痛点

植物基肉制品的概念可以被拆分为两个部分，一是植物基食品，二是肉类替代品。从这个角度分析，植物基肉制品的兴起，其实主要解决了消费者的两个需求痛点，一是植物基食品满足了消费者对环保、健康、伦理等方面的综合需求，另一方面又在一定程度上满足了部分消费者"无肉不欢"的饮食习惯。

1. 少吃肉能解决全球气候变暖

应对全球气候变暖的核心是降低碳排放量。1992 年，中国签署《联合国气候变化框架公约》，成为该公约的最早缔约方之一。2016 年，178 个国家签订《巴黎协定》，其长期目标是将全球平均气温较前工业化时期上升幅度控制在 2℃以内。2020 年 9 月，习近平主席在第七十五届联合国大会一般性辩论上阐明，应对气候变化《巴黎协定》代表了全球绿色低碳转型的大方向。同时宣布，中国将提高国家自主贡献力度，采取更加有力的政策和措施，力争二氧化碳排放量于 2030 年前达到峰值，努力争取 2060 年前实现碳中和。

在我们的传统观念中，碳排放的最主要来源是工业和交通运输业。但有研究表明[1]（见图 4），农业生产加上食品加工、食品供应链等环节的食物系统的碳排放量占全球碳排放总量的 26%。其中与畜牧业相关的碳排放占 53%（畜牧业和渔业占 31%，动物饲料用土地和作物占 22%）。非营利组织 GRAIN 提供的研究结果则指出，全球食物体系可能要为 44% ~ 57% 的温室气体排放量负责。这一评估的口径是基于将占用土地用于农耕或畜牧业导致的减林、农业生产自身温室气体排放、食品加工及包装领域、供应链流通系统中的耗能、冷藏食物耗能以及食物垃圾产生的排放量等都计算在内。[2]

由于各个国家的农业结构和饮食习惯各不相同，其碳排放量的分布也有较大差异。例如，欧洲、美国等发达国家对肉制品的人均消耗量巨大，这些养牛

---

① Poore, J., & Nemecek, T. "Reducing Food's Environmental Impacts Through Producers and Consumers." *Science*, 360 (2018): pp. 987-992.

② 《中国碳中和承诺后，推动绿色农业与低碳食品创新的大风将至》，https://36kr.com/p/1021186383054084，最后检索时间：2021 年 10 月 28 日。

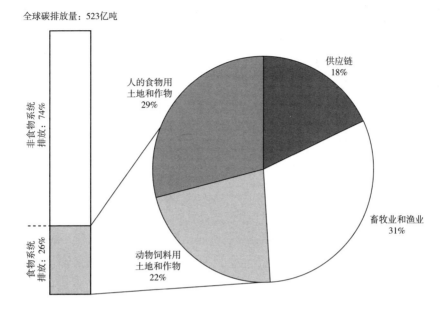

图4 2018 年来源于食物系统的全球温室气体排放量及比例

大户在养殖业中造成的碳排放是最大的农业碳排放源，约占 1/3。但相比之下，部分亚洲国家，如中国在该类的占比较低。这也就解释了为什么植物基肉制品更早盛行于欧美等人均肉制品食用量更高的国家，而在亚洲国家发展较为缓慢，并且消费人群也存在局限性，更倾向于素食主义者和部分高收入人群。

为什么说畜牧业会对气候变暖产生如此大的影响？一方面，因为畜牧业会产生甲烷和一氧化二氮这两种引起温室效应的强效气体。许多反刍动物如奶牛、绵羊和山羊在消化的过程中会产生甲烷，而种植饲料所使用的化肥，则是一氧化二氮的主要来源，同时，由于畜牧业发展所造成的森林、草场减少，也会加剧温室效应。英国最大的智库查塔姆国际事务研究所公布的数据显示，畜牧业在全球温室气体排放总量中的比例接近 15%，超过了全球所有汽车、卡车、飞机、火车和船舶的总排放量。① 另一方面，饲养动物还会

---

① 《调查：畜牧业才是气候变暖的罪魁祸首》，http://finance.sina.com.cn/stock/usstock/c/20141204/073120993610.shtml，最后检索时间：2021 年 10 月 28 日。

消耗大量的谷物和植物。这里就要引入一个料肉比的概念，料肉比（FCR）是指饲养的畜禽增重一公斤所消耗的饲料量，它是评价饲料回报率的一个重要指标。通常，禽类的料肉比为2∶1，猪约为3∶1，牛为6~8∶1，羊通常为10∶1左右。也就是说，每得到1公斤的牛肉，就要消耗掉6~8公斤的饲料，这也就解释了为什么牛羊肉通常比鸡肉贵。我们知道，饲料里也往往有富含植物蛋白的豆粕、玉米粕、米粕等等，这些都是植物基肉制品的主要原料。2021年玉米产量下滑，饲料用玉米粕供应不足，也使得部分小麦变成饲料生产的原料。

值得我们关注的一点是，目前中国人均肉制品的消费量虽然不是全球最高，但中国消费肉及其制品的增速十分惊人，近30年增长6倍，2018年其总量约为8830万吨（占全球的28%），是美国肉及肉制品消耗总量的2倍[1]。另外，联合国粮农组织（FAO）的数据显示，全球人均年肉类消费量近年来稳定在40公斤左右，而中国人均年肉类消费量已经达到60公斤左右。预计2030年中国人均肉消费将达到90公斤，这一消费量将超过目前的欧盟（人均81公斤），并将逐渐与美国、澳大利亚、阿根廷、巴西和新西兰等畜牧业大国持平[2]。所以，未来出于对环保的考虑，同时也为了"双碳"目标的早日达成，肉制品的消费量也应当被适当减少。在这一背景下，植物基肉制品发展在中国可以说是水到渠成，是顺应国家绿色可持续新发展理念的重要举措，也得到了科研和政策等的多方面支持。

2. 植物 vs 动物，哪个更健康

从健康的角度考虑，植物性食物和动物性食物可以说是各有千秋，可以为人体提供不同的营养成分，满足人体全方位的健康需求，很难说哪个更健康。因此，真正重要的不是吃什么，而是怎么吃得平衡，最新版的《中国居民膳食指南》中指出，成年人每天的膳食应包括谷薯类、蔬菜水果类、

---

[1] Meat and Dairy Production, https：//ourworldindata. org/meat － production，最后检索时间：2021年10月28日。

[2] 《中国肉类生产和消费》，https：//www. sohu. com/a/477033954_ 328998/，最后检索时间：2021年10月28日。

畜禽鱼蛋奶类、大豆坚果类等食物。同时要适量吃鱼、禽、蛋、瘦肉，每周吃鱼 280~525g，畜禽肉 280~525g，蛋类 280~350g，平均每天摄入总量 120~200g。优先选择鱼和禽。少吃肥肉、烟熏和腌制肉制品。但中国居民目前实际的摄入情况是怎样的呢？《中国统计年鉴 2020》数据显示（见图5），中国居民每周肉类的消费总量为 900~1000g，其中畜禽类的消费量为 680~740g，远超出标准限定量（280~525g）。而且膳食指南中提出，选择肉类要优选鱼和禽肉类。然而实际上中国居民的畜肉类的消费量占比居高不下。2017~2019 年，中国居民畜肉类消费量分别占肉类消费总量的 56.7%、59.1% 和 52.4%。从更加细分的数据结果来看，中国居民对猪肉的消费量占比最高，以 2019 年的数据为例，2019 年中国居民猪肉消费量为 389g/周，占畜肉类消费量的 75.4%，占肉类消费总量的 39.5%。众所周知，猪肉是我们经常食用的肉类中脂肪含量最高的一种，而且经常被制成熏肉、腊肉等肉制品，对人体健康往往有不利的影响，也是造成体重问题的重要诱因之一。《中国居民营养与慢性病状况报告（2020 年）》的结果指出，中国 6 岁以下和 6~17 岁儿童青少年超重肥胖率分别达到 10.4% 和 19.0%，18 岁及以上居民超重率和肥胖率分别为 34.3% 和 16.4%，成年居民超重或肥胖者已超过一半（50.7%）。

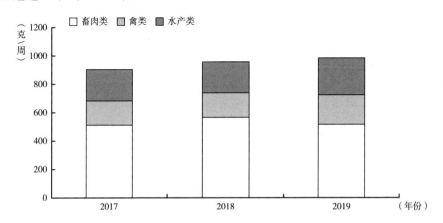

图 5　2017~2019 年中国居民每周人均肉类消费量

资料来源：《中国统计年鉴 2020》

中国居民对植物类，尤其是全谷物、杂豆及薯类的摄入量远远不足。最新版的《中国居民膳食指南》中提出食物多样、谷类为主是平衡膳食模式的重要特征。每天摄入谷薯类食物 250～400g，其中全谷物和杂豆 50～150g，薯类 50～100g。而实际上，中国居民每天摄入的谷薯类食物总量虽然可以在 250～400g 范围内，但存在品种单一，豆类、薯类摄入严重不足的问题。其中，豆类每天的平均摄入量为 21～26g，而薯类仅为 6～8g（见图6）。这一结果也说明，中国居民摄入不同植物来源蛋白质的比例存在严重不平衡的问题。精白米面中的蛋白质往往赖氨酸含量较低，同时也缺少多种维生素，尤其是 B 族维生素。

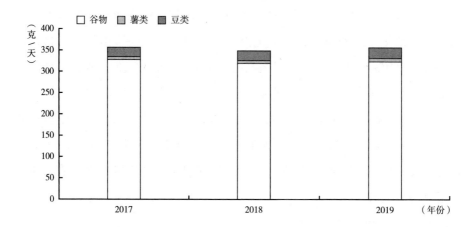

图 6　2017～2019 年中国居民每天人均谷物类消费

资料来源：《中国统计年鉴 2020》。

《中国居民膳食指南科学研究报告（2021）》指出，长期膳食不均衡和油盐摄入过多与许多慢性病的发病密切相关，超重肥胖也是心血管疾病、糖尿病、高血压、癌症等重要的危险因素。《中国心血管健康与疾病报告2019》结果显示，我国 15 岁及以上人群冠心病患病率为 10.2%，60 岁及以上人群冠心病患病率为 27.8%，18 岁及以上居民血脂异常率显著升高，2002～2012 年，居民血脂异常率从 18.6% 上升至 40.4%。全球疾病负担2017 研究结果指出，2017 年全国归因于高 BMI（身体质量指数）的心血管疾病死亡人数为 59.0 万人（占比约 13.5%）。《中国居民营养与慢性病状况报告（2020 年）》显示，18 岁及以上成人高血压患病率为 27.5%，糖尿病患病率为 11.9%，高胆固醇血症患病率为 8.2%。

另外，植物蛋白也具有显著的健康功效，比如，大豆蛋白具有降低 LDL 胆固醇含量、抗动脉粥样硬化的作用。美国 FDA 发布的第 11 份健康通告指出，"每天摄入 25g 大豆蛋白，可减少患心脑血管疾病的风险"。一项调研 40 万人饮食及生活习惯样本的研究表明[1]，如果将日常饮食中摄入动物蛋白的 3% 替代为植物蛋白，可显著降低全因死亡风险 10%，也会降低心脑血管疾病死亡风险（男性降低 11%，女性降低 12%）。如果植物蛋白替代的是蛋类或红肉中的蛋白质，这一效果将更加显著。其中替代红肉蛋白可以降低男性全因死亡风险 13%，降低女性全因死亡风险 15%。

综上，从健康的角度考虑，我们也应该尽量少吃动物性食品，尤其是畜禽类，同时增加植物、谷物类的摄入。很多消费者又不想放弃肉类食品带来的愉悦风味和多汁口感，植物基肉制品则准确把握住了消费者这一系列的需求痛点。

二　植物基肉制品工艺研究进展及产品开发情况

（一）植物基肉制品的生产原料

植物基肉制品作为一种肉类替代产品，需要在各个方面具有与真正的肉制品相近的特征，首先，其在成分上就需与肉制品相似。不同肉类营养成分的组成基本相似（见图 7），含量最高的成分是水，含量为 45% ~ 75%，其次是蛋白质（除猪肉外，猪肉中含量第二的成分是脂肪，但猪肉的瘦肉中含量第二的成分仍为蛋白质），含量为 13% ~ 20%。再次是脂肪

---

① Huang, J. , et al. "Association Between Plant and Animal Protein Intake and Overall and Cause - Specific Mortality." *JAMA Internal Medicine* 180.9: 1173 - 1184.

（除猪肉外），含量为4%～10%，碳水化合物的含量仅有1%～3%。而去掉水分后，蛋白质则占肉类（除含肥肉的猪肉外）干物质成分的60%～75%，脂肪占干物质的15%～30%。谷物及豆类产品的蛋白含量则偏低，即使是蛋白质含量较高的黄豆，其干基蛋白含量也仅为40%左右，与肉类的干基蛋白含量相比还有一定的差异，因此，为了满足植物基肉制品的制作要求，就需要将植物中的蛋白质进行浓缩或分离，得到纯度较高的植物蛋白原料。

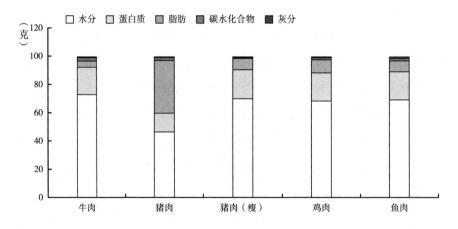

图7 不同种类肉制品的主要营养成分含量

资料来源：中国食物成分表。

植物基肉制品的原料主要来源于蛋白含量较高的植物作物，如大豆、小麦和豌豆等（见表1、表2），再经过一系列的分离、提取、纯化，得到纯度为70%～90%甚至更高的植物蛋白原料。植物蛋白原料的生产工艺已经相当成熟，可提供原料供应的企业众多，国内企业如哈高科、禹王、双塔等。植物蛋白原料根据纯度和提取工艺的不同也可以分为浓缩蛋白和分离蛋白，当然价格和品质也各有不同。同时，为了提升植物基肉制品的风味和口感，植物油类原料的加入也是必不可少的。

表1　国外主要植物基肉制品生产商及原料选择

公司名称	国家和地区	主要原材料
Beyond Meat	美国加州	黄豌豆蛋白
Impossible Food	美国加州	大豆蛋白、植物提取血红素
Gardein	加拿大	大豆、小麦
Field Roast	美国华盛顿	谷物、豆类
Good Catch	美国纽约	大豆、豌豆
Sunfed Meats	新西兰	黄豌豆
Abbot's Butcher	美国加州	大豆

表2　国内主要植物基肉制品生产商及原料选择

公司名称	地区	主要原材料
齐善食品	深圳	大豆
功德林素食	上海	大豆、小麦
鸿昶素食	苏州	大豆、小麦
金德福食品	井冈山	大豆
珍肉	北京	豌豆
Starfield 星期零	深圳	大豆、豌豆
Omnipork	中国香港	大豆、豌豆、大米、冬菇
金字火腿	浙江	大豆等植物蛋白

（二）赋予植物基肉制品"肉"的口感

做到在成分上与真正的肉制品相似后，接下来要考虑的就是要拥有和肉制品相似的口感。肉是指畜禽经屠宰后除去毛（皮）、头、蹄、尾、血液、内脏后的可食用部分，俗称"白条肉"，包括肌肉、脂肪，还有部分结缔组织和骨组织，其中含量最高的、构成肉主体部分的就是肌肉组织。

1. 挤压技术——会拉丝的植物蛋白

我们都知道，组成肌肉组织的基本单位是肌纤维，是一种细长多核的纤维细胞，长度由数毫米至20厘米不等。在显微镜下观察不难发现，肌肉组织通常呈有规则排列的明暗相间的条纹状，这是由肌纤维细胞的规则纵向排列产生的。我们在吃鸡胸肉时，也会发现它的肌肉组织呈现明显的丝状结构。但这种结构在一般的植物蛋白制品中是几乎不存在的，如豆腐、豆干、面筋等等。那么，如何使植物蛋白形成和真正的肉制品相似的组织结构？如何获得和真正肉制品相似的口感？这一系列问题的答案就是挤压技术，使用挤压技术可将植物蛋白组织化，从而获得丝状的"拉丝蛋白"。

挤压技术是指物料经过预处理（粉碎、潮湿、混合）后，经过机械作用迫使其通过一专门设计的孔口（模口），以形成一定形状和组织状态的产品。挤压技术如果以物料水分含量的差异分类，可以分为干法挤压（原料含水量＜40%）和湿法挤压（原料含水量为40%~80%）。干法挤压经常用来生产膨化食品。若用干法挤压植物蛋白，其得到的组织化蛋白水分含量低，通常要经复水后才能加工和食用，口感也相对粗糙。湿法挤压所产生的组织化蛋白水分含量在30%左右，具有肌肉纤维的质地和口感，可以直接食用，是生产高品质的植物基肉制品的主要原料。通常干法挤压主要使用单螺杆挤压设备，单螺杆挤压设备加工强度大，但控制精细度差。而湿法挤压通常使用双螺杆挤压设备，双螺杆挤压设备加工精度高，可以配备精确的温控系统和冷却模口，满足拉丝蛋白的生产需求。

拉丝蛋白的产生原理如图8所示，通过双螺杆挤压后的蛋白物料在高温、高压的作用下呈现熔融态，熔融态的物料经过冷却模块时会达到临界温度，从而出现水和蛋白的两相分离。流动的蛋白物料在与管壁摩擦产生的速度梯度和冷却产生的温度梯度的共同作用下被不断拉长，最终在进一步冷却的过程中，形成丝状的纤维结构。①

近年来，针对提高拉丝蛋白口感的研究非常丰富，技术也越发先进。如精确控制湿法挤压的水分含量和组织化度可以提升拉丝蛋白口感，通过调整挤压温度和喂料速度也可以提升拉丝蛋白的色泽和质构等。也有研究表明，植物蛋白原料的氮溶解指数越高，其制备的拉丝蛋白表面越光滑，口感越细腻，纤维状结构也越明显，口感越接近真正的肉制品。另外，许多配料的加入也可以提升拉丝蛋白的口感，如大分子功能化合物，包括多糖、海藻酸

---

① 张连慧等：《植物基蛋白模拟肉研制技术与发展前景展望》，《食品科技》2020年第3期。

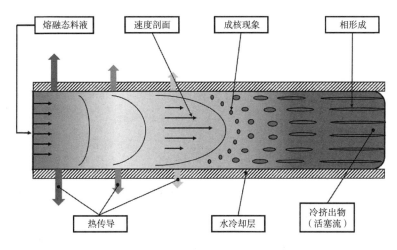

图 8　挤压机冷却模块

资料来源：张连慧等：《植物基蛋白模拟肉研制技术与发展前景展望》。

钠、卡拉胶、淀粉等。另外，适量添加氯化钠、碳酸氢钠、L－半胱氨酸也可改善拉丝蛋白的品质特性。美国某植物基肉制品公司 2017 年推出的素食汉堡肉，就是以豌豆蛋白、蚕豆蛋白为原料同时加入淀粉、卡拉胶等辅料，最终实现与真正肉制品类似的质感。

2. 肉类脂肪替代物——一样的原料，不一样的口感

肉类脂肪的口感和香气非常浓郁，但是加工肉制品中的脂质成分却与肥胖和结肠癌、前列腺癌及乳腺癌等癌症密切相关。如何既享受动物脂肪的口感又避免其带来的健康危害？这也是近年来食品领域的科学家着重发力的研发方向。脂肪替代物可以在一定程度上模拟"肥肉"的润滑口感，其中以纯植物基成分制作的肉类脂肪替代物也是植物基肉制品的重要原料之一。目前用于替代动物脂肪的原料主要可以分为油脂基类、蛋白质类、碳水化合物类以及混合类四大类。早有研究报道称，预乳化和凝胶化植物油，如大豆油、橄榄油等，可以具有一定的动物油脂的特性，在低脂肉制品生产领域已经得到了广泛的应用。部分植物蛋白也可以先通过物理或化学处理改变其粒径、水合及乳化特性，从而具有更加细腻的口感。有研究者以大豆分离蛋白为原料制备脂肪替代物，添加到牛肉馅饼中制成低脂牛肉馅饼，与全脂牛肉

馅饼相比具有相类似的感官特性。而目前研究最多的则是以碳水化合物为原料制备的肉类脂肪替代物，由于此类替代物会形成三维网状结构的凝胶，将水分锁在凝胶结构中，而被留存下来的水分具有良好的流动性，从而产生与脂肪类似的润滑口感①。可用于制备脂肪替代物的碳水化合物种类非常多，常用的有麦芽糊精、玉米淀粉/糊精、土豆淀粉/糊精、木薯淀粉/糊精、籼米淀粉、燕麦淀粉等。有研究者使用海藻酸钠、轻质碳酸钙、魔芋胶为主要原料制作块状脂肪替代物，可用于植物基肉肠或肉饼产品的制作。② 也有研究指出，通过微粒化作用使非脂肪原料变成细小的微粒（粒径为 0.1 ~ 10μm），在人的口腔黏膜对颗粒的感知阈值范围以外，可以模拟脂肪的质地，从而赋予模拟肉肉类脂肪的口感。不过，目前纯植物基的脂肪替代物在植物基肉制品中的应用尚处于研究阶段，在国内实际工业化生产的案例还较少。

（三）植物基肉制品的风味提升

植物蛋白与动物蛋白在风味上也有很大的区别。植物蛋白，尤其是现在应用比较广泛的大豆蛋白、豌豆蛋白，通常具有明显的"豆腥味"。另外，植物蛋白风味通常也比较寡淡，与肉制品浓郁的香味相差甚远。实际上，关于植物蛋白的风味改善的研究也非常多。我们通常认为，"豆腥味"的产生是植物细胞在破碎的过程中，细胞中的脂肪释放出来，发生与脂肪水解和氧化相关的酶系接触，从而产生具有"豆腥味"的风味物质，其主要成分为己醛、己醇、1-辛烯-3-醇等物质，他们分别表现为青草味（herbal flavor）、生味（raw flavor）、蘑菇味（mushroom flavor）。因此，抑制豆腥味产生的核心是抑制脂肪相关酶的活性，从而阻止相关反应的发生。热烫等处理会钝化酶的活性，可以有效抑制传统豆乳的豆腥味产生。另外，低温也会抑制酶的活性，因此，低温提取豆类蛋白也可以在一定程度上减少"豆腥

---

① 胡杨：《脂肪替代物的制备及其应用研究》，武汉轻工大学硕士学位论文，2018。
② 马兰雪：《植物基块状脂肪替代物及其在红肠中的应用研究》，渤海大学硕士学位论文，2021。

味"的产生，但由于设备和能源所需投入较高，提取的蛋白成本也会相对较高。除豆类蛋白外，小麦蛋白和大米蛋白等风味比较纯净，也是生产植物基肉制品的良好原料，但谷物蛋白的水合与乳化特性较差，需要进行一定程度的处理，才能满足优质植物基肉制品的生产需求。

去除植物蛋白的不良风味以后，还需要通过一系列技术手段来赋予它与肉制品相似的风味。美拉德反应会产生与烤肉相似的烘焙香气，美拉德反应的前体物质，还原糖（葡萄糖、木糖、果糖、核糖）和氨基酸（半胱氨酸、胱氨酸、脯氨酸、赖氨酸、丝氨酸、蛋氨酸、苏氨酸），硫胺素和核氨酸等经过高温、高压等加工处理，就会拥有肉类的香气。豆基水解蛋白以及一些酵母提取物等也可以产生类似鸡肉或者牛肉的风味。有研究表明含硫化合物是产生肉类风味物质的关键，含硫化合物呋喃和噻吩在很低的阈值下就能散发出明显的肉类香气。半胱氨酸与核糖反应产生的含硫杂环物质是烧烤味及肉类味的主要风味物质。因此，拥有以上成分的挥发性风味物质及风味增强剂都可以有效改善植物基肉制品的风味。

三 植物基肉制品市场容量和产品类型

（一）植物基肉制品的市场容量和消费情况

美国市场调查公司 Markets and Markets 的研究报告指出，2019 年全球植物性人造肉的市场规模约为 121 亿美元，到 2025 年或将达到 279 亿美元。Mintel GNPD 全球新产品数据库提供的数据显示（见图 9），全球植物基肉制品的发布数量逐年增加，在 2020 年，产品发布数为 1268 个，增长率达29.8%。2016～2020 年排名前 6 位的植物基肉制品原产国产品发布数据结果显示见图 10，2016～2019 年植物基肉制品产品发布数最多的国家是英国，而 2020 年，美国则成为植物基肉制品发布数量最多的国家，并且其发布数量在 2018～2020 三年间呈现明显的上升趋势。同时，值得注意的是，2020年全球植物基肉制品的新产品发布数呈明显的上升趋势，但排名前 6 位的国家的产品发布数总和却低于 2018 和 2019 年，说明在 2020 年，植物基肉制品的市场已经从欧美向其他国家转移，呈现更加分散的趋势，排名前 6 位的国家的产品发布比例从 2016 年的 26.7% 降至 2020 年的 17.7%。

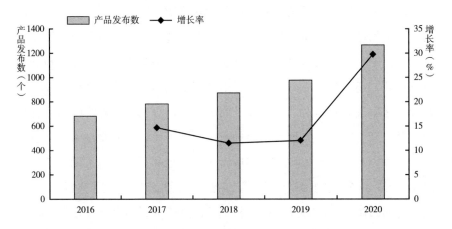

图 9　2016～2020 年植物基肉制品产品发布数及增长率

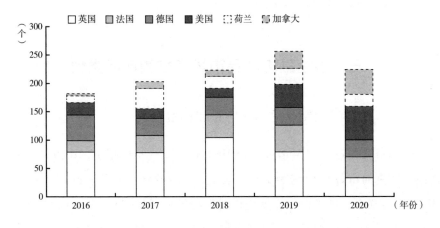

图 10　2016～2020 年排名前 6 位的植物基肉制品原产国产品发布数

资料来源：Mintel GNPD 全球新产品数据库。

　　在目前发布的所有产品中，使用大豆/大豆蛋白为原料的植物基肉制品数量仍然最多，在 2020 年，有超过 700 款新产品使用大豆/大豆蛋白作为植物基肉制品的原料，其次是小麦和豌豆（见图 11）。

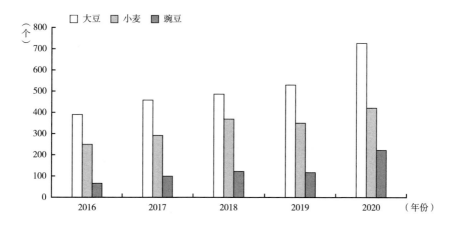

图11 2016～2020 年排名前 3 位的植物蛋白原料对应的产品发布数

资料来源：Mintel GNPD 全球新产品数据库。

植物基肉制品的科技、环保、时尚等属性，使得它也受到许多互联网以及金融投资者的青睐。来自 CBNData 的数据显示，2020 年一年之中，国内针对植物肉赛道的投融资事件多达 26 例，同比增长 500%[①]。

目前我国植物基肉制品市场仍处于早期，市场规模整体较小，但发展速度较快。数据显示，2018～2020 年中国植物基肉制品市场规模由 28.1 亿元增长为 44.9 亿元。随着植物基肉制品市场产业链逐步完善，预计其市场规模仍将持续扩大，到 2025 年可达 96.9 亿元，年复合增长率达 16.6%[②]。而且，中国消费者对于植物基肉制品的接受程度非常高，Mintel 一项针对"新科技肉食的兴趣"的调研，询问了 3000 名 18～49 岁的互联网用户对"用植物原料生产的肉类"的兴趣（见图12）。结果表明，74% 的消费者听说过且想尝试，13% 的消费者没听说过但是想尝试。因此，想尝试植物原料生产的肉类的消费者比例高达 87%，而植物基肉制品的知晓率也达到 84%，说明现今的消费者对植物基肉制品的知晓率很高、好奇心很强。

---

① 《千亿植物肉市场：资本狂热，创业者内卷》，https://finance.sina.com.cn/tech/2021-07-21/doc-ikqcfnca8216355.shtml，最后检索时间：2021 年 10 月 28 日。

② 《2020 年中国植物肉行业发展现状分析，肉类产品供不应求或驱动行业快速扩张》，https://www.huaon.com/channel/trend/740882.html，最后检索时间：2021 年 10 月 28 日。

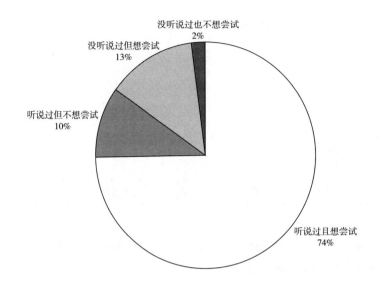

没听说过也不想尝试
2%

没听说过但想尝试
13%

听说过但不想尝试
10%

听说过且想尝试
74%

图 12　对植物基肉制品兴趣调研（3000 人，18～49 周岁）

资料来源：库润数据/英敏特。

DATA100 在 2020 年初的调研数据显示，我国消费者对植物肉的认知高达 60%～80%，其中，一线和新一线城市的消费者对植物肉的认知度最高，达到 80% 以上。但从用户认知转化率来看，我国植物肉用户认知转化率较低，如在一线城市，有 88% 的用户听说过植物肉，但真正食用过的消费者仅占 32%，在其他城市占比则更低，三线及以下城市尝试过植物基肉制品的比例仅占 19%（见图 13）①。这一方面是由于植物基肉制品市场仍处于早期阶段，产品的覆盖率不高，另一方面也是由于目前的植物基肉制品在口感和风味上还不能做到 100% 模拟真正的肉制品，但相信不久的将来，人们一定会在技术和产品形式上有所突破。

（二）植物基肉制品的定义和行业标准体系

2020 年，植物基食品迎来了暴发元年，一方面是源自长期以来技术和

---

① 《2021 年中国植物肉行业市场现状及发展前景分析　植物肉发展前途仍未可知》，https：//www.sohu.com/a/489634314_ 114835，最后检索时间：2021 年 10 月 28 日。

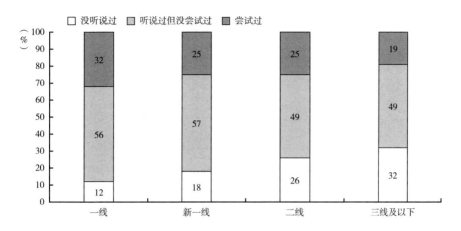

图13　各线级城市消费者对植物肉的认知度

资料来源：DATA100 前瞻产业研究院。

产品创新的积累，另一方面也得益于开放的市场环境和消费者的需求累积。行业研究机构 FAIRR 发布的调查报告显示，目前，全球 2/5 的食品巨头都有专门团队开发和销售植物基肉制品和乳制品，47% 的零售商正在或计划销售植物基肉制品。市场上带着"植物基"帽子的产品也是层出不穷，那么究竟什么才是真正的植物基食品。

目前，关于植物基肉制品还没有相应的国家和行业标准。2020 年，中国食品科学技术学会颁布了团体标准《T/CIFST 001 – 2020 植物基肉制品》，其中对植物基肉制品给出了比较明确的定义，也是国内首个对植物基肉制品给出的较为官方的定义。标准中定义，植物基肉制品是以植物原料（如豆类、谷物类等，也包括藻类及真菌类）或其加工品作为蛋白质、脂肪的来源，添加或不添加其他辅料、食品添加剂（含营养强化剂），经加工制成的具有类似畜、禽、水产等动物肉制品质构、风味、形态等特征的食品。标准中规定，植物基畜肉制品（裹面类除外）的蛋白质含量需 ≥10g/100g；其他植物基肉制品的蛋白质含量应 ≥8g/100g。标准中还对植物基的命名方式进行了一定的规范，可以采用"植物××""植物基××""植物源××""植物蛋白××""植物制成的××"等方式命名产品。可使用"植物源""非动物源"等词辅助描述产品的原料来源，也可同时使用"素"字辅助说明。2021年，中国食品科学技术学会又颁布了团体标准《T/CIFST 002 - 2021 植物基食品通则》，对其他品类的植物基食品也做了一定程度的规范。

国外也制定了部分植物基肉制品的法规和标准，美国植物基食品协会（Plant Based Foods Association，PBFA）于2019年发布的推荐性标准《美国肉类替代产品标识的推荐性标准》（Voluntary Standards for the Labeling of Meat Alternatives in the United States）中对肉类替代产品给出了定义：一种主要由植物成分制成的固态食品，在质构、风味、外观或其他特征方面与普通动物性肉类产品相似，但不含任何动物来源的成分。同时，该标准也对产品标签做了一定的规范。欧洲国家则是对于"素食"或"纯素食品"做出了规范。英国食品标准局在2006年发布了《食品标签标识"纯素食品"和"素食"指南》，指南规定了"纯素食品"和"素食"中允许含有和不应该含有的食物成分。2018年德国食品法典委员会（German Food Code Commission）发布了《与动物来源食品相似的素食和纯素食品的指南》（Guidelines for Vegan and Vegetarian Foods with Similarity to Foods of Animal Origin）。该指南规定了素食和纯素食品的定义、生产控制、标签标识要求等。

（三）植物基肉制品的主要产品形式

国内植物基肉制品最多的产品形式是肉肠肉丸（见图14），占到接近20%的市场份额。肉饼、炸鸡和肉末产品比例居第二梯度，占比为10% ~ 15%。这也与植物基肉制品在技术层面的难易程度相吻合。肉肠、肉丸等产品的口感要求不高，比较好效仿，肉末和肉饼的口感要求虽然高，但可以对产品进行一定程度的调味，也可以达到"以假乱真"的效果。在国外，素食汉堡和素食肉酱面也是最受消费者欢迎和接受度很高的肉类替代品。相较之下，肉条、午餐肉和培根等越是纯粹的肉制品效仿起来的难度就越大，目前市场上的产品还不是十分多见。

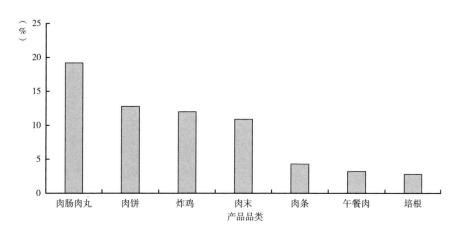

图14 2020年中国植物基肉制品产品分布情况

资料来源：华经产业研究院。

综观全球，比较受消费者喜爱的植物基肉制品的形式主要有炸鸡及鸡肉制品、汉堡和肉酱等。在价格方面，由于植物基肉制品的技术难度较高，消费量有限，无法通过量产来压缩成本，因此，其价格普遍处于中高位。如美国某植物肉制品公司在京东官网售出的植物汉堡饼的售价为46元（226g），香肠售价更是高达192元（400g），其他品牌的碎肉/汉堡肉的价格也普遍在40~60元/250g。在餐饮领域，英国的某品牌纯素食汉堡零售价为4.59英镑，美国的某品牌植物动力早餐三明治零售价为5.45美元，国内的一款纯素烧烤风味三明治的售价为35元人民币。

（四）防控常态化背景下植物基肉制品消费

防控疫情常态化背景下，大健康已成为当下热点话题之一，消费者对于食品安全、均衡膳食、个性化营养等方面的关注达到了前所未有的高度，健康消费也正逐步渗透到更多的生活领域中。英敏特的一组数据显示，在健康饮食上，中国消费者正从全局着手转向细节强化，营养均衡（60%）是中国城市消费者比较关注的领域。肉类及其制品存在的激素、兽药超标也是许多消费者担心的问题。同时，各种动物疫情也对肉品加工和外销带来了挑战，相比之下，植物基肉制品则更有优势。比如，中国台湾某食品企业开发的植物基肉制品和传统素肉相较，减少添加物，强化均衡营养配方，以期兼顾美味和健康。植物基肉制品不仅含有多种植物成分（浓缩分离大豆蛋白、豌豆、南瓜、菇类等），还额外添加了膳食纤维、维生素 B_{12}、酵母，产品具有高蛋白、高纤维、低脂肪、零胆固醇等特点。这些设计也更贴近新世代消费者对营养均衡的诉求。据美媒报道，在新冠肺炎疫情期间，美洲大量肉类加工厂纷纷进入停工状态。因此，包括植物基肉制品在内的素食制品开始进入了消费者的视野中。根据尼尔森的调查，从 2020 年 4 月 12 日至 5 月 9 日，肉类的销售额比 1 月 18 日之前的四周高出 28%，而同期植物性肉类替代品的销售额增长了 35%。在未经处理（未经提前烹饪的生食）的产品类别下，这种区别更加显著，素食产品增长了 53%，而肉类产品只增长了 34%。2020 年第一季度，美国某植物肉制品公司的净收入比上年增长了 141%。① 种种迹象表明，在防控常态化背景下，人们对植物基肉制品的兴趣始终处于上升趋势，未来也将部分替代肉类制品，为满足消费者的健康、均衡饮食诉求提供一个选择。同时，为了保持植物基肉制品的可持续性，也需要在技术和产品竞争力上寻求新的突破。

---

① 《疫情间美国闹"肉荒"怎么办？豆腐、人造肉成热门替代》，https：//baijiahao. baidu. com/s? id=1669460890496723472，最后检索时间：2021 年 10 月 28 日。

调查篇

国民营养健康调查报告[*]

中国食品安全报社全国公众食品安全调查组

摘　要： 本报告从"公众盐、油、糖摄入情况","营养标签认知情况"和"公筷/公勺和分餐制使用现状"三方面开展了国民营养健康调查工作。调查发现，目前高盐、高油、高糖食品食用人群基数较大，且低龄化发展趋势明显。"三减"行动的推广已让超过六成的公众有了控制盐、油、糖摄入的意识，但离全面普及尚有距离。相比之下，家庭烹调是公众最主要的减盐和减油场景，其次是食用休闲零食，再者是在外就餐。从成效来看，公众自评的"三减"落实情况仍不理想，超推荐量食用盐、油、糖的情况时有发生。预包装食品营养标签对于公众平衡膳食、落实"三减"有重要的指导意义，多数公众也养成了关注营养标签的习惯，但对于营养成分表含义的错误认知影响了其效果的发挥。此外，新冠肺炎疫情的发生有效推动了公众就餐方式的转变，不少公众意识到了使用公筷/公勺和分餐制的必要性，但在

---

* 本报告分析数据来自中国食品安全报社委托开展的全国公众食品安全调查项目。调查于2021年10月开展，以拦截和网络调查的方式共获得2055个成功样本。调查地点包括沈阳、北京、上海、德州、淮南、武汉、商丘、广州、成都和西安共10个城市，覆盖东北、华北、华东、华中、华南、西南和西北七大区域。调查采取多阶段随机抽样方法，数据结果已根据七大区的人口规模进行加权处理，在95%置信度下的抽样误差为±2.16%。调查样本基本构成情况：男性50.8%，女性49.2%；城镇72.1%，乡村27.9%；18~24周岁18.9%，25~34周岁21.4%，35~44周岁23.2%，45~54周岁18.5%，55~69周岁18%；初中及以下20.6%，高中/中专/技校40%，大专/大学本科/研究生39.3%，拒答回答0.2%。

撰稿人朱婉贞，中国农业大学硕士，主要从事市场监管领域、食品农产品方向的研究工作。

外使用的必要性认知远高于在家使用，且认知水平仍受到人情文化、习惯、认知等因素的制约。在行动落实上，会使用公筷/公勺和分餐制的人不在少数，但真正内化为行为习惯的仅在两成左右。

关键词： 国民营养健康　减盐、减油、减糖　营养标签　公筷/公勺 分餐制

国民营养是国民素质和经济社会发展的重要指标。根据《中国居民营养与慢性病状况报告（2020年）》①，我国居民营养不足的问题得到了持续缓解，6岁以下儿童生长迟缓率降至7%以下，低体重率降至5%以下。但是，一些突出的营养健康问题仍值得关注。

一是超重肥胖率上升。《中国居民营养与慢性病状况报告（2020年）》显示，不同年龄组居民超重肥胖率与2015年相比均有所上升，18岁及以上居民超重率和肥胖率分别为34.3%和16.4%；6～17岁儿童青少年超重率和肥胖率分别为11.1%和7.9%，6岁以下儿童超重率和肥胖率分别为6.8%和3.6%。

二是慢性病发病率上升。《中国居民营养与慢性病状况报告（2020年）》显示，中国18岁及以上居民高血压患病率为27.5%，糖尿病患病率为11.9%，高胆固醇血症患病率为8.2%，同样高于2015年的数值。

三是传染病给国民健康带来了重大挑战。2019年底突发的新型冠状病毒肺炎疫情（以下简称"新冠肺炎疫情"），对社会公众健康造成了严重威胁。目前，全球疫情形势依然严峻，境外疫情持续蔓延，国内疫情反复出现，公众仍然面临较大的健康风险。

从人群层面来讲，营养健康问题和公众饮食习惯与个人健康管理息息相关。为了控制超重肥胖率以及糖尿病、高血压等慢性病发病率的上升趋势，

---

① 《国务院新闻办就〈中国居民营养与慢性病状况报告（2020年）〉有关情况举行发布会》，http://www.gov.cn/xinwen/2020-12/24 content_5572983.htm，最后检索时间：2021年10月15日。

《国民营养计划（2017 - 2030 年）》① 提出开展以"三减三健"（减盐、减油、减糖，健康口腔、健康体重、健康骨骼）为重点的专项行动。此外，为有效防止病毒、细菌在餐桌上蔓延，全社会在积极推行使用公筷/公勺和分餐制，使公众养成卫生、文明的良好用餐习惯。

为了解公众对"减盐、减油、减糖"和使用公筷/公勺、分餐制的意识和行为情况，本报告开展了三部分的调查工作，分别为"公众盐、油、糖摄入情况"、"营养标签认知情况"和"公筷/公勺和分餐制使用现状"。

一 公众盐、油、糖摄入情况

《中国居民膳食指南（2016）》（以下简称《膳食指南》）推荐，成人每天食盐摄入量不超过 6g，烹调油 25 ~ 30g，添加糖不超过 50g，最好控制在 25g 以下。根据《中国居民营养与慢性病状况报告（2020 年）》，我国家庭减盐取得一定成效，人均每日烹调用盐 9.3g，与 2015 年相比下降了 1.2 克，但是摄入量依然远高于推荐值，食用油的情况也是如此。需要注意的是，9.3 克仅为人均每日的烹调用盐量，不包括在外就餐和食用加工食品的食盐摄入量。因此，总的食盐摄入量将更大程度高于 6g 推荐量。

"减盐、减油、减糖"应渗透于健康生活的方方面面，在控制家庭用盐、用油、用糖的同时，也应关注外出就餐和隐性盐、油、糖的摄入。目前，我国已基本掌握居民家庭烹调用盐、油、糖的摄入情况，因此本次调查将聚焦于高盐、高油、高糖加工食品食用和餐饮消费状况，以对"三减"有个全面的了解。

---

① 《国务院办公厅关于印发〈国民营养计划（2017—2030 年）〉的通知》（国办发〔2017〕60 号），http：//www. gov. cn/zhengce/content/2017 - 07/B/content_ 5210134. htm，最后检索时间：2021 年 10 月 15 日。

（一）高盐、高油、高糖食品食用人群基数较大，且低龄化趋势明显

调查显示，高盐、高油、高糖食品的食用人群基数仍较大。三者中，高盐食品食用人数最多，高油食品次之，高糖食品相对最少。具体来看，对于列出的6类高盐食品，超过九成（92.0%）公众至少会食用其中1类，高油食品（列出了5个类别）和高糖食品（列出了7个类别）的这一比例也都超过了八成，分别为87.2%和81.3%（见图1）。

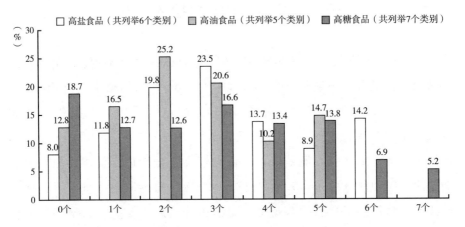

图1　在列出的高盐、高油、高糖食品类别中，会任意食用若干个的人数占比

相比之下，高频食用（平均每周食用3次及以上）高盐、高油、高糖食品的人群比例降低了许多，控制在了三成以内。三者中，同样是高盐食品的高频食用人数最多。27.6%的公众会高频食用至少1类高盐食品，高于高油食品（19.7%）和高糖食品（19.8%）的高频食用人群比例（见图2）。

从类别来看，在6类高盐食品中，食用人数前三名的为方便食品（61.7%）、腌制食品（55.7%）和卤制品（53.2%）。平均每周食用3次及以上的高频食用人数前三名的为方便食品（10.9%）、酱料（10.2%）、卤制品（8.9%）和零食（8.9%）（见图3）。

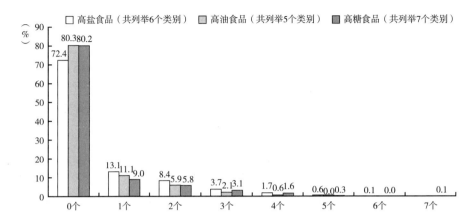

图2 在列出的高盐、高油、高糖食品类别中，对于任意若干个食品，
每周食用三次及以上的人数占比

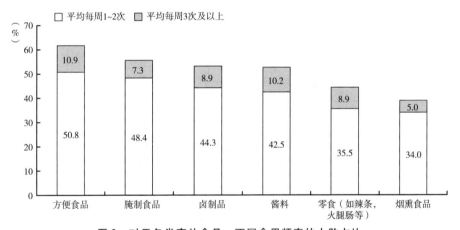

图3 对于各类高盐食品，不同食用频率的人数占比

在5类高油食品中，食用人数前三名的为起酥（黄油）面包、饼干等（61.3%），油炸食品（51.7%）和川式火锅（46.6%）。平均每周食用3次及以上的高频食用人数前三名的为起酥（黄油）面包、饼干等（9.4%）、油炸食品（6.4%）和肥肉、动物内脏菜品（5.8%）（见图4）。

在7类高糖食品中，食用人数前三名的为甜饮料（54.2%）、甜点（48.7%）和冰激凌（44.4%）。平均每周食用3次及以上的高频食用人数前三名的为甜饮料（9.3%）、奶茶（8.4%）和冰激凌（6.9%）（见图5）。

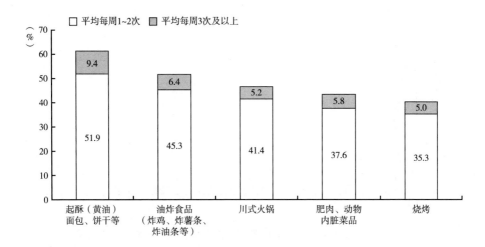

图4　对于各类高油食品，不同食用频率的人数占比

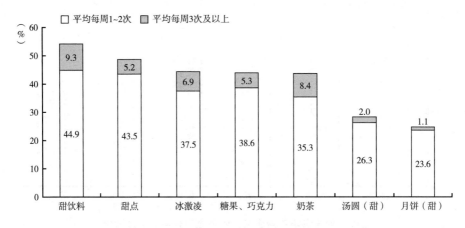

图5　对于各类高糖食品，不同食用频率的人数占比

值得关注的是，高盐、高油、高糖饮食的低龄化趋势明显。从不同代际人群的对比可以看出，00后（本次调查人群为18~21岁）对于高盐、高油、高糖食品的喜爱尤其突出，各类食品的高频食用比例都明显高于其他代际人群。除腌制食品外的所有食品类型，随着年龄的增长，高频食用人群比例都呈现下降的趋势。即便和年龄差距最小的90后相比，00后的高盐食品高频食用人数占比至少高出70%，高油食品至少高出 65% ，高糖食品至少高出 40% 。50 后、60 后经历了物质匮乏、以腌制方式保存食物的时代，仍保存着食用腌制食品的习惯，因此高频食用人数占比会略高于 70 后、80 后和 90 后。

单从 00 后来看，他们饮食习惯明显受到了网红食品浪潮的影响。

对于高盐食品中的卤制品（泡椒凤爪、鸭脖等）（25.3%）、零食（如辣条、火腿肠等）（24.9%）和方便食品（如方便面、挂面、自热火锅等）（22.3%）；高油食品中的起酥（黄油）面包、饼干等（20.3%）；高糖食品中的奶茶（22.8%），均有 1/5 以上的 00 后平均每周食用 3 次及以上。而这些食品类别，与市场上火热的网红食品如出一辙（见表 1）。

表 1 不同代际公众高频食用高盐、高油、高糖食品的比例

单位：%

食品类型		00 后	90 后	80 后	70 后	60 后	50 后
高盐食品	腌制食品	14.9	5.9	6.5	6.8	7.1	8.5
	烟熏食品	14.3	6.9	6.0	1.8	0.3	1.9
	卤制品	25.3	12.5	10.2	3.8	0.5	5.5
	方便食品	22.3	11.8	12.9	7.3	4.5	12.8
	零食,如辣条、火腿肠等	24.9	12.5	10.3	4.2	1.2	1.1
	酱料	19.7	11.4	12.5	10.4	2.7	2.3
高油食品	油炸食品(炸鸡、炸薯条、炸油条等)	18.9	7.0	8.3	3.3	0.6	2.7
	烧烤	11.8	6.1	7.3	2.4	1.0	0.0
	川式火锅	13.3	6.0	7.9	1.6	0.8	1.1
	起酥(黄油)面包、饼干等	20.3	10.9	9.8	6.2	6.1	5.5
	肥肉、动物内脏菜品	13.9	8.4	6.3	2.2	2.2	2.7
高糖食品	糖果、巧克力	15.1	4.6	8.8	4.7	0.3	2.0
	甜点	18.5	5.5	5.4	2.2	1.7	3.5
	甜饮料	19.9	14.2	9.5	6.3	3.0	0.8
	汤圆(甜)	6.1	1.9	2.1	0.7	1.3	3.0
	月饼(甜)	3.5	1.0	1.3	0.6	0.6	1.0
	冰激凌	18.6	10.5	8.5	1.8	1.1	0.0
	奶茶	22.8	14.2	8.6	3.2	0.9	0.0

注：标灰的为横向对比中比例最高的数值。

我们通常称肥胖超重、糖尿病、高血压、高血脂等疾病为"富贵病"，这些疾病和人们生活质量提高后的能量摄入过剩高度相关。本次调查同样显示，对于绝大多数高盐、高油、高糖食品，中高收入家庭群体平均每周食用3次及以上的人群比例都高于低收入家庭群体。尤其是对于奶茶（12.1%）、川式火锅（8.5%）、卤制品（11.4%）、糖果/巧克力（8.2%）、烧烤（7.9%）和酱料（12.7%），中等收入家庭群体均较低收入家庭群体（2.5%、1.4%、4.9%、1.9%、1.8%、6.6%）高出至少6个百分点（见表2）。人们生活水平不断提高是经济社会发展下的必然趋势，如何在物质充裕的时代，实现从"量"到"质"的追求转变，仍然是社会各界需要重视的问题。

表2 不同家庭收入公众高频食用高盐、高油、高糖食品的比例

单位：%

食品类型		低收入家庭（年均收入在10万元以下）	中等收入家庭（年均收入在10万~20万元）	高收入家庭（年均收入在20万元以上）
高盐食品	腌制食品	6.9	8.7	3.4
	烟熏食品	2.5	7.1	3.0
	卤制品	4.9	11.4	10.5
	方便食品	11.6	9.5	12.0
	零食，如辣条、火腿肠等	4.9	10.8	10.3
	酱料	6.6	12.7	10.1
高油食品	油炸食品（炸鸡、炸薯条、炸油条等）	2.5	8.3	8.2
	烧烤	1.8	7.9	3.0
	川式火锅	1.4	8.5	4.0
	起酥（黄油）面包、饼干等	6.9	10.7	10.5
	肥肉、动物内脏菜品	3.3	8.2	4.2
高糖食品	糖果、巧克力	1.9	8.2	5.2
	甜点	3.8	6.8	2.4
	甜饮料	5.3	9.7	16.7
	汤圆（甜）	1.6	2.7	0.7
	月饼（甜）	0.6	1.5	0.8
	冰激凌	3.2	8.1	10.1
	奶茶	2.5	12.1	10.5

注：标灰的为横向对比中比例最高的数值。

（二）公众"减盐、减油、减糖"意识仍待提升

调查显示，在日常饮食中会有意识地控制盐（65.2%）、油（65.6%）、糖（64.6%）摄入量的人群超过了六成，可见"三减"行动已有一定的推广成效，但离全面普及和深入人心尚有一定距离。

背景分析发现，公众的"三减"意识主要受到文化理念的影响，表现在三个方面。一是高知家庭人群（80.6%，85.6%，80.2%），即家庭成员中有高等院校老师、企业高管、党政机关干部等，"三减"意识明显高于普通家庭（有别于高知家庭和从事食品相关行业的家庭）（62.5%，62.2%，61.8%），差值在18个百分点以上。

二是认同西方文化人群的"三减"意识（69.2%，71.3%，68.8%）也相对较高。与中国饮食文化注重"色、香、味"不同，西方饮食文化更注重食物的营养素均衡，以及人体对营养素的吸收和副作用情况，营养价值是食物的第一要义。因此，西方文化影响下的人群会降低自身对食物口感的要求，更加注重营养健康。

三是城镇人群更倾向于少盐、少油、少糖的饮食方式。乡村人群"三减"意识（59.1%，58.7%，57.7%）低于总体平均水平，均未达到60%标准线，在减盐、减油和减糖方面分别比城镇人群（67.5%，68.2%，67.2%）低了8.4个、9.5个和9.5个百分点（见图6）。

（三）家庭烹调是公众主要的"三减"场景

对于在日常饮食中会有意识控制盐、油、糖摄入量的人群，我们进一步询问了具体措施。从公众的选择来看，有以下几个特点。

一是公众主要的减盐、减油场景优先级顺序为家庭烹调、食用休闲零食和在外就餐。而对于减糖场景，食用休闲零食超越家庭烹调排在了第一位。具体来看排名靠前的"三减"措施，"日常烹饪中减少加盐量（52%）/炒菜时减少烹调油用量（53.4%）"分别是公众首选的减盐和减油措施，占比均超过了一半。"日常烹饪时控制放糖量（43.1%）"位列公众减糖措施的第二位。

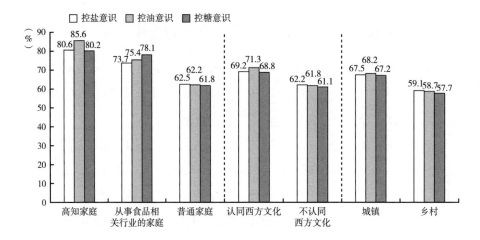

图6　不同背景群体中具有"三减"意识的人群比例

"少食用高盐零食（38.9%）"位列减盐措施的第二位。"少食用油炸食品（49.4%）和高油零食（39.4%）"分别位列减油措施的第二、第三位。而"少吃含糖量高的零食、饮料、甜点等（57.9%）"排在减糖措施的第一位。

"在外就餐时，选择低盐（35.9%）/低油（35.1%）/低糖（38.0%）的菜品或菜式"的选择人数均在烹调和食用零食场景之下，分别位列减盐和减糖措施的第三名，减油措施的第五名。

二是控盐勺和控油壶的使用程度仍较低。为帮助公众实现减盐和减油目的，政府部门和食品企业在推广使用控盐勺和控油壶，使公众有量化意识，做到炒菜时加盐/油有数，并逐渐减少用量。但从调查结果来看，控盐勺（34.9%）和控油壶（30.9%）的使用人数占比都只超过三成，普及度有限。

三是与低（无）盐、低（无）脂零食相比，公众更能接受低（无）糖零食。相关研究表明，中国是全球领先的咸味零食消耗国，对于咸味有着强烈的偏好。我国休闲零食增速最快的前五大品类中，休闲卤制品、膨化食品、炒货和蜜饯占据了四个席位，而其中每一个都是高盐食品①。本次调查同样显示，咸味是公众最不愿意放弃的零食口味，"通过优先选择低（无）

---

① 资料来源：Frost & Sullivan，开源证券研究院。

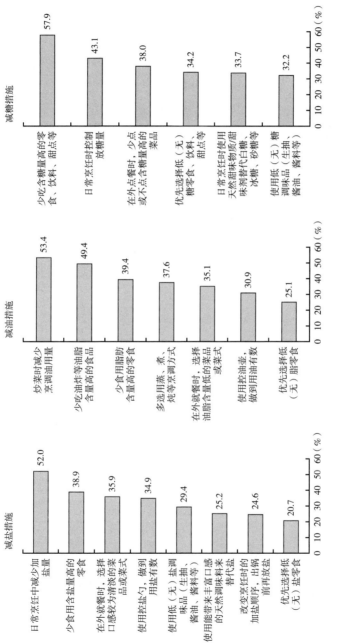

图 7　公众的"减盐、减油、减糖"措施选择情况

盐零食"（20.7%）来减盐的人群仅占1/5，和"优先选择低（无）脂零食"（25.1%）的情况接近，均低于"优先选择低（无）糖零食、饮料、甜点等"（34.2%）的人群占比（见图7）。

公众对于低（无）糖零食、饮料、甜点等较高的接受度离不开市场的教化，代糖的使用，健康、低热量和低糖饮食的推广和普及填补了公众的认知空缺，让公众意识到高糖饮食的危害并做出行为改变。而公众对于低（无）盐、低（无）脂零食的接受度提升，还有赖于食品行业的积极转变。

（四）公众自评的"减盐、减油、减糖"落实情况均不理想

由于不具备精准测量公众每日食盐、烹调油、添加糖摄入量的条件，故采用了受访者自评的方式，即受访者根据自身的饮食情况，评判摄入量是否满足《膳食指南》的要求。需要说明的是，添加糖的推荐量使用了《膳食指南》中50克的高标准。

从自评情况看，多数时候或每天都能满足食盐、烹调油、添加糖摄入量要求的公众均不过半。相比之下，减油是公众认为落实起来最困难的行动，表示自己多数时候或每天都能满足烹调油摄入量要求的公众仅为37.1%；其次是减盐（40%）；由于添加糖摄入量使用的是高标准，满足要求相对容易（47.8%）（见图8）。

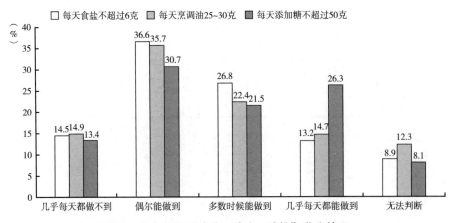

图8　公众自评"减盐、减油、减糖"落实情况

不同性别、代际和家庭收入群体在"减盐、减油、减糖"的落实情况上存在差异。性别差异在减油和减盐上更为明显，女性群体（41.4%，42.8%）的落实情况明显好于男性群体（33.0%，37.3%）。

对于不同代际的群体来说，除00后外，群体年龄越大，食盐、烹调油、添加糖摄入量经常或每天满足要求的比例也越高，50后的三个数值均在70%左右。通过前面的分析，00后对于高盐、高油、高糖食品更为青睐，但自评的"减盐、减油、减糖"落实情况却好于90后、80后和70后。由此看出，00后可能对于"量"的概念和健康饮食的标准都相对模糊，没有意识到自己在饮食方式上的问题。

对于不同家庭年均收入的群体，低收入家庭群体（51.8%，51.5%，69.6%）的"减盐、减油、减糖"落实情况最好，中等收入家庭群体次之（34.6%，30.0%，35.2%），高收入家庭群体最差（28.1%，23.6%，31.2%）（见图9）。

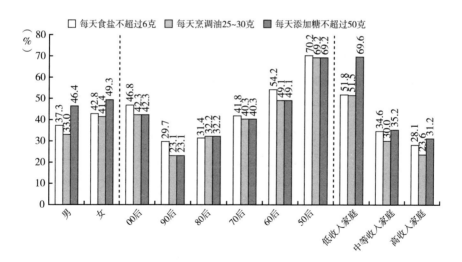

图9 不同类型公众"减盐、减油、减糖"落实情况

进一步分析发现，"减盐"落实效果会受到减盐措施的一定影响，控盐勺等的推广不利在一定程度上削弱了"减盐"行动成效。具体来看，对于落实情况较好的人群（多数时候或几乎每天都能满足食盐摄入量要求），控盐勺是首选的减盐措施，使用度接近六成（59.9%），是落实情况较差人群（偶尔能满足或几乎每天都不能满足食盐摄入量要求）（28.1%）的2.1倍。除此之外，"注重烹调时的加盐顺序，出锅前再放盐"这一广泛推荐的烹调方式也是落实情况较好人群的常用减盐措施，人数占比超四成（40.7%），在各类措施中排名第三位，同样跟落实情况较差人员（27.2%）拉开了较大差距（相差13.5个百分点）（见图10）。

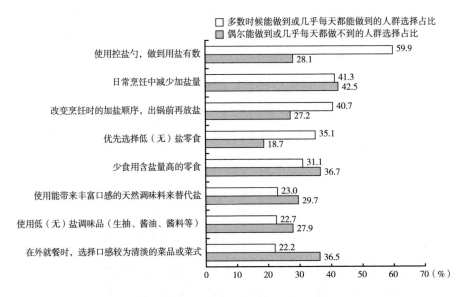

图10　不同减盐落实情况人群的措施选择占比

二　营养标签认知情况

预包装食品营养标签是消费者最方便、最直接获取食品营养成分信息和特性的途径，是合理膳食的重要参考，也是推动"三减"的重要举措。因此，普通公众是否关注营养标签，是否能看懂营养成分表，是否理解营养标示信息的含义具有重要的研究价值，也成为本报告研究的核心问题。

（一）多数公众养成了关注营养标签的习惯

调查显示，在购买预包装食品时，超过七成（73.2%）公众会关注营养标签（见图11）。让自己和孩子的身体更健康（75.3%）是公众关注营养标签的首要动机，其次是出于自己或家人的疾病照料需求（36.7%），再者是减肥需要（17.9%）。

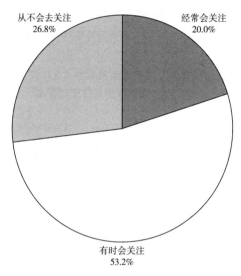

图11　公众对预包装食品营养标签的关注度

进一步分析发现，公众对于营养标签的关注度受个人食品属性偏好、家庭成员和西方文化等因素的影响。相比于食品感官属性（57.2%）、社交属性（64.8%）、文化属性（52.3%）和市场属性（48.6%），更看重营养价值、控能/控血糖能力、储藏性能、儿童友好程度等功能属性（81.2%）的群体对营养标签的关注度更高。

此外，高知家庭成员的营养标签关注度高达93.8%，食品相关行业从业家庭成员（86.7%）的关注度也高于平均水平，均和普通家庭成员（69.6%）拉开较大差距。

最后，认同西方文化群体（80.5%）的关注度也较不认同西方文化群体（68.3%）高出12.2个百分点（见图12）。

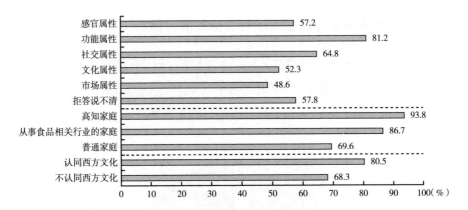

图12　个人食品属性偏好、家庭成员和西方文化认同度对公众预包装食品营养标签关注度的影响

（二）乡村和低年龄群体的营养标签关注度相对较低

在营养标签关注度上，有两类群体需要重点关注。一类是乡村群体，城乡公众健康素养的差距在营养标签关注度上也有所体现，乡村群体（64.1%）的关注度较城镇群体（76.7%）低了12.6个百分点。另一类是低年龄群体。年轻的18～34岁群体（67.2%）健康危机感较弱，对均衡饮食的认识尚不充分，营养标签的关注度也较大程度低于35～54岁（76.4%）和55～69岁（79.1%）群体。这两类群体应是今后营养标签宣传推广的重点人群（见图13）。

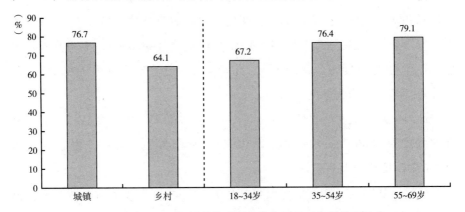

图13　城乡和不同年龄群体对预包装食品营养标签的关注度

（三）公众普遍对营养成分表的含义认知存在误区

对于营养成分表的解读直接影响着公众的饮食选择和合理膳食成效。因此，本报告调查分别采用"自评"和"题目测试"的方式考察了公众对营养成分表的理解。结果显示，公众的自我认知评判过于乐观，和真实情况存在较大差距。

从自评情况来看，近六成（58%）公众认为自己明白营养成分表的含义，包括 11.5% 非常明白和 46.4% 比较明白的公众（见图 14）。

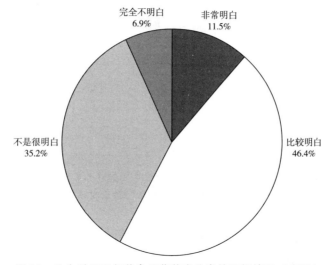

图 14　公众对于预包装食品营养成分表的理解情况（自评）

但从题目测评情况来看，公众对于营养成分表中信息的具体含义认知出现了严重偏差。当被问及"某饼干营养成分表中钠的营养素参考值百分比（NRV%）为 10%"的含义时，正确选择出"每摄入 100 克该饼干，则满足人体每天对钠需要的 10%"的公众仅在一成左右（12.4%）。错误认知集中于"该饼干中，钠的含量占所有营养成分的 10%"选项，选择人数接近七成（68.0%）。其他近两成公众（19.6%）认为其代表着"每摄入一包该饼干，则满足人体每天对钠需要的 10%"（见图 15）。

即使是自我评价中认为非常明白营养成分表含义的人，正确选择率也仅为17.3%。此外，18～34岁低年龄群体（7.9%）暴露出了在营养素参考值理解上的问题，正确认知率低于35～54岁（14.5%）和55～69岁群体（17.3%）。

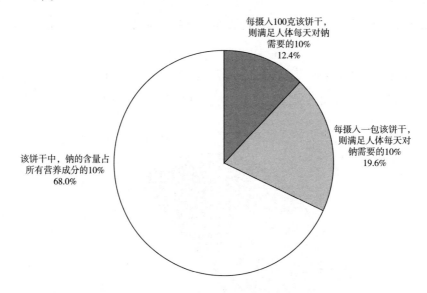

图15 公众对于"某饼干营养成分表中钠的营养素参考值百分比（NRV%）为10%"的含义认知

为了考察公众对于虚假宣传信息的辨别能力，在营养素参考值外，询问了公众对于预包装食品上"高钙"标示的理解。结果显示，公众的认知情况明显好于营养素参考值。近七成（68.5%）公众认知正确，即"食品中钙的含量达到相应的标准后可以标示'高钙'"，但也有19.0%的公众认为"食品成分中含有钙就可以标示'高钙'"，认为"企业作为广告宣传语可以任意标示'高钙'"的比例也超过了一成（12.5%）（见图16）。

和营养素参考值不同，在"高钙"标示的认知上，18～34岁的低年龄群体表现较好，正确认知率超过了七成（75.3%），反而是55～69岁的高年龄群体（48.7%）认知情况不佳，容易掉入虚假宣传陷阱。

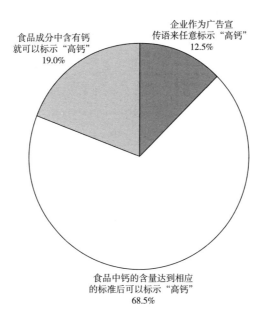

**图16 公众对于预包装食品上"高钙"
标示的认知情况**

三　公筷/公勺和分餐制使用现状

围桌共食的合餐制就餐方式拉近了人与人之间的距离，但也隐藏着较大的健康隐患，为幽门螺旋杆菌、流感病毒、乙肝病毒、手足口病等病菌传播提供了便捷途径，对人民健康造成很大威胁。使用公筷/公勺和分餐制等文明就餐方式看似小事，却是降低公共卫生安全风险、减少食物浪费、推动均衡饮食的重要措施。因此，对于公众对使用公筷/公勺和分餐制的必要性认知和行为落实情况，本报告进行了进一步研究。

（一）公众对在家和在外就餐中使用公筷/公勺和分餐制的态度存在较大差异

此次新冠肺炎疫情中，许多感染者是通过聚餐或密切接触感染，感染人群往往是整个家庭、家族或聚集朋友群。因此，无论是在家中还是在外就餐，使用公筷/公勺、分餐制等文明就餐方式都非常必要。

但从本次调查来看，认为在外就餐有必要（包括非常必要和比较必要）使用公筷/公勺、分餐制的人群比例明显高于在家就餐。对于在外就餐，公众的认识已较为充分，认为有必要使用公筷/公勺和分餐制的人群占比分别为81.1%和66.3%。相比之下，在家就餐的认知情况不容乐观，两个比例均分别是在外就餐的一半左右（43.5%，32.1%）（见图17）。

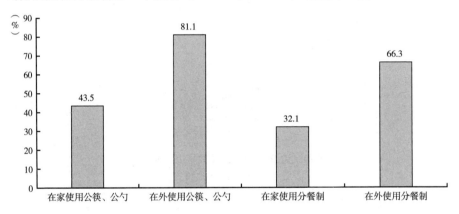

图17　公众认为在家/外就餐有必要使用公筷/公勺和分餐制的比例

在公筷/公勺和分餐制的必要性认识上，差异主要体现在不同学历、家庭收入、家庭成员和西方文化认同度群体之间。

在学历方面，无论是在家还是在外就餐，学历越高的群体对于使用公筷/公勺的必要性认知水平也越高，高学历群体（大专/大学本科/研究生）（在家49.0%，在外82.9%）较低学历群体（初中及以下）（在家37.0%，在外75.3%）分别高出12个和7.6个百分点。对于分餐制，高、中、低学历群体间的认知水平则较为一致。

在家庭收入方面，高收入家庭群体尤其注重在家就餐时公筷/公勺（51.6%）和分餐制（46.6%）的使用，认为有必要的比例分别较低收入家庭群体（40.4%，32.3%）高11.2个和14.3个百分点。对于在外就餐使用公筷、公勺和分餐制，两类群体的认知差距则较小。

在家庭成员方面，家人的影响力不容小觑。高知家庭群体对使用公筷/公勺和分餐制的认知水平都高于普通家庭，尤其是在家用餐（公筷/公勺58.2%，分餐制52.8%）方面，和普通家庭（公筷/公勺40.9%，分餐制28.6%）的差距在17个百分点以上；在外用餐时，两种用餐方式的认知水平也均相差6个百分点以上。除此之外，家中有学前儿童的群体也更注重使用公筷/公勺，在家（45.0%）和在外（84.5%）就餐的使用必要性认知较无学前儿童家庭（39.3%，77.5%）至少高出5个百分点。

在西方文化认同度方面，分餐制是西方饮食文化的一部分，受西方文化影响大的国人对于分餐制的接受度也更高，认为在家（43.2%）和在外（75.8%）都有必要分餐的群体均较不认同西方文化群体（24.5%，60.1%）高15个百分点以上。同时，西方文化影响也延伸到了公筷/公勺的使用上，无论是在家还是在外就餐，两类人群认知差异也都在10个百分点以上（见图18）。

（二）人情文化、习惯、认知等因素影响了公众对使用公筷/公勺和分餐制的态度

对于认为没有必要使用公筷/公勺或分餐制的人群，我们进一步询问了原因。从结果上看，公众不接受这两种就餐方式的因素主要体现在以下五个方面。

一是人情及文化因素。中国是典型的熟人社会，人们在牢固的关系网络之下工作生活，很多时候对于公理和责任的认同远远低于对于关系和情感的重视。从我国历史上就餐方式的演变来看，分餐制到合餐制的过程与多民族交流、文化融合等密不可分，"以礼而食"逐渐被共同用餐的文化取代，饮食成为情感交融和人情交际的方式①。公筷/公勺或分餐制的就餐方式使个体独立于群体之外，往往被认为是"生分""见外""矫情"的表现。本次调查同样显示，超过三成（33.6%）的公众认为"会显得见外"是没必要

---

① 周明珠、马冠生、陈萌山：《推行国民分餐制的历史渊源与现实考量》，《中国食物与营养》2020年第7期，第5~8页。

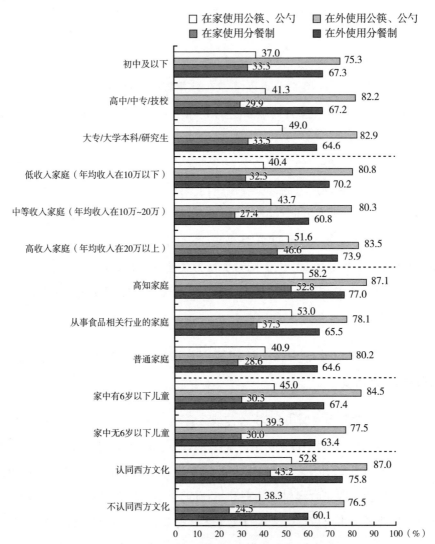

图例：
- □ 在家使用公筷、公勺
- ▨ 在外使用公筷、公勺
- ▨ 在家使用分餐制
- ■ 在外使用分餐制

初中及以下
- 37.0
- 75.3
- 33.3
- 67.3

高中/中专/技校
- 41.3
- 82.2
- 29.9
- 67.2

大专/大学本科/研究生
- 49.0
- 82.9
- 33.5
- 64.6

低收入家庭（年均收入在10万以下）
- 40.4
- 80.8
- 32.3
- 70.2

中等收入家庭（年均收入在10万~20万）
- 43.7
- 80.3
- 27.4
- 60.8

高收入家庭（年均收入在20万以上）
- 51.6
- 83.5
- 46.6
- 73.9

高知家庭
- 58.2
- 87.1
- 52.8
- 77.0

从事食品相关行业的家庭
- 53.0
- 78.1
- 37.3
- 65.5

普通家庭
- 40.9
- 80.2
- 28.6
- 64.6

家中有6岁以下儿童
- 45.0
- 84.5
- 30.3
- 67.4

家中无6岁以下儿童
- 39.3
- 77.5
- 30.0
- 63.4

认同西方文化
- 52.8
- 87.0
- 43.2
- 75.8

不认同西方文化
- 38.3
- 76.5
- 24.5
- 60.1

图18 不同类型群体认为在家/外就餐有必要使用公筷/公勺、分餐制的比例

使用公筷/公勺或分餐制的原因，位列榜首。另外还分别有近三成公众认为这样的就餐方式"影响聚餐的氛围"（28.1%）和"不符合国人的饮食文化和习惯"（27.7%）。

二是习惯因素。使用公筷/公勺和分餐制意味着增加备餐和就餐程序，而这一习惯的养成需要人们坚定的信念和多次的实践。但从本次调查来看，超过三成公众（31.4%）从心理上觉得这样的就餐方式太麻烦，因此有所抵触。

三是认知因素。认知因素表现在公众对共同就餐人员健康水平的盲目估计和对疾病传播后果的不充分认识上。据报道，仅对幽门螺旋杆菌这一种可通过共同进餐传播的病菌，全球人群感染率就超过了50%[①]。但是本次调查中，仍有近三成（29.7%）公众自认为"了解同桌人的健康状况"而觉得没有必要使用公筷/公勺或分餐制。此外，在15.0%公众看来，不使用这些就餐方式也不会造成严重的后果。

四是环境氛围因素。行为转变需要环境氛围的辅助，包括人与人之间的相互影响和外界因素的推动。从本次调查来看，公众对公筷/公勺和分餐制使用的态度受到共同就餐人员的影响，自己想使用但他人不配合（21.1%）会在一定程度上打击使用者的积极性。同时，餐厅的引导、推广作为外部环境，落实不到位（16.9%）也影响了公众的必要性认识（见图19）。

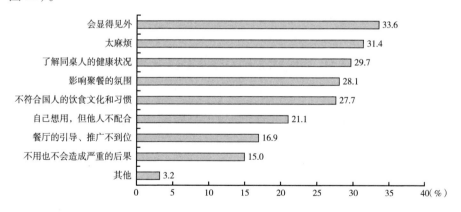

图19　公众认为没必要使用公筷/公勺或分餐制的原因

---

① 叶梦娜、江国平、刘鹏远等：《益生菌在幽门螺旋杆菌感染治疗中的应用》，《浙江中西医结合杂志》2021年第1期，第95~98页。

五是经济因素。如果采取严格的分餐制，餐厅将会增加一定的人力和物力成本。对于这部分费用，仅有三成（32.9%）左右的公众表示愿意承担，其中29.3%的公众表示愿意与餐厅共同承担，3.7%的公众表示愿意自己承担。因此，纵然有超过六成（66.3%）的公众认为在外就餐时有必要使用分餐制，但只有不到一半的人愿意支付溢价（见图20）。

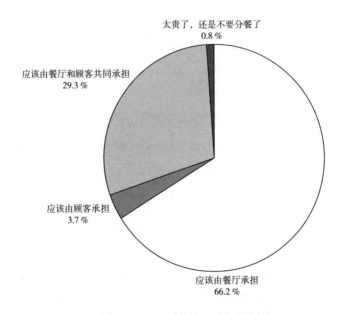

图20　对餐厅采取严格分餐所产生成本的态度

（三）公众仍需将使用公筷/公勺和分餐制内化为行为习惯

　　从落实情况看，多数公众表示会在就餐时使用（包括经常和偶尔使用）公筷/公勺（79.5%）或分餐制（63.1%），但内化为自身行为习惯，经常使用的人数占比仅在两成左右，分别为22.8%和18.7%（见图21、图22）。

　　从使用场景来看，和必要性认知的情况接近。对于使用过公筷/公勺或分餐制的人来说，在外就餐是主要的使用场景，92.3%的人在亲朋好友聚餐、参加婚丧宴席/满月酒等、和领导/同事聚餐、商务宴请任意一个或多个场景下使用过公筷/公勺或分餐制的就餐形式；但表示日常在家就餐时使用的仅占 14.4%。

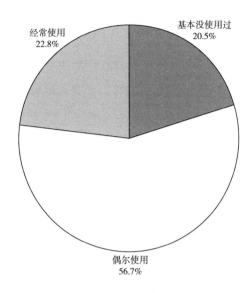

图 21　公众使用公筷/公勺的情况

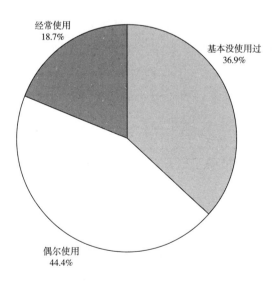

图 22　公众使用分餐制的情况

在不同群体的使用情况上，城乡、不同家庭收入、年龄、家庭成员和西方文化认同度的群体间有所不同。

在家庭收入方面，高收入家庭群体在两类就餐方式使用上的人数占比均有明显优势，尤其是公筷/公勺的使用，高收入家庭群体（94.0%）较低收入家庭群体（73.7%）高出 20.3 个百分点；两类群体在分餐制使用上的差距为 16.8 个百分点（高收入家庭 77.4%，低收入家庭 60.6%）。

在城乡方面，城镇群体使用公筷/公勺（82.8%）和分餐制（64.6%）的情况均好于乡村群体（70.9%，59.0%），分别相差 11.9 个和 5.6 个百分点。

在年龄方面，18～34 岁的低年龄群体对于新事物的接受能力较强，也能快速地做出行为改变，因此在使用公筷/公勺（83.3%）和分餐制（66.4%）号召的响应上也领先于 35～54 岁的中等年龄（78.8%，61.5%）和 55～69 岁的高年龄群体（72.6%，59.3%）。

以上三类群体有个共同点，即群体间的最大差异都体现在公筷/公勺的使用上。但对于以下两类群体，则是体现在分餐制的使用上。

在家庭成员方面，高知家庭群体（74.8%）更注重分餐制的使用，和普通家庭群体（61.0%）相差 13.8 个百分点，差异大于公筷/公勺的使用（相差 7.5 个百分点）。同样，认同西方文化的群体也是更多地使用分餐制，人群比例为 71.7%，比不认同西方文化群体（57.4%）高出 14.3 个百分点，而在公筷/公勺使用上，差距为 7.1 个百分点（见图 23）。

（四）疫情有效推动了公众就餐方式的转变

早在 2003 年传染性非典型性肺炎（以下简称"非典"）暴发期间，钟南山院士就曾呼吁过使用公筷。此次新冠肺炎疫情突发后，钟南山院士再次强调使用公筷的重要性。为了解公众使用公筷/公勺和分餐制的行为受两次疫情的影响情况，本次调查了公众开始使用两种就餐方式的时间节点。

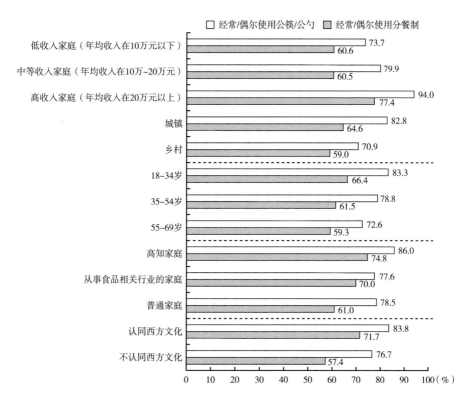

□ 经常/偶尔使用公筷/公勺　▨ 经常/偶尔使用分餐制

图23　不同类型群体（经常/偶尔）使用公筷/公勺和分餐制的比例

调查显示，当被问及"从何时开始使用公筷/公勺或分餐制"时，超过四成（44.7%）的公众表示是在经历2020年新冠肺炎疫情后，8.4%的公众是在经历2003年"非典"后。因此，两次疫情共推动超过一半公众（53%）开始转变就餐方式，进行公筷/公勺或分餐制的尝试。可见，疫情，尤其是新冠肺炎疫情在公众文明就餐方式的行为习惯养成上，起到了重要的推动作用（见图24）。

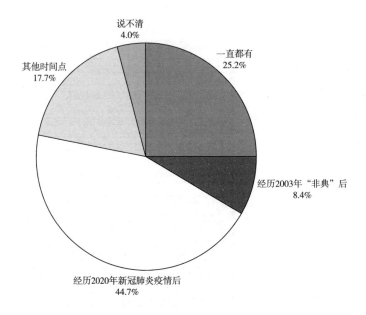

说不清
4.0%

其他时间点
17.7%

一直都有
25.2%

经历2003年"非典"后
8.4%

经历2020年新冠肺炎疫情后
44.7%

图24　公众开始使用公筷/公勺或分餐制的时间点

四　结论

在社会各界的共同推动下，公众积极寻求更健康的饮食方式，努力创造更有质量的生活，国民营养健康领域也出现了可喜的变化。出于自身与家人身体健康的需求，超过七成公众养成了关注营养标签的习惯，让饮食搭配有更科学的参考。同时，受新冠肺炎疫情的影响，在外就餐时使用公筷/公勺、分餐制成为多数人的共识，并被付诸实践。

但与此同时，我国公众在合理膳食上还存在一些不足，需要进一步改善，在盐、油、糖摄入方面，高盐、高油、高糖饮食情况普遍存在，公众"三减"意识仍待加强，多数时候或每天都能满足食盐、烹调油、添加糖摄入量要求的公众均不过半。

在营养标签认知方面，公众对于营养成分表含义的解读存在严重误区，且多数人并不自知，自认为能够理解其传递的信息。

在公筷/公勺和分餐制的使用态度和行动上，受人情文化、习惯、认知等因素制约，在家就餐时使用公筷/公勺、分餐制的必要性没有得到充分认识。虽然人们会尝试使用公筷/公勺或分餐制，但是偶尔使用者居多，经常使用者仍在少数（两成左右）。

此外，无论是上述哪个方面，都存在群体间发展不均衡的情况，如城乡群体、不同年龄群体、不同家庭收入群体等，为下一步工作中锁定重点群体提供了方向。

中国居民食品安全感报告[*]

中国食品安全报社全国公众食品安全调查组

摘　要： 68.4%的受访者表示在本市进行食品消费时安全感比较高或非常高，但幼儿家庭和老年人群体食品安全感可理解性降低。监管松散的线下场所（集市、早夜市、"三小"）是拉低食品安全感的关键场所，也是提升食品安全感的突破口。通过企业自我声明来提升食品安全感的做法可能效果并不理想，城市居民相对更信任监管部门间接推动公示或者直接公示的信息，但信任率也不足七成。城市整体消费环境和质量的改善对食品安全感的提升会有极大助力。

关键词： 食品安全感　敢消费率　损害率　信任率

＊　本报告分析数据来自中国食品安全报社委托开展的全国公众食品安全调查项目。调查于2021年10月开展，以拦截和网络调查的方式共获得2055个成功样本。调查地点包括沈阳、北京、上海、德州、淮南、武汉、商丘、广州、成都和西安共10个城市，覆盖东北、华北、华东、华中、华南、西南和西北七大区域。调查采取多阶段随机抽样方法，数据结果已根据七大区的人口规模进行加权处理，在95%置信度下的抽样误差为±2.16%。调查样本基本构成情况：男性50.8%，女性49.2%；城镇72.1%，乡村27.9%；18~24周岁18.9%，25~34周岁21.4%，35~44周岁23.2%，45~54周岁18.5%，55~69周岁18%；初中及以下20.6%，高中/中专/技校40%，大专/大学本科/研究生39.3%，拒答回答0.2%。
撰稿人蔡焱，应用心理学硕士，主要从事公共事务、社会热点议题、群体消费与文化等的研究工作。

表1 2000～2017年城市居民关注的社会问题（前五位）

单位：%

排位	2000年	2001年	2002年	2003年	2004年	2005年	2006年	2007年	2008年	2009年	2010年	2011年	2012年	2013年	2014年	2015年	2016年	2017年
1	环境 49.2	失业 42.4	失业 53.5	失业 52.9	失业 39.7	失业 38.9	社会保障 37.9	物价 67.6	物价 70.4	房价 33.9	物价 48.6	物价 61.1	物价 43.4	贫富分化 38.6	房价 34.4	食品安全 30.5	贫富分化 29	房价问题 41.2
2	失业 43.7	社会保障 33.0	社会保障 34.6	社会保障 32.1	经济发展 32.0	社会保障 32.4	失业 32.5	房价 28.6	食品安全 33.6	医疗 32.5	房价 39.1	房价 54.4	房价 36.1	房价 35.6	食品安全 29.3	房价 28.7	食品和药品安全 28	食品和药品安全 27.7
3	教育 34.7	医改 30.4	环境 29.6	住房 31.6	住房 31.0	住房 26.7	住房 29.3	医疗 24.1	房价 29.5	就业 29.3	医改 37.5	食品安全 23.1	贫富分化 31.6	物价 35.1	物价 23.8	医改 27.7	住房改革 27.3	医改 25.3
4	社会治安 33.4	环境 26.7	医改 26.3	环境 24.3	社会保障 30.2	环境 25.3	环境 28.2	社会保障 20.9	社会保障 24.4	物价 23.3	就业 28.2	就业 22.7	食品安全 28.8	反腐败 23.1	失业 23.2	贫富分化 27.4	物价上涨 24	贫富分化 21.2
5	腐败 29.0	住房 24.3	经济增长 25.7	经济增长 22.7	环境 29.6	经济发展 23.7	医改 22.9	食品安全 20.6	就业 22.1	社会保障 22.8	社会保障 25	医疗 16.3	社会稳定 22.2	社会稳定 22.1	贫富分化 22.9	反腐败 25.2	腐败 21.3	就业 21

注：表中数据为关注率，按照关注程度使用限选三项的答法计算得出，表中仅列出关注度排名前5位的问题。

资料来源：零点研究咨询集团历年《中国城市居民生活质量指数报告》。

2000 年以来，食品安全作为一个社会问题，在城市居民的关注视野中逐渐凸显：2000～2006 年就业和社会保障一直是城市居民最为关注的社会问题，食品安全问题并不突出。而进入 2007 年后，城市居民最为关注的社会问题开始被物价、房价问题取代，与此同时，食品安全开始频繁进入城市居民最关注的社会问题前五位。从 2014 年开始到 2017 年，食品安全的受关注度连续四年处于前两位（见表 1）。2018 年至今，我国主要食用农产品、食品的生产质量与市场供应基本满足，从抽检率、食品安全群众满意度等方面看，稳中向好的基本面已经十分清晰。但不容忽视的是食品质量供给仍存在地区、城乡、不同种类间的不平衡，食品安全风险隐患仍然较为突出，并且更具复杂性、隐蔽性、多变性，持久治理的难度仍然十分艰巨。

在高关注、高焦虑、新状况频发的疫情防控常态化背景下，食品安全感的测量可以为城市管理者提供及时的治理警示，它包含敢消费率、损害率和信任率三大方面，其调查内容指向食品生产、流通、餐饮各环节，例如大型商超、小商店、小便利店、农贸市场、集市/早夜市、连锁/大型餐饮单位、中型餐饮单位、小餐饮（面积在 50 平方米及以下的快餐店、小吃店、饮品店、糕点店、农家乐等）、食品摊贩（如路边店外的煎饼摊、水果摊）、小作坊（如特产加工小作坊）、网络订餐平台（美团外卖、饿了么等）、网络生鲜电商平台（每日优鲜、京东到家等）、学校食堂等食品消费场所。

表 2　食品安全感调查内容

项目	表现
敢消费率	敢就餐、点外卖或购买食品的比例
	敢不看包装标签或消费点评的比例
损害率	购买到过期或劣质食品的比例
	发生身体不适的比例
信任率	信任商家承诺（食材来源、新鲜度、卫生流程等）的比例
	信任抽检结果的比例

2021 年中国居民食品安全感调查于 2021 年 10 月在全国 10 个大中城市针对常住居民进行，以下结论即是针对本次调查的分析结果。

一 近七成受访者在本地进行食品消费时安全感高

在本次调查中，68.4%的受访者表示在本市进行食品消费时安全感比较高或非常高。居住在乡村地区的受访者安全感略高于城镇地区受访者，分别为71.2%和67.3%。男性受访者自述食品消费时安全感高的比例比女性受访者高出近8个百分点（男：72.2%；女：64.4%）。

（一）儿童家庭食品安全感脆弱

有6岁及以下儿童的家庭食品安全感最脆弱。本次调查中未婚受访者、其他已婚受访者、已婚家中有6岁及以下儿童的受访者三类群体的食品安全感逐渐减弱，食品安全感比较高和非常高的合计比例依次为72.5%，70.1%和63.2%（见表3）。

表3 不同婚姻家庭状况受访者的食品安全感

单位：%

食品安全感	未婚	已婚，家中有6岁及以下儿童	已婚，其他情况
非常低	2.1	1.2	1.0
比较低	9.0	7.8	3.9
一般	16.4	27.3	24.7
比较高	61.6	55.1	56.6
非常高	10.9	8.1	13.5
拒答说不清	0	0.5	0.3

食品安全感的提升是一个复杂的系统工程，但在下一步工作中，关注3～6岁低龄儿童食品安全标准的设立是可行的工作之一。因为目前我国针对0～3岁儿童的食品安全相关标准已经出台，但针对3～6周岁低龄儿童的食品安全标准尚待完善。为保障婴幼儿健康，国家卫生健康委员会已经组织修订了涉及婴儿（0至6月龄）、较大婴儿（6至12月龄）和幼儿（12至36月龄）的配方食品标准，3项均属于强制性食品安全国家标准，将于2023年2月22日开始实施。3～6周岁低龄儿童则没有相应的明确标准。

（二）老年人群体食品安全感略低

55岁及以上老年人群体食品安全感高的比例（65.4%）稍低于其他群体。18～34岁受访者的相应比例为68.6%，35～54岁受访者的相应比例为69.4%。

国家已开始重视老年食品领域，制定相关政策条款进行规范。除《国民营养计划（2017－2030年)》明确要求开展老年人群营养改善行动外，《食品安全国家标准·老年食品通则》《食品安全国家标准·运动营养食品通则》还对老年食品的定义和分类做出规范，对于各类营养素的添加量以及产品标签标识都做出了规范。

但老年人群体食品安全知识水平相对有限，其安全感容易受到食品安全舆情的影响而波动，在基层和家庭推行适合老年群体的食品安全知识科普活动是增强老年群体食品安全感的可尝试路径。

（三）食品安全感伴随食品安全知识水平提升

在本次调查中，参考以往国家市场监管总局和部分地方市场监管局调查食品安全知识知晓率的经验，对受访者的食品安全知识水平进行了测量，并根据测试结果划分为高、中、低三级。

进一步数据分析显示，食品安全知识水平越高的受访者，其在本地进行食品消费时安全感高的比例越大。高水平、中等水平和低水平受访者安全感高的比例依次为：85.4%、76.2%、64.3%（见表4）。

表4　不同食品安全知识水平受访者的食品安全感

单位：%

食品安全感	食品安全知识高水平	食品安全知识中等水平	食品安全知识低水平
非常低	0.4	0	1.7
比较低	0.8	1.2	7.9
一般	13.5	22.7	25.7
比较高	67.4	61.4	54.8
非常高	18	14.8	9.5
拒答说不清	0	0	0.4

二 无论是在线上还是线下，隐患相对多、口碑 相对差的小规模食品从业机构都会 降低居民的敢消费率

食品安全感的核心是"安全、放心"，本次调查尝试使用"敢不敢消费"来表征安全感，具体调查了两个层次的问题，"敢不敢消费"和"敢不敢不看包装标签或消费点评就消费"，前者更具有普适意义，后者中隐藏着对消费谨慎性的考量。

表5 您目前敢在以下场所消费/购买/食品或就餐吗？

单位：%

食品经营场所	敢消费
大中型商超/餐饮店	96.7
小型便利店/小商店	91.8
农贸市场	88.6
集市/早夜市	74.8
小餐饮/小食杂店/小作坊	55.5
网络订餐平台（美团外卖、饿了么等）	82.3
网络生鲜电商平台（每日优鲜、京东到家等）	85.6

表6 您在以下食品经营场所消费时，敢不看生产日期、保质期就 直接购买包装食品吗？

单位：%

食品经营场所	敢不看生产日期、保质期就买包装食品
大中型商超	63.1
小型便利店	54.2
小商店	43.9
农贸市场	40.0
集市/早夜市	35.2

表7 在以下食品经营场所消费时，您敢不看商家资质（营业执照、
健康证等）或消费点评信息就决定就（点）餐吗？

单位：%

食品经营场所	敢不看商家资质或消费点评信息就决定就（点）餐
大中型餐饮店	68.6
小餐饮店	52.1
网络订餐平台（美团外卖、饿了么等）	54.0

以上调查结果呈现如下一些共性特点（见表5、表6、表7）。

（一）城市居民对大中型食品消费场所更放心

96.7%的城市居民表示敢在大中型商超/餐饮单位消费/购买食品或就餐，比其他任何一种消费场景的相应比例都要高。甚至有超过六成（63.1%）的受访者表示在大中型商超，敢不看生产日期、保质期就直接购买包装食品。还有近七成受访者（68.6%）表示在大中型餐饮店敢不看商家资质（营业执照、健康证等）或消费点评信息就决定就餐。

（二）在线上进行食品消费的安全感强于在监管松散的线下场所（集市、早夜市、"三小"）消费

受访者中分别有82.3%和85.6%的城市居民表示敢在网络订餐平台（美团外卖、饿了么等）和网络生鲜电商平台（每日优鲜、京东到家等）消费，这两个比例虽然略低于敢在农贸市场消费的比例（88.6%），但明显高于敢在集市/早夜市（74.8%）消费的比例，更是高出敢在"三小"即小餐饮/小食杂店/小作坊（55.5%）消费的比例约30个百分点。

但这并不意味着"黑店"通过网络平台就会"洗白"得到消费者的信任，城市居民敢不看商家资质或消费点评信息就决定在网络订餐平台点餐的比例还是低（54%），和不看商家资质或消费点评信息就在小餐饮店就餐的比例（52.1%）基本持平。

上述数据可能表明，城市居民已经接受了线上食品/餐饮消费的新形态，而且态度相对理性，会通过有限的口碑信息对众多商家进行筛选后，才采取消费行动。无论线上还是线下，监管松散、质量不高的食品消费场所都很难赢得消费者信任。

（三）年轻一代没有小摊儿情结，线上敢消费率明显高于其他群体，但消费前的信息分析更谨慎

本次调查显示，18～34岁的年轻人群体对监管松散的线下食品消费场所（集市/早夜市、"三小"）更谨慎，仅在遇到此类场所时敢消费率低于其他群体（见表8）。

18～34岁的年轻人群体，对线上食品消费更习惯，对线上口碑信息也更依赖，无论是在大中型餐饮场所消费、还是在小餐饮店消费，他们不看点评就下单的比例均低于35～54岁年龄段的中年人（见表9）。

18～34岁的年轻人群体对于食品标签的基础认知更清晰，在农贸市场和集市/早夜市购买包装食品时，不看标签就购买的比例要低于其他群体至少5个百分点（见表10）。

表8　您目前敢在以下场所消费/购买食品或就餐吗：不同年龄段

单位：%

食品经营场所	18～34岁	35～54岁	55～69岁
大中型商超/餐饮店	98.2	95.8	95.5
小型便利店/小商店	94.7	92.1	84.8
农贸市场	88.0	87.8	91.8
集市/早夜市	70.1	76.7	80.8
小餐饮/小食杂店/小作坊	49.2	57.1	66.1
网络订餐平台（美团外卖、饿了么等）	93.5	84.2	53.1
网络生鲜电商平台（每日优鲜、京东到家等）	93.5	87.8	63.1

表9　在以下食品经营场所消费时，总敢不看生产日期、保质期就直接

购买包装食品吗：不同年龄段

单位：%

食品经营场所	18~34 岁	35~54 岁	55~69 岁
大中型商超	63.5	63.5	61.2
小型便利店	55.1	54.7	50.9
小商店	44.2	44.0	43.0
农贸市场	34.6	41.9	47.4
集市/早夜市	31.2	36.7	40.3

表10　在以下食品经营场所消费时，您敢不看商家资质（营业执照，健康证等）

或消费点评信息就决定就（点）餐吗：不同年龄段

单位：%

食品经营场所	18~34 岁	35~54 岁	55~69 岁
大中型餐饮店	65.0	70.1	73.0
小餐饮店	48.0	53.5	58.3
网络订餐平台(美团外卖,饿了么等)	54.8	58.2	42.7

三　城镇居民遭遇食品安全负面事件
比例略高于农村居民

食品安全感的反面是"不安全感"，本次调查尝试用负面事件的发生情况来表征，具体调查了"购买到劣质或过期食品"和"因食品安全问题而导致身体不适"两方面情况。

（一）7.3%的受访者过去一年购买到劣质或过期食品

当问及"最近一年，在日常消费中，您购买到劣质或过期食品吗"，7.3%的受访者表示有此遭遇。被调查的10个城市中，商丘市、成都市和广州市受访者表示有此遭遇的比例更高（见表11）。

55岁及以上的老年人群体中，每10人就有1人表示2021年有此遭遇

（10.2%），高于其他群体（35~54岁：7.8%；18~34岁：5.5%）（见表12）。

居住在城镇的城市居民表示有此遭遇的比例高于居住在农村地区的居民，分别为7.9%和5.8%。

食品安全知识水平与是否有此遭遇没有相关性，食品安全水平高的受访者中有7.9%有此遭遇，水平中等和低的受访者中分别有8.8%和7%。

表11　最近一年，在日常消费中，您或家人购买到劣质或
过期食品吗：不同城市

单位：%

城市	发生率
西安市	1.5
武汉市	1.9
淮南市	4.3
上海市	5.1
沈阳市	5.9
德州市	7.5
北京市	8.5
广州市	10.2
成都市	11.0
商丘市	13.9
总体	7.3

表12　最近一年，在日常消费中，您或家人购买到劣质
或过期食品吗：不同年龄段

单位：%

年龄	18~34岁	35~54岁	55~69岁
发生率	5.5	7.8	10.2

（二）6.1%的人有过因食品安全问题而导致身体不适

在本次调查中，有6.1%的受访者最近一年在食品或餐饮消费中，曾经有过因食品安全问题而导致身体不适（腹痛、腹泻、呕吐、头晕等）的经

历。被调查的 10 个城市中，成都市、广州市和商丘市受访者表示有此遭遇的比例更高（见表 13）。

35 ~ 54 岁的中年人群体中，7% 的人表示 2021 年有此遭遇，与其他群体比例接近（55 ~ 69 岁：5.2%；18 ~ 34 岁：5.8%）（见表 14）。

居住在城镇的城市居民表示有此遭遇的比例高于居住在农村地区的居民，分别为 7.0% 和 3.6%。

食品安全知识水平与是否有此遭遇没有相关性，食品安全水平高的受访者中有 7.6% 有此遭遇，水平中等和低的受访者中分别有 6.4% 和 5.7%。

表 13　最近一年，在食品或餐饮消费中，您或家人曾经有过因食品安全
问题而导致身体不适（腹痛、腹泻、呕吐、头晕等）
的经历吗：不同城市

单位：%

城市	发生率
成都市	10.6
广州市	9.7
商丘市	9.6
淮南市	8.6
德州市	7.0
上海市	4.6
沈阳市	2.5
北京市	2.0
武汉市	1.0
西安市	0.0
总体	6.1

表 14　最近一年，在食品或餐饮消费中，您或家人曾经有过因食品安全问题
而导致身体不适（腹痛、腹泻、呕吐、头晕等）的经历吗：不同年龄段

单位：%

年龄	18 ~ 34 岁	35 ~ 54 岁	55 ~ 69 岁
发生率	5.8	7	5.2

四 城市居民相对更信任监管部门间接推动公示或者直接公示的信息，但信任率也不足七成

食品安全感来自"信任"，本次调查尝试用对商家承诺、政府承诺的信任来表征安全感。其中商家承诺分为自愿性承诺和强制性信息公示，政府承诺主要为抽检信息的公示。

调查结果显示，城市居民更信任监管部门间接或者直接公示的信息，而非企业自陈的信息。具体而言，61.6%的受访者信任商家的自愿性承诺（食品企业、商超、餐饮单位等做出的关于食品质量的承诺，如不售卖过夜菜、无任何添加剂、原料来自优质农牧场、经过相关认证等），而66.8%的受访者信任强制性信息公示（商超、餐饮单位等会在显著位置处公示一系列食品安全信息，如农兽药检测结果、食材来源、监督检查记录等），66.8%的受访者信任政府抽检结果公示。

进一步分析显示，对于这些问题的信任感，有以下特点。

（一）城镇和乡村地区受访者的信任感接近

对于三类信息和承诺，居住在城镇和乡村地区的受访者表示信任的比例最多差3.1个百分点。从信任程度看，无论城镇地区还是乡村地区都相对更信任抽检结果以及公示信息而不是商家承诺（见表15）。

表15 受访者对三类信息和承诺的信任率：不同区域

单位：%

公示形式	总体	城镇	乡村
商家承诺	61.6	62.5	59.4
公示信息	66.8	67.1	65.8
抽检结果	66.8	67.1	65.8

（二）男性受访者各方面信任感均高于女性

对于三类信息和承诺，男性和女性受访者表示信任的比例均在六成多，但男性在各方面的信任感均略高于女性，他们之间相差 1.8～4.5 个百分点。从信任程度排序看，无论男性还是女性都相对更信任抽检结果以及公示信息而不是商家承诺（见表 16）。

表 16　受访者对三类信息和承诺的信任率：不同性别

单位：%

公示形式	男	女
商家承诺	62.5	60.7
公示信息	69.0	64.5
抽检结果	69.0	64.5

（三）上海市居民的信任感在本次调查城市中最高

78.2% 的上海市民表示信任商家做出的自愿性承诺，比信任程度最低的沈阳市（49.0%）高出近 30 个百分点。在针对公示信息和抽检信息方面，上海市也高出最后一名 25 个百分点左右（见表 17）。

表 17　受访者对三类信息和承诺的信任率：不同城市

单位：%

城市	商家承诺	公示信息	抽检结果
上海市	78.2	79.7	79.7
北京市	67.8	70.9	70.9
成都市	65.1	71.1	71.1
商丘市	65.1	58.9	58.9
西安市	64.4	65.8	65.8
淮南市	62.9	72.4	72.4
武汉市	60.0	69.0	69.0
德州市	56.5	76.0	76.0
广州市	52.4	52.4	52.4
沈阳市	49.0	54.4	54.4

（四）家中有6岁及以下儿童时，消费者给出信任评价时最谨慎

55.2%的家中有6岁及以下儿童的受访者信任商家的自愿性承诺，其余近一半都表示并不信任。不信任比例比未婚和其他已婚家庭要高。虽然对公示信息和抽检信息，其信任度有所上升，但家中有6岁以下儿童的受访者与其他群体相比，也还是更难相信这些信息和承诺（见表18）。

表18　受访者对三类信息和承诺的信任率：不同婚姻家庭状况

单位：%

公示形式	未婚	已婚，有6岁及以下儿童	其他已婚家庭
商家承诺	65.7	55.2	64.0
公示信息	72.7	61.1	68.0
抽检结果	72.7	61.1	68.0

（五）食品安全知识水平越高，消费者信任感越强

在本次调查中，食品安全知识水平被划分为高水平的受访者中有接近九成信任商家承诺和政府承诺信息，比中等水平和低水平受访者都要高（见表19）。

表19　受访者对三类信息和承诺的信任率－不同食品安全知识水平

单位：%

公示形式	高水平	中等水平	低水平
商家承诺	88.3	67.5	56.1
公示信息	88.3	74.3	62.0
抽检结果	88.3	74.3	62.0

（六）不同职业带来信任感差异：企业高管＜食品从业人员＜公务员＜其他职业

对于政府强制公示信息和抽检信息，信任率最低的是大型/知名企业高

管，其次是食品从业人员（食品研发、生产、零售、餐饮服务等），再次是党政机关或事业单位处级及以上干部，然后是其他职业群体。但对于企业自愿性的声明和承诺，公益组织工作人员会有比较明显的不同态度（见表20）。

表20　受访者对三类信息和承诺的信任率：不同职业

单位：%

职业	商家承诺	公示信息	抽检结果
大型/知名企业高层管理人员	28.5	49.5	49.5
食品从业人员（食品研发、生产、零售、餐饮服务等）	53.0	56.2	56.2
党政机关或事业单位处级及以上干部	59.7	61.0	61.0
总体	61.6	66.8	66.8
大学老师（讲师、副教授、教授）	62.7	73.9	73.9
医生	63.1	75.9	75.9
公益组织工作人员	64.8	53.8	53.8
中小学老师	69.6	75.2	75.2
律师	74.4	80.5	80.5
记者	85.2	90.7	90.7

五　结论

综上所述，城市居民在进行食品及餐饮消费时有一定思想顾虑但整体处于"总体敢消费，细节慎思量"的状态。有老幼等特殊群体的家庭，食品安全感会有预期中的下降，在提升群众食品安全感的工作中，也是需要特别关注和突破的。

虽然食品消费的渠道和形态已经发生很多变化，但居民的关注点和担忧点并没有发生改变，食品安全隐患频发的经营单位无论在线上还是线下，都是引发不安全感的雷区，需要通过整体排雷提升安全感，避免出现线下消失线上改头换面重新出现的情况。

食品安全知识水平对于食品安全感的提升会有一定帮助，通过提高食品安全素养，提升理性对待食品安全问题、谨慎防范食品安全事件的能力，将会更好地提升食品安全感。

企业和政府对外发布的食品安全核心信息和承诺，目前没有达到绝大多数居民认同的效果，如何切实提升发布信息的真实可靠性和权威性，同时通过宣传方式增强这些发布信息的"说服力"是食品安全感提升工作中需要思考的。

从上海市在本次调查中的突出表现可以推测，城市整体消费环境和质量的改善对食品安全感的提升也会有极大助力，因此要把提升食品安全感工作放到提升城市整体消费信心中通盘考虑。

新业态和新场景下的食品安全问题分析[*]

中国食品安全报社全国公众食品安全调查组

摘　要： 新一轮科技革命和产业变革正在加速重构食品产业结构。在新冠肺炎疫情影响下，公众的食品消费理念和消费需求发生重大变革，新业态和新场景不断涌现，这些都对食品安全监管工作提出新的挑战。本报告通过分析调查数据发现，以"网红经济"为代表的食品消费新业态已广泛渗透至各级市场，而以"零售＋餐饮"、无人售卖和生鲜电商平台为代表的新消费场景仍集中在一二线城市。总体上，成长在城镇地区、本科以上学历、具有一定家庭收入基础、喜欢新鲜事物的年轻世代是食品新消费最主要的受众群体。"食以安为先"，无论消费模式如何创新，食材本身的质量和营销宣传的真实性依然是消费者重点关注的问题。

关键词： 食品安全　网红经济　新消费　市场监管

---

* 本报告分析数据来自中国食品安全报社委托开展的全国公众食品安全调查项目。调查于2021年10月开展，以拦截和网络调查的方式共获得2055个成功样本。调查地点包括沈阳、北京、上海、德州、淮南、武汉、商丘、广州、成都和西安共10个城市，覆盖东北、华北、华东、华中、华南、西南和西北七大区域。调查采取多阶段随机抽样方法，数据结果已根据七大区的人口规模进行加权处理，在95%置信度下的抽样误差为±2.16%。调查样本基本构成情况：男性50.8%，女性49.2%；城镇72.1%，乡村27.9%；18～24周岁18.9%，25～34周岁21.4%，35～44周岁23.2%，45～54周岁18.5%，55～69周岁18%；初中及以下20.6%，高中/中专/技校40%，大专/大学本科/研究生39.3%，拒答回答0.2%。
撰稿人王晨光，社会学硕士，主要从事公共事务、居民生活质量的研究工作。

2020 年开始并持续至今的新冠肺炎疫情深刻改变了我国消费者的消费理念和消费习惯，对国内消费市场也产生了深远影响。食品生产销售作为传统行业和民生需求保障的核心领域受疫情冲击较大，行业改革也十分迅速。《2021 中国食品消费趋势白皮书》指出，新时期的食品消费趋势集中体现在五个方面，分别是感官新体验、健康新平衡、便捷新形式、情感新连接和文化新自信。

随着国内市场上的食品种类越来越丰富，新的食品安全问题也不断出现，因此，深入了解消费者在食品消费的新业态、新场景中遇到的食品安全问题，对创新食品安全监管体系、拓展食品安全监管思路具有重要意义。本报告将利用中国公众食品安全系列抽样调查数据，重点介绍并分析中国公众食品新消费的现状与主要问题，包括新的食品消费类型、新的食品消费场景等。同时，在总体分析基础上，进一步按照地区、性别、年龄、受教育程度、婚姻及生育状态、消费态度、从业类型等因素划分受访群体，比较分析不同群体的食品新消费状况，从而为市场监管部门针对新食品业态出台专门的监管政策提供更准确、真实的依据和支撑。

一 食品消费新业态

随着移动互联网、社交媒体的普及以及 90 后、00 后等追求个性、品味的"新世代人群"逐步成为消费市场主体，再加上新冠肺炎疫情对传统市场的冲击，符合"宅经济""网红经济"特点的消费品类日趋火爆，催生出新的食品业态。

首先，从食品种类上看，新食品业态的主要发力点集中在两方面：一是休闲零食和新茶饮快速发展，在传统零食基础上出现大量的新兴品牌，市场热度集中在坚果炒货、烘焙糕点、膨化食品、冻干/果干类和熟卤制品等主打"休闲""轻度""夜宵"等标签的零食上，各类奶茶/茶饮的"爆款"品牌也不断涌现，深受年轻人的欢迎；二是对食品"轻量、营养、健康"的追求越发突出。在快节奏的生活压力下，消费者更加注重均衡的营养摄入和科学的饮食结构，典型代表是营养代餐食品的消费规模持续增长，包括代餐奶昔、魔芋粉、蛋白棒等。国内某知名电商平台数据显示，代餐市场整体规模已连续两年保持超过15%的增长速度，代餐品牌数量已超过3500个。

其次，从消费场景上看，在激烈的行业竞争和发达的新媒体传播等多重因素影响下，部分传统的线下餐饮店通过风格鲜明的装修设计、打造大单品并通过IP联动等方式，创立出一批"主题店、网红店、体验店"，通过社交媒体的放大，创造出不少的刷屏热度和曝光量，形成了一种新的餐饮店营销模式。

最后，从消费渠道看，随着移动互联网的普及，短视频电商变现和直播带货迅速崛起，加上疫情对传统销售渠道的冲击，线上直播已经成为食品饮料消费的重要渠道。相关数据显示，食品饮料是直播平台中最经常出现的商品类型，头部主播的每次直播可以引发亿级的浏览、百万级的转化，直播带货已经对传统食品饮料行业的产品逻辑以及仓储、物流、配送等供应链体系产生了深刻影响。

（一）食品新业态消费的总体状况

调查结果显示，新业态中消费比例最高的是各类网红零食和饮品，超过半数的受访者有过消费经历（54%），其中6.5%的受访者属于经常消费，47.5%的受访者为有时会消费。对于营养代餐食品，消费者则相对谨慎，有过营养代餐食品消费经历的受访者不足四成（38.5%），六成以上的人从未买过相关产品（61.5%）。

从消费场景和渠道上看，总共有47.8%的受访者有过在网红餐饮店的消费经历，而通过直播带货购买食品的比例则明显较低（36.1%），多达63.9%的受访者明确表示从未在电商直播间购买过食品，直播带货食品也是本次调查的各类新业态中实际消费比例最低的（见图1）。

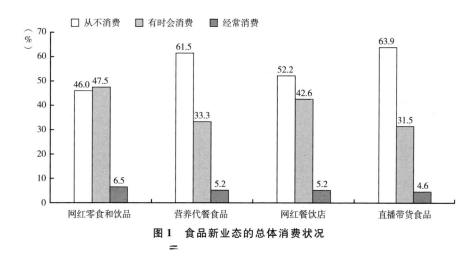

图1 食品新业态的总体消费状况

以下从不同角度对食品新业态的消费状况做出具体分析。

1. 新业态渗透率高，城乡消费市场差异较小

从城乡分布情况来看，城镇地区和乡村地区的消费者在新业态中经常消费的比例较为接近，城镇地区的公众相对更频繁地参与到食品新业态的消费市场当中，但总体市场差距不大。具体来看，在网红零食和饮品、网红餐饮店消费领域，城镇地区公众经常消费的比例分别为6.7%和5.4%，高于乡村地区的5.9%和4.7%，但也仅略高出0.8和0.7个百分点，地区差异较小。而在营养代餐食品方面，城镇和乡村居民经常消费的比例分别为5.0%和5.6%，乡村居民经常消费的比例要略高于城镇居民。最后，在直播带货食品方面，城镇居民经常消费的比例为5.0%，乡村居民为3.5%，城镇地区占比高出乡村地区1.5个百分点（见图2）。

2. 女性是新业态的主要消费群体

分性别来看，女性群体进行食品新业态消费的比例显著高于男性，女性群体经常消费的比例普遍高出男性2个百分点以上。尤其对于线下的网红餐饮店，女性经常消费的比例为6.9%，而男性占比仅为3.7%，女性比例高出男性3个百分点以上。此外，在营养代餐和零食饮品的消费上，女性消费的优势也十分明显，仅在直播带货食品方面，双方的差距才略有缩小（见图3）。

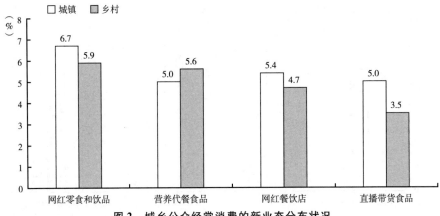

图2　城乡公众经常消费的新业态分布状况

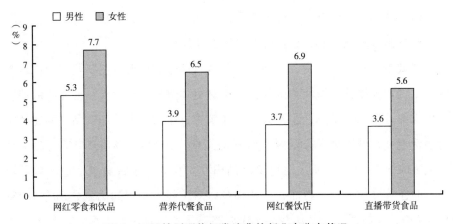

图3　不同性别群体经常消费的新业态分布状况

3. 新业态消费者的年轻化趋势明显

分年龄层来看，00后和90后是食品新消费的主力群体。00后在网红零食和饮品、直播带货食品方面较为突出，经常消费的比例均超过10%，分别达到10.1%和12.6%，超过其他年龄段。90后的消费频率低于00后，但总体上仍高于其他年龄群体。值得关注的是，在网红餐饮店方面，经常消费比例最高的是80后（8.6%），00后群体仅占5.5%，这可能是因为网红餐饮店的单笔消费金额较高，而00后、90后的个人收入相对较低，单次消费能力有限（见表1）。

表1　不同年龄段的食品新业态消费分布情况

单位：%

类别	消费情况	00后	90后	80后	70后	60后	50后
网红零食和饮品	从不消费	23.0	25.6	33.7	62.1	77.1	82.9
	有时会消费	66.8	65.6	57.4	34.4	20.7	15.1
	经常消费	10.1	8.8	8.8	3.4	2.2	1.9
网红餐饮店	从不消费	33.7	30.6	33.8	72.6	88.8	87.7
	有时会消费	60.9	61.8	57.6	24.8	10.5	12.3
	经常消费	5.5	7.6	8.6	2.6	0.6	0.0
营养代餐食品	从不消费	30.3	44.3	44.6	86.5	92.0	94.7
	有时会消费	60.1	46.3	49.4	11.8	7.3	4.3
	经常消费	9.6	9.4	6.1	1.6	0.7	1.0
直播带货食品	从不消费	35.2	46.4	49.9	82.7	95.0	96.8
	有时会消费	52.2	46.9	44.4	15.9	4.4	3.2
	经常消费	12.6	6.7	5.7	1.5	0.7	0.0

4. 受教育程度越高的消费者更容易选择新业态

从受教育程度来看，学历为大专/大学本科/研究生的消费者属于食品新业态消费的主要群体，在所有业态消费中比例均为最高；初中及以下学历群体的消费比例则普遍较低。从具体类型上看，食品新业态中经常消费的类型主要是网红零食和饮品类，高中及以上学历群体经常消费的比例总和达到15.1%；直播带货食品的消费频率相对较少，高中及以上学历群体经常消费的比例总和仅占11.4%（见图4）。

5. 未婚群体和新生育家庭的消费比例更高

对比不同婚姻状况群体的调查结果可以发现，未婚人群总体上进行食品新业态消费的比例高于已婚人群。在网红零食和饮品上，共有超过七成的未婚人群有过消费经历（74.3%），其中9.4%的人属于经常消费群体，而已婚群体中相应的比例分别为48.5%和5.6%。在通过直播渠道购买食品的消费者中，未婚群体的占比更为突出，经常消费的比例达到8.1%，较已婚群体高出4个百分点以上（见图5）。

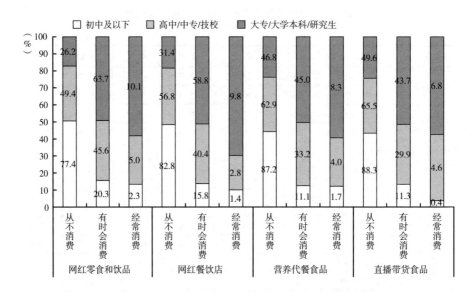

图4 不同受教育群体的食品新业态消费分布状况

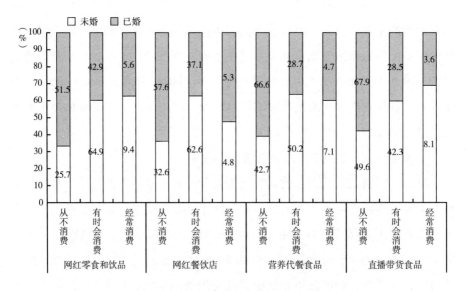

图5 未婚和已婚群体的食品新业态消费分布状况

不仅是婚姻状况，食品新业态消费的差异也体现在不同生育状况的消费者当中。调查结果显示，家中是否有 6 岁及以下儿童对于食品新业态的消费频率会产生一定的影响。对于家中有 6 岁及以下儿童的家庭，在过去一年中有过上述新型食品消费的比例全部在 50% 以上，有过网红零食和饮品、网红餐饮店消费的比例均超过六成，分别占 64.7% 和 61.2%。而对于家中没有 6 岁及以下儿童的消费者，除网红零食和饮品的消费比例达到 37.1% 外，其他业态的消费比例均不足三成（见图 6）。

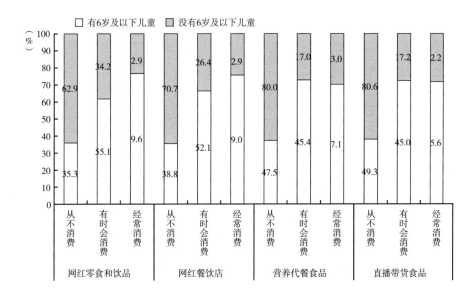

图 6　不同子女情况家庭的食品新业态消费分布状况

6. 家庭收入越高越经常参与新业态消费

收入是影响家庭消费能力的重要因素之一。本次调查将家庭收入结构分为年收入在 10 万元以下（以下简称低收入家庭）、年收入在 10 万~20 万元之间（以下简称中等收入家庭）和年收入 20 万元以上（以下简称高收入家庭）。结果发现，年收入在 20 万元以上的高收入家庭是食品新业态消费的主要群体，其次为中等收入家庭，而低收入家庭的消费比例明显偏低。

具体来看，高收入家庭经常消费网红零食和饮品的比例最高，达到 12.7%；中等收入家庭在网红餐饮店、营养代餐食品和直播带货食品上经常消费的比例均略高于高收入家庭，特别是在直播带货食品方面，48.2%的中等收入家庭有过消费经历，超过高收入家庭的42.8%（见表2）。

表 2　不同收入家庭的食品新业态消费分布状况（%）

类别	消费情况	低收入家庭（年收入在10万元以下）	中等收入家庭（年收入10万～20万元）	高收入家庭（年收入在20万元以上）
网红零食和饮品	从不消费	67.1	38.3	15.4
	有时会消费	29.9	54.7	71.9
	经常消费	3.0	7.0	12.7
网红餐饮店	从不消费	76.8	42.3	19.2
	有时会消费	21.1	50.9	74.1
	经常消费	2.1	6.8	6.7
营养代餐食品	从不消费	79.7	51.7	45.2
	有时会消费	18.1	41.3	48.8
	经常消费	2.2	7.0	6.1
直播带货食品	从不消费	81.9	51.8	57.2
	有时会消费	15.5	42.4	38.2
	经常消费	2.6	5.8	4.6

7. 新鲜事物接受程度较高的群体更热衷于体验新业态消费

无论是新兴零食、茶饮、代餐还是网络直播带货，都是伴随着移动互联网的普及而迅速发展，相较于传统餐饮，它们在食品品类和营销渠道上都属于新事物。当商家在市场上推出新产品、新服务时，消费者的接受程度是重要的参考因素。本次调查考察了消费者对于市面上新产品的消费态度，分别设置为积极态度（"愿意尽快尝鲜"）、观望态度（"等周围人消费后没问题再考虑购买"）以及消极态度（"偏向购买已经成熟的产品"）。

从调查结果来看，在经常进行食品新业态消费的群体中，对新鲜事物持积极态度的消费者占比全部在10%以上，显著高于持观望态度和持消极态度的消费者。持观望态度和消极态度的消费者经常消费的比例基本维持在

5%及以下且差异较小，表明这两类消费者对于新食品业态普遍较为谨慎，购买意愿相对有限（见图7）。

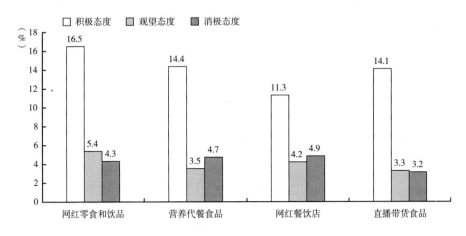

图7　不同态度消费者经常消费的分布状况

（二）不同业态中消费者遇到或担心出现食品安全问题的情况

总体上看，新业态下的食品安全状况相对较好，消费者遇到食品安全问题的比例总体较低，基本维持在3%~4.5%。各类业态中，消费者在购买营养代餐食品时遇到食品安全问题的比例相对较高，占比为4.4%，在网红餐饮店和直播带货食品购买中遇到问题的比例均为3.8%，购买网红零食和饮品时遇到食品安全问题的比例相对较低，占3.2%。

尽管消费者实际遇到问题的比例较低，但仍有四成左右的消费者表示，会对此类新业态的食品安全问题感到担心。其中，消费者最不放心的是直播带货食品的安全性，表示没遇到过但会担心的消费者比例最高，达到47.5%；其次是营养代餐食品，担心比例为43.5%；对网红餐饮店表示担心的比例为38.1%（见图8）。

1. 食品安全问题主要发生在城镇地区

从城乡分布情况来看，城镇地区消费者在新业态中遇到食品安全问题的比例整体高于乡村地区的消费者。尤其是在网红餐饮店方面，城镇地区和乡

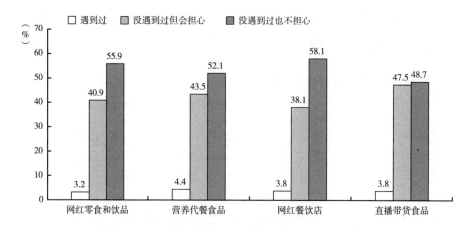

图 8　消费者遇到食品安全问题的总体状况

村地区的消费者遇到食品安全的比例均为最高，分别为 5.2% 和 2.6%；直播带货的食品安全问题相对集中在城镇地区，数据显示，城镇消费者中共有 5% 的人遇到过食品安全问题，而乡村地区的占比仅为 1.2%（见图 9）。

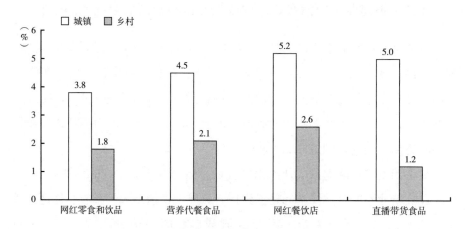

图 9　城乡公众遇到食品安全问题的分布状况

在担心程度方面，城镇地区消费者最为担心出现问题的是直播带货销售的食品，占比为 52.3%，其次是营养代餐食品，占比为 45.4%。乡村地区消费者最为担心的是营养代餐食品，占比为 39.3%，其次是直播带货食品，占比为 36.9%。可以发现，营养代餐食品和直播带货食品均属于消费者较为担心出现食品安全问题的新业态。

2. 二线城市消费者遇到较多的食品安全问题

将本次调查涉及的城市按照城市人口规模和经济发展水平,划分为一线城市、二线城市和三四线城市三种类型进行分析①。从结果来看,在遇到过食品安全问题的城市中,二线城市的比例相对较高,其次为一线城市,三四线城市遇到新业态食品安全问题的比例相对较少。

具体来看,二线城市的消费者在直播带货食品和网红零食和饮品消费过程中可能遇到较多的食品安全问题。数据显示,在这两个业态产生的食品安全问题中,分别有50.0%和49.1%的消费者来自二线城市。对于一线城市的消费者,相对容易遇到问题的业态主要是营养代餐食品,占比为43.7%。在网红餐饮店消费中遇到问题的城市里,一线和二线城市占比基本相近,分别为41.0%和42.4%(见图10)。

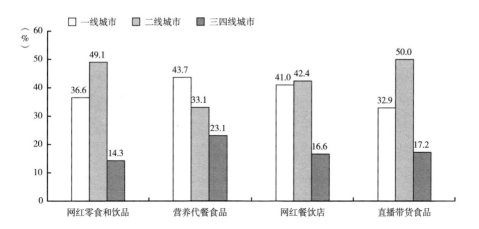

图10 遇到过食品安全问题的不同城市的比例

进一步分析,二线城市的消费者也是最担心新业态中出现食品安全问题的群体。对于网红餐饮店和直播带货食品市场,表示担忧的消费者中,来自

① 一线城市、二线城市和三四线城市划分参考国家统计局对70个大中城市房地产价格统计时的分类标准:一线城市为北京、上海、广州和深圳四个城市,二线城市为省会城市、自治区首府城市和其他副省级城市共计31个城市,三四线城市为除一、二线城市之外的其他城市。

二线城市的占比分别达到51.1%和48.2%，显著高于一线城市和三四线城市。而一线城市的消费者相对更加担心的新业态分别为营养代餐食品、网红零食和饮品，比例均在三成以上，分别为33.3%和32.1%（见图11）。

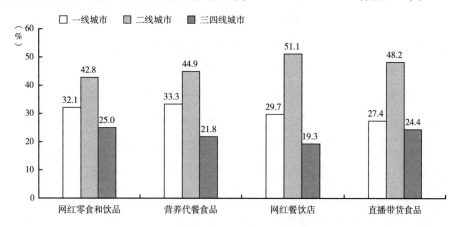

图11　担心遇到食品安全问题的不同城市的比例

3.食品安全素养为中等水平的消费者最担心遇到食品安全问题

本次调查设置了若干与食品安全相关的客观题目，根据受访者的回答正确率，对其食品安全知识素养做出大致判断。为方便分析，这里将受访者的食品安全知识水平分为三类，食品安全知识题目回答正确率高的设置为高水平，其次分别是中等水平和低水平。

从调查结果来看，知识素养为中等水平的受访者最为担心遇到食品安全问题，而高水平和低水平的受访者则显得相对"宽心"，担心程度较低。无论食品安全知识素养程度如何，消费者最为担心的食品新业态均为直播带货食品，知识素养为高水平、中等水平和低水平的消费者表示担心的比例分别达到48.2%、57.6%和46.9%（见图12）。

4.新生育家庭更加担心食品安全问题

从家庭子女状况来看，家中有6岁及以下儿童的消费者总体上对食品新业态中的食品安全问题更加担心。其中，消费者最为担心出现问题的业态是直播带货食品，占比超过半数，达到54.5%，其次分别是网红餐饮店和营

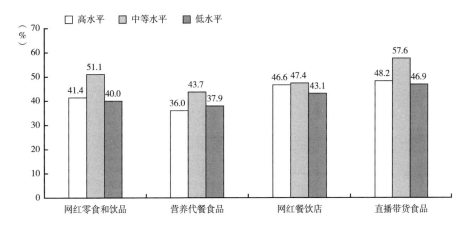

图12 不同食品安全知识水平的群体担心遇到问题的比例

养代餐食品，占比分别为48.5%和44.8%。对于网红零食和饮品出现食品安全问题的情况，有6岁及以下儿童和无6岁及以下儿童家庭表示担心的比例较为接近，分别为42.0%和44.6%（见图13）。

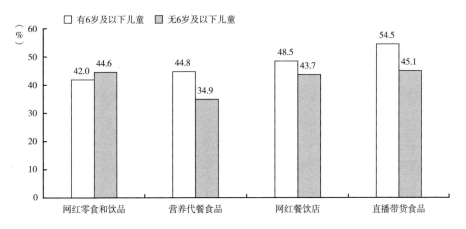

图13 不同家庭子女状况的群体担心遇到问题的比例

（三）不同业态中消费者关注的主要问题

本次调查进一步询问了受访者在食品新业态消费过程中，遇到过或担心的各类主要问题。

1. 网红零食和饮品的关注点集中在产品质量层面

在网红零食和饮品消费方面，总体上看，消费者主要担心的食品安全问题集中在食品生产原料和产品质量上，在 7 项选择比例在 30% 以上的问题中，有 6 项与产品原材料有关。其中，消费者最担心的是网红零食和饮品利用网红效应进行虚假宣传，夸大成分含量或功效，选择比例为 35.6%；排名第二的问题是使用低质或劣质原材料，占比为 33.9%；担心出现山寨食品或假冒伪劣食品的比例为 32.4%。对于售后表示维权难度大，消费者的关注程度相对较低，占比为 14.9%（见图 14）。

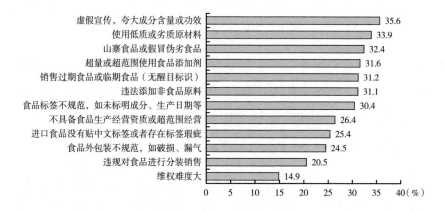

图 14　购买网红零食和饮品时消费者担心遇到的问题

2. 网红餐饮店的关注点主要体现在食材和环境方面

在网红餐饮店消费方面，总体上看，消费者主要担心的食品安全问题集中在食材的新鲜卫生程度上，33.3% 的消费者表示最担心的问题是食材不新鲜，30.1% 的消费者担心的问题是菜品存在卫生问题。除食材问题外，就餐环境不卫生（25.2%）、餐厅无证经营或超范围经营（23.4%）、加工操作间环境不卫生（23.3%）、从业人员未取得健康证（23.3%）、从业人员操作不规范（23.0%）等也是消费者在网红餐饮店消费时重点关注的食品安全问题。对于餐厅是否乱扔乱排废弃物、污染环境，消费者的关注程度相对较低（15.9%）（见图 15）。

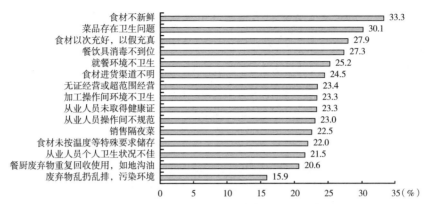

图 15 在网红餐饮店消费时消费者担心遇到的问题

3. 消费者最担心营养代餐食品的虚假宣传问题

在营养代餐食品消费方面，总体而言，消费者担心的食品安全问题集中在两方面：一是担心代餐食品存在虚假宣传（如虚标营养成分，虚拟宣传保健功效等），选择比例最高，占 46.6%；二是担心代餐食品的质量不合格（如采用廉价、低质量的原材料），选择比例也超过四成，占 45.2%。此外，对于营养代餐食品，消费者普遍担心的问题还包括：为过期或假冒伪劣产品（35.7%）、"三无"食品（33.6%）、配方单一易导致营养不均衡（32.8%）、为达到快速瘦身效果而违规添加药物成分（32.3%）、销售渠道不正规（28.2%）、不具备食品生产经营资质或超范围经营（27.8%）和没有关于正确食用频率和方法的说明（27.4%）（见图16）。

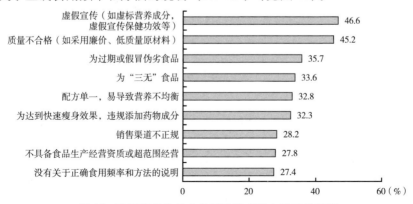

图 16 购买营养代餐食品时消费者担心遇到的问题

4. 消费者最担心直播带货食品出现山寨或假冒伪劣食品

对于直播带货食品，消费者最担心的是销售山寨食品或假冒伪劣食品问题（35.0%），其次关注的分别是使用低质或劣质原材料问题（34.8%）和虚假宣传，实物与直播讲解存在较大差异（31.6%）。对于是否违规对食品进行分装销售（22.2%）、售后维权难度大（20.5%），消费者的关注程度相对较低（见图17）。

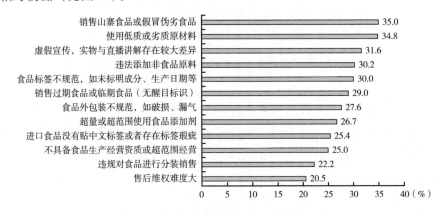

图17 直播带货时消费者担心遇到的问题比例

二 食品消费新场景

消费者需求的多样化以及消费者对品质追求的提升，促使传统的餐饮企业谋求多元化发展，不断拓展新的消费场景。在新冠肺炎疫情影响下，食品消费场景发生了深刻变化，传统的社交场景、聚集性消费场景受到限制，用户线上消费的习惯逐渐养成，线上线下餐饮消费场景融合发展的趋势更加明显。

本次研究重点调查了三类新兴的食品消费场景：一是零售＋餐饮体验店，例如盒马鲜生、超级物种等，把餐厅业态纳入实体零售店，消费者在店内选购食材后可以现场制作并堂食；二是无人售卖机/便利店，主要提供非接触式、轻量化的餐饮服务；三是网络生鲜电商平台，如每日优鲜、京东到家等品牌。有数据显示,自 2020 年疫情发生以来,中国生鲜线上零售占比已达 14.6%,生鲜电商行业规模达 4584.9 亿元,用户网购生鲜习惯逐步养成、生鲜电商用户覆盖面越发广泛。

(一)不同新场景中的消费总体状况

总体来看,消费者最经常遇到的场景是网络生鲜电商平台,共有 48.4% 的受访者有过消费经历;其次是零售 + 餐饮体验店,有过该类场景内消费经验的受访者占 47.8%;最少消费的场景是无人售卖机/便利店,有过消费经历的受访者不足三成(29.1%),超过七成的受访者没有在该场景内购买过食品(70.9%)。

具体到消费频率方面,消费者经常购物的频率集中在平均每周 1~2 次。在零售 + 餐饮体验店和网络生鲜电商平台消费的受访者中,平均每周 1~2 次购物的比例均超过四成,分别占 42.0% 和 40.3%。

网络生鲜电商平台、无人售卖机/便利店的高频消费比例相对较高,平均每周 3 次以上的消费比例分别占 8.1% 和 6.7%(见图 18)。

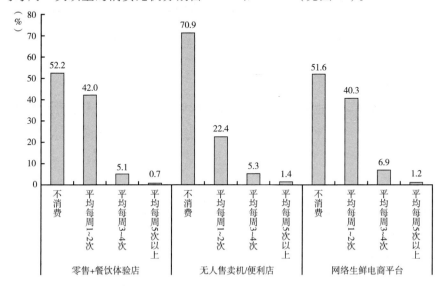

图 18　不同场景的消费频率分布

1. 一线城市是零售 + 餐饮体验店和网络生鲜电商平台的主阵地

从调查结果来看，一线城市消费者在网络生鲜电商平台和零售 + 餐饮体验店消费的频率显著高于二线及以下城市。在网络生鲜电商平台每周消费 5 次以上的群体中，一线城市消费者占比为56.7%，零售 + 餐饮体验店的高频率消费者中，一线城市占比超过七成，占比为73.8%。相比之下，二线城市消费者在新场景下的消费频率集中在每周 3～4 次，占比均在 40% 以上。新场景下，三四线城市消费者的比例明显较低，消费频率集中在每周 1～2 次（见图 19）。

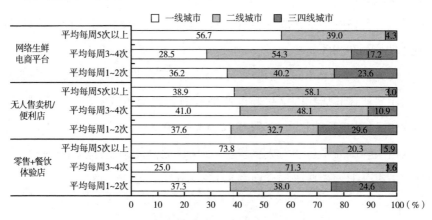

图 19 不同城市在新场景中的消费频率分布状况

2. 女性在新场景中的消费更加积极

分性别来看，女性在零售 + 餐饮体验店和网络生鲜电商平台方面的消费频率高于男性。每周平均在网络生鲜电商平台上消费 3 次及以上的女性消费者占 9.8%，男性占 6.2%；在零售 + 餐饮体验店消费 3 次及以上的女性消费者占 7%，男性占 4.7%。在无人售卖机/便利店消费，性别差异相对并不明显，男性在低频消费频率（每周 1～2 次）上的比例（22.9%）略高于女性（21.9%）（见图 20）。

3. 食品新消费场景具有鲜明的年轻化特征

从年龄上看，食品新消费场景具有鲜明的年轻化特征，主要消费群体集中在 80 后、90 后和 00 后年龄段。对于零售 + 餐饮体验店，90 后和 80 后是

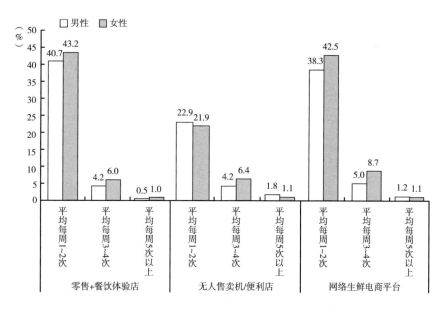

图 20　不同性别群体在新场景中的消费频率分布状况

最主要的消费群体，这两个年龄段中在该场景下消费的比例均超过六成，分别占 65.3% 和 64.6%。无人售卖机/便利店更受到 00 后消费者的欢迎，有 54.0% 的 00 后受访者在此购买过食品，显著高于其他年龄群体。在网络生鲜电商平台方面，三个年龄段群体的消费比例较为接近，均占 60% 左右（见图 21）。

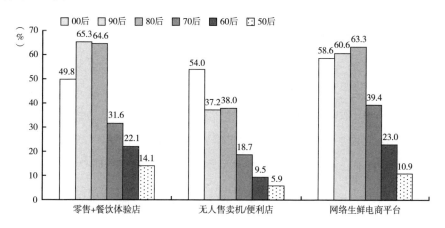

图 21　不同年龄段群体在新场景中的消费频率分布状况

4. 高收入家庭更有可能成为新场景中的消费者

从收入状况来看，家庭年收入水平越高，选择在新场景中进行食品消费的比例也越高。对于零售＋餐饮体验店，家庭年收入在 20 万元以上的消费者中有 72.2％的人有过消费经历，而家庭年收入不足 10 万元的消费者仅占不到三成（28.6％）（见图 22）。

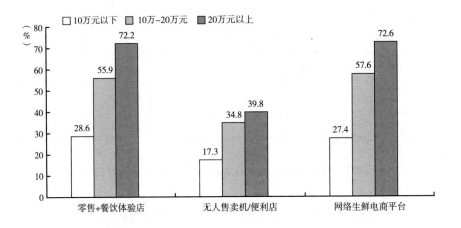

图 22　不同家庭收入群体在新场景中的消费频率分布状况

5. 互联网从业者更倾向于新兴食品消费场景

从受访者的职业类型上看，互联网行业从业人员在新场景中进行食品消费的比例要远高于非互联网从业者。七成以上的互联网从业者有过零售＋餐饮体验店消费（74.1％），而非互联网从业者的比例不到半数（46％）；在无人售卖机/便利店购物方面，互联网从业者的消费占比几乎是其他行业人员的 2 倍，分别占 52.8％和 27.5％；对于网络生鲜电商平台消费，不同行业人员的消费比例差距相对较小，但互联网从业者占比仍达到 63.2％，显著多于其他行业人员的 47.4％（见图 23）。不过从消费频率来看，无论行业如何，消费者在新场景中的购物频率均集中在平均每周 1～2 次。

（二）不同场景中消费者遇到或担心出现食品安全问题的情况

从调查结果看，消费者在新场景中遇到食品安全问题的比例较低，对各

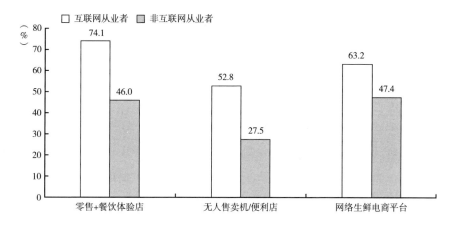

图23 不同行业从业者在新场景中的消费频率分布状况

消费场景中的食品安全状况大多比较放心。具体而言，消费者在无人售卖机/便利店购物时遇到食品安全问题的比例相对较高，占 5.6%，同时也对该场景中出现食品安全问题比较担心，占 46.9%。此外，还有 3.7% 的消费者在网络生鲜电商平台购物时遇到过食品安全问题。零售＋餐饮体验店的食品安全环境则较好，遇到过食品安全问题的比例仅为 2.0%，消费者的放心程度也最高，达到 60.5%（见图24）。

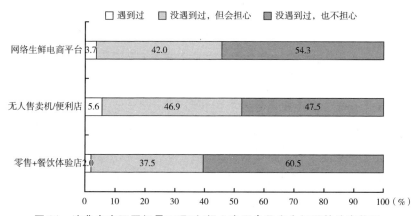

图24 消费者在不同场景下遇到/担心出现食品安全问题的分布状况

1. 城镇地区无人售卖机/便利店的食品安全风险相对较高

从城乡分布来看，与食品新业态情况类似，城镇地区消费者相对更容易遇到食品安全问题，对于新场景下的食品安全问题也更为担心。特别是在无人售卖机/便利店消费，城镇地区消费者中有7.2%的人遇到过食品安全问题，远高于乡村地区的1.3%。

城镇地区和乡村地区消费者没遇到过但最会担心出现食品安全问题的是无人售卖机/便利店场景，占比分别为45.9%和49.5%；其次是网络生鲜电商平台，占比为44.3%和35.8%。对零售+餐饮体验店的食品安全问题较为放心，消费者表示担心的比例均在40%以下（见表3）。

表3　城乡居民遇到/担心新场景下食品安全问题的分布状况

单价：%

类别	遇到/担心出问题情况	城镇	乡村
零售+餐饮体验店	遇到过	2.2	1.6
	没遇到过，但会担心	39.5	32.9
	没遇到过，也不担心	58.3	65.5
无人售卖机/便利店	遇到过	7.2	1.3
	没遇到过，但会担心	45.9	49.5
	没遇到过，也不担心	46.9	49.2
网络生鲜电商平台	遇到过	4.0	2.7
	没遇到过，但会担心	44.3	35.8
	没遇到过，也不担心	51.7	61.4

2. 遇到食品安全问题的消费者集中分布在一线和二线城市

分城市来看，一线和二线城市消费者相对更容易遇到新场景下的食品安全问题，而三四线城市则相对较少。在零售+餐饮体验店中遇到过食品安全问题的消费者当中，47.1%来自二线城市，42.5%来自一线城市，仅有10.5%的人来自三四线城市；在无人售卖机/便利店中遇到食品安全问题的消费者当中，接近六成来自一线城市（58.4%），几乎两倍于二线城市的比例（30.1%），而来自三四线城市的占比仅为11.5%；对于在网络生鲜电商平台遇到问题的消费者，来自一线城市和二线城市的比例相对接近，分别为43.0%和40.5%，同样明显高出三四线城市的比例（16.5%）（见图25）。

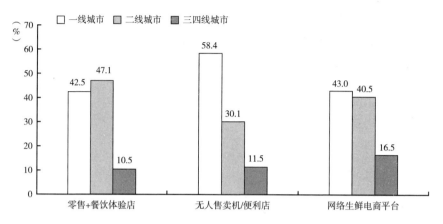

图25 不同城市消费者在新场景中遇到过食品安全问题的分布

从担心程度来看，相较于一线城市，来自二线城市的消费者更加担心新场景中出现食品安全问题。例如，对网络生鲜电商平台食品安全问题表示担心的消费者中，来自二线城市的受访者占比过半，达到51.7%，一线城市占32.4%，三四线城市仅占15.9%（见图26）。

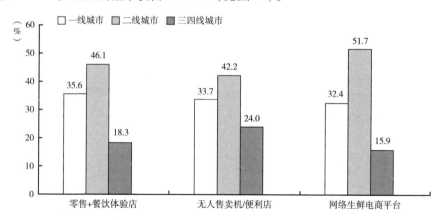

图26 不同城市消费者担心在新场景中出现食品安全问题的分布

3.食品安全素养较低的消费者最不放心网络生鲜平台

根据调查数据，食品安全知识素养处于不同水平的受访者对不同场景中出现食品安全问题的担心程度有所不同。食品安全素养属于高水平的消费者担心零售＋餐饮体验店、无人售卖机/便利店出现食品安全问题的比例相对较高，分别占到 42.0% 和 58.4%；食品安全素养属于中等水平的消费者对无人售卖机/便利店相对较为担心，占比为 50.8%；食品安全素养相对较低的消费者，最为担心的新场景同样是无人售卖机/便利店（45.8%），其次是网络生鲜电商平台（45.1%）。对于食品安全知识不太了解的消费者，担心网络生鲜电商平台出现食品安全问题的比例明显高于其他两类群体（见图 27）。

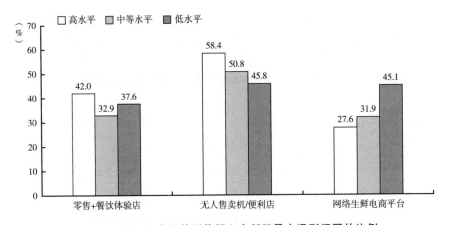

图 27　不同知识水平的群体担心在新场景中遇到问题的比例

（三）不同消费场景中的消费者关注的主要问题

本次调查进一步询问了受访者在三类新场景中消费时担心出现的具体问题。

1. 对零售＋餐饮体验店主要担心销售的散装食品质量安全

对于零售＋餐饮体验店，消费者最为担忧的问题集中在店内销售的食品质量上。其中，担心店内售卖的散装食品出现"三无"问题的选择比例最高，达到 35.9%；第二担心出现的是食品新鲜度不佳的问题，占 35.1%；第三担心的是销售过期食品问题，占比为 34.4%。对于食品错发漏发、配送超时、未经允许开通会员等问题，消费者的担心程度相对较低（见图 28）。

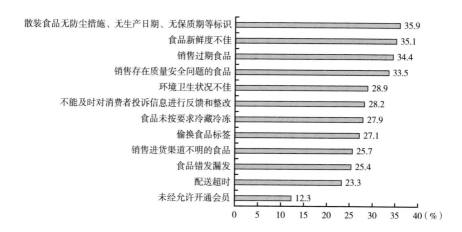

图 28   在零售 + 餐饮体验店消费时担心遇到的主要问题

2. 对无人售卖机/便利店最担心产品退换不便利

对于无人售卖机/便利店,消费者最担心的问题是产品退换不便利,选择比例超过半数,占 56.1%;其他主要担心的问题包括销售存在质量安全问题的食品（44.6%）、销售柜/货架清洁不及时（41.8%）、食品未按要求冷藏冷冻（39.1%）等（见图 29）。

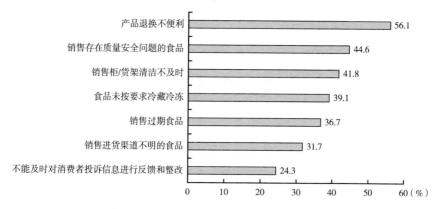

图 29   在无人售卖机/便利店消费时担心遇到的主要问题

3. 对网络生鲜电商平台主要担心食品新鲜程度

对于网络生鲜电商平台,消费者购物时最担心遇到食品新鲜度不佳的问题，选择比例超过三成（32.3%）。其他主要担心的问题同样集中在产品质量方面，比如销售"三无"食品（28.0%），销售假冒伪劣食品，或以假充真、以次充好（27.6%）和销售进货渠道不明的食品（26.8%）等。除食品本身的质量外，对于食品配送环节，消费者较为关注的问题包括食品在运输过程中受损严重问题（23.2%），担心退换货难、售后服务差（22.2%），以及未按要求冷藏冷冻和运输的问题（21.9%）（见图30）。

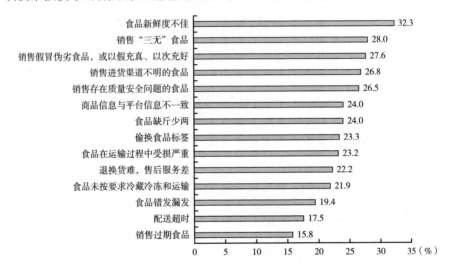

图30　在网络生鲜电商平台消费时担心遇到的主要问题

三　研究结论

本报告主要从近年来食品消费市场中快速发展的新业态和新场景两方面入手，分析了消费者的消费频率、遇到食品安全问题的情况以及消费者主要关注的食品安全相关问题。现将主要结论总结归纳如下。

1. 食品消费新业态已逐步渗透各级市场，主要消费群体的特征较为突出

一是食品新业态在城镇和乡村地区的消费比例均已达到40%且地区差异较小。主要业态类型，比如网红零食和饮品、营养代餐食品的经常消费比例均在5%左右。

二是食品新业态的消费群体现出一些新的特征。除传统市场中延续的性别特征外，高学历、高收入的 90 后已成为食品新消费的主力群体，00 后的消费潜力也已经显现。此外，新业态营销方式和宣传渠道的多元化，也吸引了大批热衷于尝试新鲜事物的消费者，对于推动食品生产和销售市场不断创新起到一定的刺激作用。

2. 下沉市场中营养代餐和直播带货的食品安全问题值得关注，特别是产品质量和虚假宣传问题

调查发现，二线城市的消费者遇到网红产品出现食品安全问题的情况相对较多，出现问题或消费者比较担心出问题的业态主要是营养代餐食品和直播带货食品。在购买直播带货食品遇到问题和担心营养代餐食品出现问题的消费者中，来自二线城市的占比均达到或超过半数。对于网红零食和饮品、网红餐饮店等业态，消费者最关注的依然是食品质量安全问题。对于营养代餐食品和直播带货食品，消费者的关注重点则在是否虚假宣传、是否销售假冒伪劣产品方面。

3. 新场景主要在一线和二线城市，下级市场渗透率相对较低，互联网特征明显

第一，网络生鲜电商平台和零售＋餐饮体验店的高频消费者中，一线城市占比分别达到 56.7% 和 73.8%，而三四线城市的高频消费占比普遍在 10% 以下，低频消费的比例也不足三成。

第二，新场景下的消费者同样体现出年轻化、高收入的特征，家庭年收入在 20 万元以上的消费者中有 72.2% 的人有过新场景的消费经历，而家庭年收入不足 10 万元的消费者仅占不到三成（28.6%）。此外，食品消费的新场景具有鲜明的互联网特征，调查显示，互联网行业从业人员在新场景中进行食品消费的比例均远高于非互联网从业者。

4. 无人售卖机/便利店的食品安全风险较高，网络电商平台的食品新鲜度问题值得关注

调查显示，消费者最担心出现食品安全问题的场景均为无人售卖机/便利店，在遇到食品安全问题的消费者当中，接近六成来自一线城市

（58.4%）。

食品消费场景的延伸对于消费者的食品安全素养提出了更高要求，对于不太掌握食品安全知识的消费者，他们对新消费场景下的食品安全问题更加担心。

在具体问题上，零售＋餐饮体验店需重点关注散装食品质量安全，无人售卖机/便利店需重点关注产品退换等售后问题，对于在一、二线城市已较为普及的网络生鲜电商平台，消费者最为关心的是其售卖食品的新鲜程度。

公众网络健康素养与谣言辨识力对食品安全信心的影响路径研究

杨　恒　金兼斌*

摘　要：食品安全问题与公众日常生活息息相关，提高公众的食品安全信心对公众个人生活、市场发展与社会稳定都具有积极意义。本研究通过概率抽样调查发现，公众对我国当前食品安全形势的认知总体来看十分严峻，对于食品安全管理部门的信任度不高。统计分析发现，公众的网络健康素养能降低对当前食品安全风险的严重性感知，提高公众应对风险的感知控制力，能够有力提升公众的食品安全信心。感知严重性则是威胁公众食品安全信心的最大风险因素。研究启示要加大食品安全科普力度，提高公众的整体网络健康素养与识谣辨谣能力，并进行市场环境和舆论环境的配合整治，通过降低公众的感知严重性提振其食品安全信心和消费意愿。

关键词：网络健康素养　食品安全信心　感知风险　感知控制　食品谣言

民以食为天，食以安为先。食品安全与公众生活息息相关，人们对食物的第一要求就是安全。如果食品安全无法得到保障，公众的生命健康安全和社会

---

*　杨恒，清华大学新闻与传播学院博士生，研究方向为科学传播、健康传播；金兼斌，博士，清华大学新闻与传播学院教授、博士生导师，主要研究方向为科学传播、新媒体传播效果。

秩序的稳定将受到直接威胁。随着人们生活质量的提高和健康意识的增强，食品的安全性越来越受到公众的重视。近年来屡屡出现的各类食品安全事件频繁造成社会恐慌情绪，单一的食品安全事件或许仅会影响特定品类产品的市场消费行为，但是接连发生的食品安全事件势必会损害消费者整体的食品安全信心①。

随着网络成为公众获取健康信息的主要渠道，各种有关食品安全的谣言信息在网络环境下大肆传播，加剧了食品安全事件风险传播的扩大化和风险程度的放大化。据统计，食品安全类谣言占网络总谣言的45%，位居各类型谣言榜首②。这或许会进一步加剧公众对当前食品安全现状的担忧和不信任，抑制公众消费信心，破坏社会秩序。在这种情况下，提升公众的健康素养及其识谣辨谣能力，显得尤为重要。因此，本报告从公众健康素养的角度出发，研究公众健康素养水平的提升是否有利于增强其食品安全信心以及其中具体的作用机制，以期为提升公众的食品安全信心提供经验证据上的支持和政策制定上的参考依据。

一 文献综述与研究假设

（一）健康素养与食品安全信心

食品安全信心是一种潜在的信念，即食用食品不会对人们的健康和环境造成任何不利影响③。信心建立在公众熟悉的基础之上，并由日常生活的积极经验积累而来④。当食品安全事件发生时，消费者的信心会相应下降⑤。

---

① 巩顺龙、白丽、陈晶晶：《基于结构方程模型的中国消费者食品安全信心研究》《消费经济》2012年第2期，第53~57页。

② 冯强、马志浩：《网络谣言的传播效果与社会阶层差异——以网络食品谣言为分析对象》，《新闻与传播评论》2019年第4期，第29~42页。

③ Jonge, J. D., Trijp, H. V., Renes, R. J., & Frewer, L. "Understanding Consumer Confidence in the Safety of Food: Its Two Dimensional Structure and Determinants." *Risk Analysis*, (2007). 27.

④ Siegrist, M., Earle, T. C., & Gutscher, H. "Test of a Trust and Confidence Model in the Applied Context of Electromagnetic Field (EMF) Risks." *Risk Analysis*, (2003). 23.

⑤ Hansen, J., Holm, L., Frewer, L., Robinson, P., & Sande, P. "Beyond the Knowledge Deficit: Recent Research into Lay and Expert Attitudes to Food Risks." *Appetite*, (2003). 41 (2), 111–121.

先前研究发现，公众对食品安全的信心包含了两个维度，即乐观态度和悲观态度。公众在这两种态度上并不是非此即彼的，而是交织共存的①。例如，有些公众虽然怀疑食品标签的真实性，但仍然选择信任食品标签内容②。

影响食品安全信心的主要因素便是公众的健康素养③，但其具体的作用路径还有待进一步探索。健康素养即个体能够获得和理解日常健康决策所需的各种基本健康信息和健康服务的程度④。这包括了阅读和理解健康文本的能力、查找和使用信息的能力、倾听和回应能力以及书面写作能力等等⑤。健康素养较高的人更可能有促进健康的各种行为⑥，除了自我照护、预防保护、整体健康外，还与人们的日常食品消费和营养行为紧密相关⑦⑧⑨。随着互联网的广泛普及与应用，大多数人选择使用互联网来搜索获取与健康相关

① Jonge, J. D., Trijp, J., Lans, I., Renes, R. J., & Frewer, L. J. "How Trust in Institutions and Organizations Builds General Consumer Confidence in the Safety of Food: A Decomposition of Effects." *Appetite*, (2008). *51* (2), 311 – 317.

② Kleef, E. V., Frewer, L. J., Chryssochoidis, G. M., Houghton, J. R., Korzen-Bohr, S., Krystallis, T., ⋯⋯Rowe, G. "Perceptions of Food Risk Management Among Key Stakeholders: Results from A Cross-European Study." *Appetite*, (2006). *47* (1), 46 – 63.

③ Fishman, L. Food Safety and Health Literacy. (2011).

④ Ratzan, S. C., & Parker, R. M. "Health Literacy-identification and Response." *Journal of Health Communication*, (2006). *11* (8), 713.

⑤ Baker, D. W. "The Meaning and the Measure of Health Literacy." *Journal of General Internal Medicine*, (2006) *21* (8).

⑥ Ozturk, F. O., & Ayaz-Alkaya, S. "Health Literacy and Health Promotion Behaviors of Adolescents in Turkey." *Journal of Pediatric Nursing*, (2020). *54*.

⑦ Hyman, A., Stewart, K., Jamin, A. -M., Novak Lauscher, H., Stacy, E., Kasten, G., & Ho, K. "Testing A School-based Program to Promote Digital Health Literacy and Healthy Lifestyle Behaviours in Intermediate Elementary Students: The Learning for Life Program." *Preventive Medicine Reports*, (2020). *19*, 101149.

⑧ Koa, A., Aao, B., & Mo, C. "Influence of Health Literacy on Health Promoting Behaviour of Adolescents with and without Obesity." *International Journal of Africa Nursing Sciences.* (2021).

⑨ Li, S., Cui, G., Yin, Y., Wang, S., Liu, X., & Chen, L. "Health-promoting Behaviors Mediate the Relationship Between eHealth Literacy and Health-related Quality of Life Among Chinese Older Adults: A Cross-sectional Study." *Quality of Life Research*, (2021). *30* (8), 2235 – 2243. doi: 10. 1007/s11136 – 021 – 02797 – 2

的信息，健康素养也逐渐有了内涵的重新定义，更多与网络健康素养联系起来[①]。网络健康素养即个人通过网络获取健康相关信息的意识，寻求、发现、理解和评估健康信息的能力，以及利用这些信息解决健康相关问题的能力[②③]。不过从概念的测量上看，当前许多测量网络健康素养的量表工具测量的都是公众自我评估的网络健康素养，对客观网络健康素养的测量标准尚未统一。从客观的网络健康素养上看，我们认为对网络健康信息的识别、判定是尤其重要的方面，对网络信息的判断力直接关系公众对当前食品安全风险的认识程度与风险规避行动。有研究发现，具有更高网络健康素养的人有更多健康信息的搜索策略，能够获取到更多健康信息[④]，信息的交叉求证有可能使其对当前食品安全风险状况的认知维持在一个较为理性客观的水平，有更低的可能性感知到风险的社会放大效应，也有更多的方式对食品安全的可能风险进行规避，具有更强的自我效能感[⑤]。

因此我们提出研究假设：

H1　网络健康素养负向预测公众对食品安全风险的感知严重性，网络健康素养越高，感知严重性越低。

H2　网络健康素养正向预测公众对食品安全风险的感知控制力，网络健康素养越高，感知控制力越高。

① Aslan, G. K., Kartal, A., Turan, T., Yiitolu, G. T., & Kocakabak, C.（2021）. "Association of Electronic Health Literacy with Health-promoting Behaviours in Adolescents." *International Journal of Nursing Practice*.

② Sharma, S., Oli, N., & Thapa, B. "Electronic Health-literacy Skills Among Nursing Students." *Adv Med Educ Pract*,（2019）. *10*, 527 – 532. doi：10. 2147/amep. S207353

③ Stellefson, M., Hanik, B., Chaney, B., Chaney, D., & Chavarria, E. A. "eHealth Literacy Among College Students: A Systematic Review With Implications for eHealth Education." *Journal of Medical Internet Research*,（2011）. *13*（4）, e102.

④ Tennant, B., Stellefson, M., Dodd, V., Chaney, B., & Alber, J. "eHealth Literacy and Web 2. 0 Health Information Seeking Behaviors Among Baby Boomers and Older Adults." *Journal of Medical Internet Research*,（2015）. *17*（3）, e70.

⑤ Cha, E., Kim, K. H., Lerner, H. M., Dawkins, C. R., Bello, M. K., Umpierrez, G., & Dunbar, S. B.（2014）. "Health Literacy, Self-efficacy, Food Label Use, and Diet in Young Adults." *American Journal of Health Behavior*, *38*（3）, 331 – 339. doi：10. 5993/AJHB. 38. 3. 2

由于现行的网络健康素养测评工具以主观自我报告为主，我们认为客观的素养水平尤其是常识性健康知识水平和对当前舆论环境中的食品安全谣言的辨识力是更客观的一个预测变量。有研究发现，网络食品谣言的信谣程度增加了受访者对食品安全问题的恐慌程度[①]。因此我们认为：

H3 谣言辨识力负向预测食品安全风险感知严重性，辨识力越高，则感知严重性越低。

H4 谣言辨识力正向预测公众对食品安全的感知控制力，辨识力越高，则感知控制力越高。

（二）政治信任与食品安全信心

就某种产品而言，公众对其信任一般包含对作为具体产品的信任以及对提供产品的组织机构的信任，后一种信任即为制度性信任。在产品信息获取不充分的时候，公众往往会根据制度性信任水平进行相关决策，制度性信任有时比产品信任更为关键。在食品安全领域，公众对食品安全的信心程度则可能部分取决于对食品生产者以及相关监管机构的信任程度，以及这些机构提供的食品风险信息[②]。由于食品生产系统的多环节复杂性，公众更多地依赖制度性信任来弥补他们对食品生产过程知情和知识的不足[③]。尽管食品安全问题因为其生产环节的复杂性，是各方共同承担的责任，但是与其他相关者而言，某些相关者对确保食品安全更为重要[④]。一般而言，食品安全的监督管理部门对食品安全的影响更大。公众对食品安全风险管理部门的信任可能是影响公众整体食品安全信心的重要驱动因素之一。因此我们提出研究假设：

① 冯强、马志浩：《网络谣言的传播效果与社会阶层差异——以网络食品谣言为分析对象》，《新闻与传播评论》2019 年第 4 期，第 29～42 页。

② Grunert, K. G. "Current Issues in the Understanding of Consumer Food Choice." *Trends in Food Science & Technology*, (2002), 13 (8), 275–285.

③ Kleef, E. V., Frewer, L. J., Chryssochoidis, G. M., Houghton, J. R., Korzen-Bohr, S., Krystallis, T., ……Rowe, G. "Perceptions of Food Risk Management Among Key Stakeholders: Results from A Cross-European Study." *Appetite*, (2006). 47 (1), 46–63.

④ Priest, S. H., Bonfadelli, H., & Rusanen, M. "The 'Trust Gap' Hypothesis: Predicting Support for Biotechnology Across National Cultures as a Function of Trust in Actors." *Risk Analysis*, (2003). 23.

H5　公众对食品安全监管机构的信任水平正向预测公众的食品安全信心。

期望的实现是信任建立的基础，这种期望又可分为对工具性品质、道德品质与信用品质三种类型品质的信任，即对政府部门是否具有履行保障民生能力的判断与其保障公众生活的意愿程度两个方面的信任[1]。对一般公众而言，这种政治信任是十分抽象的，其信任的直接来源主要是公众日常生活的经验积累和对以往食品安全事件中监管部门表现的判断[2][3]。当公众的健康素养越高，对食品安全监管部门的权责、能力或许会有更客观的认知，在谣言横行的舆论环境下更能够做出独立的理性判断。因此我们提出研究假设：

H6　网络健康素养正向预测公众对食品安全监管部门的信任水平，健康素养越高，信任程度越强。

在互联网成为公众主要健康信息获取渠道后，许多有关公众切身利益的健康谣言也在各种网络平台大行其道，损害了公众的生命健康安全与社会信任水平。各类型谣言往往会对政府产生负面的影响，在谣言辨识能力不足或辟谣信息缺失的环境下，谣言的传播会激发公众对政府的负面情感。公众越是接触各类型谣言，越可能增加对政府的不信任感[4]。研究发现，公众对网络谣言严重性的感知程度显著地降低了受访者的政治信任，对制度性信任具有系统的破坏效应[5]。在这种环境下，无论是对于自我健康保证还是社会秩序稳定，公众对各类型谣言的识别能力都显得尤为重要。因此我们提出研究

① 李艳霞：《何种信任与为何信任？——当代中国公众政治信任现状与来源的实证分析》，《公共管理学报》2014年第2期。

② Bai, L., Wang, M., Yang, Y., & Gong, S. "Food Safety in Restaurants: The Consumer Perspective." *International Journal of Hospitality Management*, (2019) 77, 139 - 146.

③ Haas, R., Imami, D., Miftari, I., Ymeri, P., Grunert, K., & Meixner, O. "Consumer Perception of Food Quality and Safety in Western Balkan Countries: Evidence from Albania and Kosovo." *Foods (Basel, Switzerland)*, (2021). 10 (1), 160. doi: 10.3390/foods10010160

④ Huang, & Haifeng. "A War of (Mis) Information: The Political Effects of Rumors and Rumor Rebuttals in an Authoritarian Country." *Social Science Electronic Publishing*, (2012). 47 (02), 283 - 311.

⑤ 冯强、马志浩：《网络谣言的传播效果与社会阶层差异——以网络食品谣言为分析对象》，《新闻与传播评论》2019年第4期，第29~42页。

假设:

H7 谣言辨识力正向预测公众对食品监管部门的信任水平,辨识力越高,则信任水平越强。

(三)感知严重性、感知控制与食品安全信心

风险是对人们生活有影响的负面事件发生可能性与实际发生情况的差异。在潜在的风险面前,人们会根据自己的主观认知做出风险评估与应对决策,因此风险是一个主观的概念①。对不同的人而言,同一件负面事件对其造成的风险程度是不同的。不过相比于其他类型的风险,食品安全风险与人们的日常生活息息相关而又无法规避,因此其造成的后果及公众的态度往往更为激烈。有研究表明,许多食品安全事件虽然本身的危害性并不大,但是当公众主观感知的风险性较严重时,其造成的社会损失往往会大于食品安全事件造成的直接危害②。因此,对食品安全风险的感知严重性将直接作用于公众的食品安全信心,并引发进一步的风险应对行为。因此我们认为:

H8 食品安全风险的感知严重性负向预测公众的食品安全信心,感知严重性越高,食品安全信心越低。

除了主观感知的风险水平外,影响公众食品安全信任的还包括对自己可能遭遇的食品安全风险的规避及抵抗能力的评估。一般而言,个体感知风险水平越高,其采取降低风险措施的意愿也越强烈③。对食品安全的研究发现,当公众感知到的食品安全风险水平越高,则越具有风险规避的愿望并为之付诸行动,包括更多的风险信息寻求等④。此类风险规避行为即获取充分的风险

---

① 赖泽栋、杨建州:《食品谣言为什么容易产生?——食品安全风险认知下的传播行为实证研究》,《科学与社会》2014 年第 1 期,第 112 ~ 125 页。

② 赖泽栋、杨建州:《食品谣言为什么容易产生?——食品安全风险认知下的传播行为实证研究》,《科学与社会》2014 年第 1 期,第 112 ~ 125 页。

③ Mahon, D. , & Cowan, C. "Irish Consumers' Perception of Food Safety Risk in Minced Beef. " *British Food Journal*, (2004) . *106* (4), 301 – 312.

④ Verbeke, & Wim. "Impact of Communication on Consumers' Food Choices. " *Proceedings of the Nutrition Society*, (2008) . *67* (03), 281 – 288.

信息，评估自身的风险应对能力，以进行进一步的健康决策①。对风险的控制能力，或者说风险的规避能力，决定了公众应对风险的信心水平与具体应对方式的选择。因此我们提出研究假设：

H9 感知控制与公众食品安全信心正相关，感知风险的控制力越强，食品安全信心越强。

本报告的理论框架如图1所示。

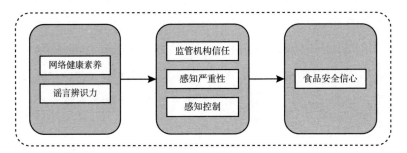

图1 研究理论框架

二 研究设计

（一）样本获取

本报告分析数据来自中国食品安全报社委托开展的全国公众食品安全调查项目。调查采用多阶段随机抽样的方式，于2021年10月对沈阳、北京、上海、德州、淮南、武汉、商丘、广州、成都和西安共10个城市普通公众进行拦截访问和网络调查，覆盖东北、华北、华东、华中、华南、西南和西北七大区域。调查共获取有效样本N=2055，其中拦截调查n=1055，在线调查n=1000。样本的人口属性如表1所示。

---

① Vainio, A., Kaskela, J., Finell, E., Ollila, S., & Lundén, J. "Consumer Perceptions Raised by the Food Safety Inspection Report: Does the Smiley Communicate a Food Safety Risk?" *Food Control*, (2020). *110*, 106976.

表 1　受访者人口学属性（N = 2055）

单位：份，%

类别	属性	频率	占比
性别	男性	1043	50.8
	女性	1012	49.2
年龄	18 岁以下	0	0
	18～24 岁	388	18.9
	25～34 岁	440	21.4
	35～44 岁	477	23.2
	45～54 岁	380	18.5
	55～69 岁	370	18.0
	70 岁及以上	0	0
居住地	城镇	1481	72.1
	农村	574	27.9
文化程度	初中及以下	423	20.6
	高中/中专/技校	821	40.0
	大专/大学本科/研究生	807	39.3
	其他	4	0.1
婚姻状况	未婚	467	22.7
	已婚	1565	76.2
	离异	19	0.9
	丧偶	3	0.1
	其他	1	0.1
家庭年收入	5 万元以下	286	13.9
	5 万(含)～10 万	497	24.2
	10 万(含)～15 万	624	30.4
	15 万(含)～20 万	321	15.6
	20 万(含)～25 万	122	5.9
	25 万(含)～30 万	107	5.2
	30 万(含)～35 万	36	1.8
	35 万元以上	35	1.7
	拒答/说不清	27	1.3

（二）概念测量

1. 网络健康素养

随着互联网的广泛渗透，对健康素养的理解从一般性的对健康知识的掌握逐渐转变为互联网时代中获取和利用健康信息的能力，对健康素养的测量也从一般性的知识测量发展为网络健康素养测量。对于网络时代公众的健康素养测量，本研究使用了"网络健康素养量表（eHEALS）"中的 5 个题项进行测量。该量表测量了公众对自己在互联网环境中获取健康信息的渠道、利用方式、质量把控、健康决策能力的评判，因此是一种主观报告的健康素养[①]。示例题项如"我知道互联网上有哪些有用的健康信息""我可以分辨信息的质量高低""我对使用这些信息做出和饮食健康有关的决定充满信心"。测量采用了李克特五分量表法，答案从"非常不同意"到"非常同意"，使用题项均值作为受访者的健康素养得分，分值越高，则健康素养越高。测量的均值 M = 3.58，标准差 SD = 0.79，测量的信度系数 α = 0.91。

2. 谣言辨识力

对于受访者食品谣言识别能力的测量，我们使用了中国科协科学辟谣平台与中国食品科学技术学会共同发布的"2020 年食品安全与健康流言榜"中的 8 个与食品安全相关的谣言，请受访者进行正误判断。这些谣言是最常见的广泛流传于互联网平台中的、与人们的日常生活息息相关的伪信息，因此具有一定的代表性。示例测量题项有"冷链食品外包装发现新冠活病毒，不能再吃冷冻食品了""复原乳没有营养，其实是假牛奶""吃冷冻肉有害健康""超市中卖的食品，使用塑料包装会引发癌症"等。由于这些表述均是错误的流言，我们请受访者对这些流言进行正误判断，以测量受访者对谣言的辨识力的高低。选择"正确"选项的计分为 0，选择"错误"选项

---

① Norman, C. D., & Skinner, H. A. "eHEALS: The eHealth Literacy Scale." *Journal of Medical Internet Research*, (2006). 8 (4), e27.

的计分为1。参考之前一些研究者的做法，我们将回答"不知道"的答案视为错误回答，与回答"正确"选项一样计为0分①。采用累加的计分方式，8道题目的总分即为受访者的"谣言辨识力"的得分，得分越高，则受访者辨识网络食品安全谣言的能力越强。均值M=2.81，标准差SD=2.54。

3. 感知严重性与感知控制

对于公众对食品安全的风险程度与个体的控制能力的测量，我们使用1994年Sparks等提出的测量题项并进行了改编。对于感知风险的测量，使用题项"当前食品安全问题严重程度（1=不严重，5=非常严重）""食品安全问题相比于过去的变化（1=改善很多，5=严重很多）""食品安全问题给我们带来的风险（1=没有风险，5=巨大风险）"进行了测量，使用题项均值作为受访者的感知风险得分，得分越高，则感知到的食品安全风险程度越高。经测量，均值M=2.82，标准差SD=0.85，测量的信度系数α=0.737。

对于感知控制能力的测量，使用题项"我能把控我吃的食品的安全性""食品的安全与否取决于我如何处理食品"进行测量（1=非常不同意，5=非常同意），使用均值作为受访者的感知控制得分，分数越高，受访者感知到的控制能力越强。均值M=3.17，标准差SD=0.96，测量的信度系数α=0.68。

4. 监管机构信任

在食品安全领域，对监管机构的信任通常指的是对食品药监部门的信心程度。在测量上，我们则使用了2007年Jonge等提出的6个测量指标进行了测量。测量询问了受访者是否认同我们的食品安全监管部门"有保障食品安全的能力""有保障食品安全的专业知识""在食品安全问题上是诚实可信的""在食品安全问题上是公开透明的""重视公众的食品安全""在保障食品安全方面做得很好"，考虑到受访者的作答时间和精力，我们将该量表从李克特五分量表改成了累加式计分，每选择一项计1分，都不同意则计

---

① 冯强、马志浩：《网络谣言的传播效果与社会阶层差异——以网络食品谣言为分析对象》，《新闻与传播评论》2019年第4期，第29~42页。

为 0 分。因此，受访者在该指标上的得分介于 0 到 6 分，分值越高，对食品安全监管部门的信任越强。均值 M = 2.56，标准差 SD = 1.19。

5. 食品安全信心

我们使用了两个题项对公众当前的食品安全信心进行了调查，分别是"您对本市的食品安全总体状况满意吗""您在本市进行食品消费时的安全感如何"，采用五分量表法。均值 M = 3.74，标准差 SD = 0.71。测量的信度系数 α = 0.72。

6. 其他测量

除上述指标外，我们还测量了受访者的性别、年龄、受教育程度、收入水平、健康状况等变量，在下文的统计分析中作为控制变量。

三 数据分析与假设检验

（一）描述统计

从调查结果来看，公众整体的食品安全信心是很高的（M = 3.74）。与之相反，公众对当前的食品安全监督管理机构的信任水平较低，在 6 分的测量中平均分仅为 2.56 分。受访者对自己的网络健康素养水平的评分位于高位（M = 3.58），表明大多数公众认为自己具备在网络环境下获取、识别、利用各种与健康相关的信息的能力。不过从实际受访者对 8 道常见食品安全谣言信息的识别度来看，公众的平均得分并不高，8 道题目的平均分仅为 2.81 分，全部答对的受访者仅为 189 人，占比 9.2%；而全部答错的受访者为 422 人，占比 20.5%。这说明，公众对自己的网络健康素养存在严重高估的状况，实际的谣言辨识力相对较低。对于当前食品安全面临的形势，从受访者的认知来看较为不乐观（M = 2.82），表明大多数人依然认为当前的食品安全形势十分严峻。不过，公众对自己把控食品安全的能力还是较为乐观的（M = 3.17），大多数公众对食品安全都具有防范意识和较为自信的防范能力。

表 2 变量相关矩阵

变量	1. 性别	2. 年龄	3. 居住地	4. 文化程度	5. 经济状况	6. 网络健康素养	7. 谣言辨识力	8. 感知严重性	9. 感知控制	10. 监管机构信任	11. 食品安全信心
1. 性别	1										
2. 年龄	.031	1									
3. 居住地	.053*	-.038	1								
4. 文化程度	-.016	-.474**	-.109*	1							
5. 经济状况	-.040	-.123*	-.055	.152**	1						
6. 网络健康素养	-.075**	-.043	-.067**	-.061*	-.003	1					
7. 谣言辨识力	-.027	-.062**	-.093**	-.013	-.015	.097**	1				
8. 感知严重性	.046*	.077**	-.070**	.051*	-.009	-.231**	-.116**	1			
9. 感知控制	-.012	.165**	-.070**	-.082*	.035	.241**	-.009	-.030	1		
10. 监管机构信任	.002	-.066**	-.011	.108**	.024	.045*	.061**	-.062**	.110**	1	
11. 食品安全信心	-.071**	.136**	.024	-.161**	-.042	.531**	.075**	-.395**	.350**	.097**	1
M	1.49	3.95	1.28	2.2	4.31	3.58	2.81	2.82	3.17	2.56	3.74
SD	0.5	1.37	0.45	0.81	1.17	0.79	2.54	0.85	0.96	1.19	0.71

注：虚拟变量包括性别（1=男性，2=女性）、居住地（1=城镇，2=农村），*表示 $p < 0.05$，**表示 $p < 0.01$。

从表 2 的各变量相关矩阵来看，家庭经济状况与各变量的关系都不显著，表明不同经济水平的家庭对食品安全的态度都没有显著差异，食品安全是一个跨越经济水平的、全社会共同关注的问题。从食品安全问题的性别差异来看，性别与网络健康素养显著负相关，说明女性的网络健康素养显著低于男性，而感知到的当前食品安全问题的严重性则显著高于男性，因此女性对当前食品安全的信心程度显著低于男性。

随着年龄的逐渐增大，受访者的网络健康素养、谣言识别能力以及对食品安全监督管理部门的信任水平都逐渐下滑，感知的食品安全问题严峻程度上升，但感知到的自我控制力以及整体的对食品安全的信心随着年龄的增大正向升高，这可能是生活经验的丰富增加了公众应对食品安全问题的信心。

相较于居住于城市的受访者，居住在农村的受访者的文化程度和经济水平都相对更低，他们的网络健康素养、谣言识别力都显著地低于城市的受访者，对当前食品安全状况的严重性评估较低；相较于城市的受访者，他们也更加不认为自己有能力保障自身的食品安全。这可能使他们在当前谣言泛滥的信息环境下处于更为不利的地位。

网络健康素养作为一种主观评分，同反映客观知识水平的谣言辨识力的相关性虽然显著，但是相关系数非常小，表明这两者之间存在着受访者自身未意识到的明显差距。网络健康素养越高，则感知到食品安全风险的严重性越低，感知自我控制能力越强，对相关监管部门的信任也越强，与食品安全信念显著正相关。同样地，谣言识别力越强，则感知到的食品安全风险越低，对监管机构的信任越强，也有着更正向的食品安全信念。但是谣言识别力与这些变量的相关系数都比较小，因此还需要进一步的验证。

此外，感知严重性与对监管部门的信任水平显著负相关，有力地负向预测了公众的食品安全信心；而对自己面对食品安全风险的控制能力的自我评估，则与对相关监管部门的信任水平和食品安全信心都显著正相关。

（二）结构方程模型

为检验上文所提出的概念框架，明确上述变量间的相互关系及其作用路径，我们使用结构方程模型进行路径分析检验。由于结构方程模型在样本量过大时极易出现模型与数据的显著差异从而拒绝模型①，因此我们在样本中再次随机抽样，重新构成了包含 300 个样本的数据集，并利用 Amos，采用最大似然法（ML）对假设模型进行了验证。

根据表 3 模型拟合的结果可知，模型 $\chi^2 = 3.75$，p = 0.153 > 0.05，表明待验证模型与实际数据不存在显著的差异。从关键的绝对适配度指数如 GFI、AGFI、RESEA 和增值适配指数如 NFI、CFI 的结果来看，都符合结构方程模型的模型适配要求②，表明模型和数据的拟合情况很好，可以被接受。

表 3　SEM 模型拟合结果

拟合指数	χ^2	χ^2/df	GFI	AGFI	RMSEA	NFI	CFI
指数值	3.75	1.87	0.99	0.94	0.06	092	0.98
适配情况	适配	适配	适配	适配	适配	适配	适配

表 4　SEM 模型路径系数

影响路径	非标准化路径系数	SE	CR	P
网络健康素养→监管机构信任	-.118	.113	-1.045	.296
网络健康素养→感知严重性	-.175	.072	-2.408	.016
网络健康素养→感知控制	.214	.083	2.564	.010
谣言辨识力→监管机构信任	.014	.032	.428	.669
谣言辨识力→感知严重性	-.029	.021	-1.403	.161
谣言辨识力→感知控制	-.017	.024	-.713	.476
监管机构信任→食品安全信心	.052	.027	1.888	.049
感知严重性→食品安全信心	-.206	.042	-4.092	.000
感知控制→食品安全信心	.183	.037	4.977	.000

①　Hoyle, R. H. "The Structural Equation Modeling Approach: Basic Concepts and Fundamental Issues." In *Structural Equation Modeling: Concepts, Issues, and Applications*. (pp. 1 – 15). Thousand Oaks, CA, US: Sage Publications, Inc. (1995).

②　Browne, M. W., & Cudeck, R. "Alternative Ways of Assessing Model Fit." *Sociological Methods & Research*, (1992) *21* (2), 230 – 258. doi: 10.1177/0049124192021002005.

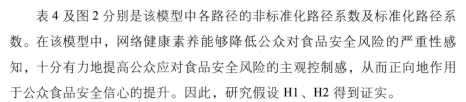

表4及图2分别是该模型中各路径的非标准化路径系数及标准化路径系数。在该模型中，网络健康素养能够降低公众对食品安全风险的严重性感知，十分有力地提高公众应对食品安全风险的主观控制感，从而正向地作用于公众食品安全信心的提升。因此，研究假设H1、H2得到证实。

而公众对常见的食品安全谣言的识别能力虽然能够正向提高公众对监管机构的信任水平，降低其对当前食品安全问题的严重性感知，但是在统计水平上这些作用都不显著。因此假设H3、H4被拒绝。不过在删除这两条路径后，模型无法通过χ^2检验，模型与数据会出现显著的不匹配。因此我们依然在模型中保留了这两条不显著的路径。不过尽管统计意义上不显著，但是网络健康素养对监管机构信任的路径系数比较大，说明其仍然是不可忽视的、影响监管机构信任水平和食品安全信心的重要变量。

在该模型中，尽管对食品安全监管部门的信任水平可以提升公众的食品安全信心，但是无论是网络健康素养还是谣言辨识力，对监管机构信任的路径系数都不显著。这或许是因为，对监管部门如食品药监部门的信任属于更广泛的政治信任中的一部分；对更广泛的政治信任而言，其影响因素更为广泛、形成机制更为复杂，公众的网络健康素养或识谣辨谣能力在其中的作用是十分有限乃至微乎其微的。因此，对监管机构的信任或许更主要地受到了一般性政治信任的影响。假设H6、H7被拒绝，假设H5得到证实。

对食品安全风险的感知严重性则显著地、有力地降低了公众的食品安全信心，假设H8得到证实。在该模型中，感知严重性是影响食品安全信心的最大风险因素，感知严重性越高，公众的食品安全信心越低。而感知控制则是影响公众食品安全信心的最大保护因素，感知控制力越强，公众的食品安全信心越强，假设H9得到证实。网络健康素养通过正向作用于公众的感知控制力，进一步作用于食品安全信心，是该模型的主要影响路径。

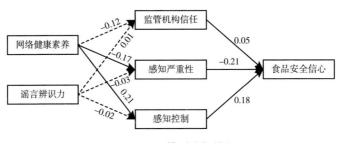

图 2　SEM 模型分析结果

四　研究总结与讨论

本研究通过对全国 10 个城市的概率抽样调查，对我国公众的食品安全信心及其主要的影响因素与作用机制进行了研究。从整体上看，当前我国公众对食品安全风险的认知不容乐观，对主要监管机构如食品药监局的评价较低，说明相关管理机构在食品安全问题上面临严峻的政治信任挑战和公众信心挑战。公众自我评价网络健康素养水平位于高位，但是实际的知识水平和对网络上常见的食品安全谣言的辨识力并不高，公众的主观认知和客观知识状况存在明显的脱节。

从公众食品安全信心的影响路径来看，网络健康素养能够有力地提升公众对当前食品安全风险的感知控制力和自我效能感，降低对当前食品安全风险严重性的感知，有更高的风险规避意愿和更多的选择方式。感知严重性极大削弱了公众对食品安全的信心，而感知控制力则可以有效地增加公众的食品安全信心。对主要食品安全监管机构的信任可以微弱但显著地增加公众的食品安全消费信心。

尽管公众食品安全谣言识别力对监管机构信任、感知严重性和感知控制在统计意义上都不显著，但我们仍然建议要加大对各种网络食品安全谣言的辟谣力度。这是因为食品问题与公众日常生活联系最为紧密，各种虚假信息会随时触动公众敏感的神经。各种食品安全谣言在网络环境下的大肆盛行，混淆了公众的视听和健康观念，干扰了公众的健康行为与各种健康决策过程，对公众的生命健康安全和社会秩序稳定隐藏着系统性的极大危害，是扰乱食品市场、动摇公众信心的毒瘤。

从结构方程模型的路径分析可知，网络健康素养能够使公众对当前的食品安全形势有更客观、理性的认识，降低公众对食品安全风险的严重性的认识，有利于提振公众的食品安全信心。此外，更高的网络素养也与更高的风险感知控制能力相关，这也是影响公众食品安全信心的关键路径。因此，面对当前的食品安全舆论环境和市场环境，除了要对与食品安全相关的谣言进行有针对性的回应之外，还需提升公众的网络健康素养，增强其查找、辨别、利用网络上形形色色与健康相关的信息的能力，加大食品安全科普力度，向公众传递正确的规避各种食品安全风险的办法，以提高其面对食品安全风险的自我效能感和感知控制力。

由于食品安全涉及食品的种植、生产加工、储存、运输、销售、监管等多个环节，因此食品安全问题与提升公众的食品安全信心问题都是一个系统的工程。从本研究看，其重点就是改善当前的舆论环境和市场环境，一方面对网络上的不实食品安全信息进行肃清，另一方面加大市场监管力度，提供食品安全的法制保障。唯有如此，才能降低公众对食品安全问题的感知严重性，保障食品消费市场的发展和社会秩序的稳定。

附　录

2020年中国食品工业经济运行报告

中国食品工业协会

2020 年是不平凡的一年，面对严峻复杂的国内外环境，特别是新冠肺炎疫情的严重冲击，在以习近平同志为核心的党中央坚强领导下，食品工业克服重重困难，积极响应国家保价格、保质量、保供应的号召，根据市场需求，加快恢复产能，保证产品质量，提高服务水平，在危难时刻，提供重要物资保障，为保障民生做出了巨大贡献，发挥了中国经济发展的压舱石和稳定器的作用，充分体现了食品行业的责任与担当。全年食品工业（含农副食品加工业、食品制造业、酒饮料和精制茶制造业、烟草制品业）以占全国工业 6.2% 的资产，创造了 8.8% 的营业收入，完成了 11.4% 的利润总额。

一 工业生产较快恢复，全年实现小幅增长

根据国家统计局提供的数据，2020 年，全国 35347 家规模以上食品工业企业完成增加值同比实际增长 0.2%。分阶段看，一季度下降 3.6%，上半年下降 0.6%，前三季度增加值同比增速为 0，全年增长 0.2%。食品工业月度增加值 3 月即由负转正，在疫情影响较严重时期，克服各项管控措施给生产带来的困难，率先恢复生产，为保供给、保市场、支援疫区和服务民生发挥了重要作用。

分大类行业看，农副食品加工业，食品制造业，酒、饮料和精制茶制造业

全年分别增长 -1.5%、1.5% 和 -2.7%，烟草制品业增长 3.2%。四大行业中，2 增 2 降。全年食品工业完成工业增加值占全国工业增加值的比重为 10.8%。

二 食品价格全年涨幅较大，月度涨幅逐步回落

2020 年，物价指数（CPI）比上年上涨 2.5%，涨幅比 2019 年缩小 0.4 个百分点，较好地实现了年初政府工作报告中设定的 3.5% 涨幅的物价调控目标。全年食品价格上涨 10.6%，涨幅比 2019 年扩大了 1.4 个百分点，食品价格上涨依然是影响 CPI 上涨的主要因素。从月度同比涨幅看，大致呈现前高后低的走势。年初猪肉价格涨幅超过 100%，带动食品价格上涨较大，食品价格 21.9% 的涨幅高点出现在 2 月。随着各地方、各部门、各市场采取多项措施，生猪存栏和出栏得到明显改善，猪肉价格逐步回落。

从细分数据看，全年粮食价格上涨 1.2%，食用油价格上涨 5.3%，鲜菜价格上涨 7.1%，猪肉价格上涨 49.7%，水产品价格上涨 3.0%，酒类上涨 2.1%，蛋类价格下降 9.4%，鲜果价格下降 11.1%。

全年食品出厂价格同比上涨 2.9%，涨幅比上年扩大 0.2 个百分点，分月看，同样大致呈现前高后低的走势。

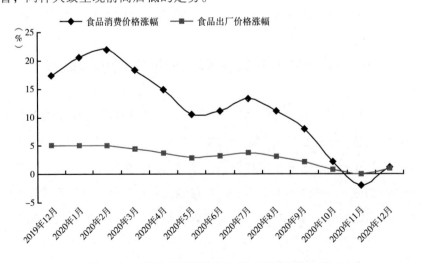

图 1　2020 年食品消费价格和出厂价格指数走势

三 消费市场继续增长，新型消费模式加快发展

国家统计局数据显示，2020 年社会消费品零售总额比上年下降 3.9%，其中，粮油、食品类零售额比上年增长 9.9%，饮料类增长 14.0%，烟酒类增长 5.4%，充分体现出食品行业刚性需求的特点。

2020 年初，面对新冠肺炎疫情的严重冲击，广大食品企业一手抓防控疫情不放松，一手抓复工复产不断加快，一些方便食品、速冻食品、冷冻食品、焙烤食品及大米等保障生活必需品较快恢复生产供应，为满足人民生活需要、稳定社会秩序做出了重要贡献。

表 1 2020 年食品工业主要产品产量

产品名称	产量	同比增长（%）
精制食用植物油（万吨）	5476.2	2.5
成品糖（万吨）	1431.3	3.0
鲜、冷藏肉（万吨）	2554.1	-10.0
乳制品（万吨）	2780.4	2.8
白酒（折 65 度，商品量）（万千升）	740.7	-2.5
啤酒（万千升）	3411.1	-7.0
葡萄酒（万千升）	41.3	-6.1
饮料（万千升）	16347.3	-7.7
卷烟（亿支）	23863.7	0.9

资料来源：国家统计局。

疫情防控常态化的要求，进一步推动了新型消费模式的快速发展，线上线下加快融合，社区团购、网络购物、无接触配送、直播带货等新模式加快发展。

四 企业效益持续改善

2020 年初，新冠肺炎疫情给人民经济生活带来巨大影响，许多行业的

生产陷于停滞状态，在全部工业中，食品工业属于较早恢复的行业。一季度，农副食品加工和烟草制品业的利润同比增速分别为 11.2%、28.5%，也是全部 41 个工业大类行业中仅有的 2 个利润增加的行业。食品工业整体的利润在 4 月由负转正，营业收入从 6 月由负转正，并随后呈现持续稳定恢复的态势。全年规模以上食品工业企业实现利润总额 7362.9 亿元，同比增长 9.7%；实现营业收入 9.4 万亿元，同比增长 1.4%（见图 1、表 2）。

四个大类行业中，利润全部实现正增长，利润总额在食品工业总体占比较重的行业，如白酒制造、食用植物油加工、卷烟制造、饲料加工等行业的利润保持了较好的增长态势，奠定了食品工业整体效益的稳定增长。

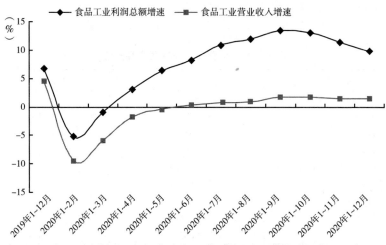

图 2　食品工业各月累计营业收入和利润总额同比增速

表 2　2020 年食品工业经济效益指标

单价：亿元

行业名称	营业收入	同比增长（%）	利润总额	同比增长（%）
食品工业总计	93761.4	1.4	7362.9	9.7
农副食品加工业	47900.0	2.2	2001.2	5.9
食品制造业	19598.8	1.6	1791.4	6.4
酒、饮料和精制茶制造业	14829.6	-2.6	2414.0	8.9
烟草制品业	11433.0	3.1	1156.3	25.4

数据来源：国家统计局。

盈利能力持续提高。2020 年，规模以上食品工业企业营业收入利润率为 7.9%，比上年提高 0.6 个百分点；百元营业收入中的成本为 76.6 元，同比减少 0.5 元；每百元营业收入中的费用为 8.2 元，同比下降 0.2。企业效益持续改善。

五　固定资产投资继续缩减

自"十二五"以来，食品工业投资增速逐渐放缓，2011~2017 年，投资增速分别为 37.5%、30.7%、25.9%、18.6%、8.4%、8.5%、1.2%。食品工业逐步进入发展的新常态，产业规模快速扩张已经成为历史。

国家统计局统计数据显示，2020 年，全国固定资产投资（不含农户）518907 亿元，比上年增长 2.9%，制造业投资下降 2.2%。食品工业固定资产投资仍处于较低水平。分行业看，农副食品加工业投资同比下降 0.4%，食品制造业增速同比下降 1.8%，酒、饮料和精制茶制造业同比下降 7.8%，烟草制品业同比下降 18.8%，四大行业投资增速全部为负增长。

六　工业产品出口减少

我国食品工业市场主要在国内，出口比例较低。"十三五"期间，出口比例始终接近 4%。2020 年新冠肺炎疫情的突袭而至，给全球经济和贸易带来深刻影响，食品工业也不例外。国家统计局数据显示，全年规模以上食品工业实现出口交货值同比下降 10.1%，出口占比 3.6%，也是这 5 年中比例最低值。

图书在版编目（CIP）数据

中国食品安全发展报告 . 2021 / 中国食品安全报社
主编 . -- 北京：社会科学文献出版社，2021. 12
（食品安全智库报告）
ISBN 978 - 7 - 5201 - 9315 - 3

Ⅰ . ①中… Ⅱ . ①中… Ⅲ . ①食品安全 - 研究报告 -
中国 - 2021 Ⅳ . ①TS201. 6

中国版本图书馆 CIP 数据核字（2021）第 218310 号

食品安全智库报告

中国食品安全发展报告（2021）

主 编 / 中国食品安全报社

出 版 人 / 王利民
责任编辑 / 桂 芳 陈 颖
责任印制 / 王京美

出 版 / 社会科学文献出版社 · 皮书出版分社 （010）59367127
地址：北京市北三环中路甲 29 号院华龙大厦 邮编：100029
网址：www. ssap. com. cn
发 行 / 市场营销中心（010）59367081 59367083
印 装 / 三河市龙林印务有限公司

规 格 / 开 本：787mm × 1092mm 1/16
印 张：26 字 数：391 千字
版 次 / 2021 年 12 月第 1 版 2021 年 12 月第 1 次印刷
书 号 / ISBN 978 - 7 - 5201 - 9315 - 3
定 价 / 168. 00 元